Truth In Fantasy

武勲《ぶくん》の刃《やいば》

市川定春と怪兵隊

新紀元社

本書の図中にあるスケールは基本的には十センチメートルを示しています。
ただし、第五章ランス（騎槍）については百センチメートルを示しています。

はじめに

本書は、西欧の武器について、その起源、用法、歴史を著者独自の意見と、幾多の西欧文献からひもとく〝武器の真の姿〟に近づこうとする本です。そのため、よくありがちな、防具との抱き合わせで武器を語るのではなく、余すところなく〝武器〟のみを語った本なのです。これまで、幻想世界に点在した武器類の真の役割、存在価値とはなんだったのか?ということに、迫ることができれば、それは私にとって、非常な喜びとなるでしょう。しかし、それとは、裏腹に、英雄たちの名剣の本と思って本書を買われた方には、きっとつまらない歴史の本かもしれません。

本書に登場する武器は、そのまま外国語の名称で、カタカナ読みさせていただきました。これは、西欧の武器に、日本の言葉を無理に(そうでないものもありますが)当てはめるのはよくないという著者の考えからなるものです。日本語訳は、必要とあれば参考までに添えましたが、本来の名称を重んじていただきたく、あくまでもカッコの中に入れさせていただきました。

武器は、人類の生みだしたもっとも野蛮で、もっとも無用の道具かも知れませんが、その歴史をかえりみることによって、きっと、別のおもしろくもはかない何かを知ることができると思います。では、しばし、歴史の流れをさかのぼり、原始の先祖たちの姿を思い浮かべながら、〝武器〟に関する講釈をはじめたいと思います。

平成元年　十二月吉日

市川　定春

目次

第一章　刀剣類　9

第七章　飛翔武器類　395

付録　特殊な武器　443

第一章

刀剣類

刀剣の構造

刀剣（ソード：sword）とは長い「剣身（ブレイド：blade）」を持ち、切ることを目的としたもっとも代表的な武器として知られ、日本においては、片刃のものを「刀」、両刃のものを「剣」と呼ぶのが一般的です。しかし、広義においては日本刀以外の刀剣類すべてを「剣」とも呼びます。

刀剣の能力を発揮する主要な部分は、当然のことながら「剣身」なのですが、まずは、刀剣のことを述べる際にどうしても知っておくべき各部分の名称について触れておきましょう。

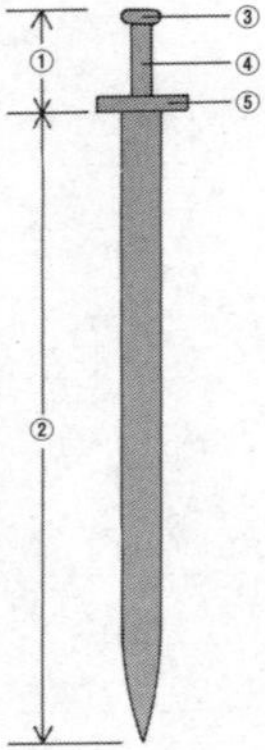

①柄《つか》：ヒルト（Hilt）
②剣身《けんみ》／刀身：ブレイド（Blade）
③柄頭《つかがしら》：ポメル（Pommel）
④握り：グリップ（Grip）
⑤鍔《つば》：ガード（Guard）

図1　刀剣の各部名称

刀剣の各部名称

図1は一般的な「剣」の図で、各部の名称を述べる

ために簡単に形状を描いたものです。大きくは「剣身《けんみ》」と「柄《つか》」の二部分に分けることができますが、「柄」はさらに、細かく分けて呼ぶことができます。

初期に作られた刀剣は、柄と剣身が一体となった、一体成形の物が多く（図2）、のちに剣身と柄が個別のものからなる、日本刀のような剣身分離型になっていきます。

なぜ、剣身分離型が生まれたかというと、その当初は、貴重な金属をできるだけ節約するためだったからです。しかしそれは、まだ戦術上刀剣が主要な武器でなかった頃の事情です。のちに刀剣を主要武器とする時代がくると、柄をクッション状の材質に変えることで、攻撃する際に伝わる衝撃から手や腕を保護できるようにと、分離する意義は変化していきます。

では、ここで、分離された剣身の各部の名前についても触れておきましょう。

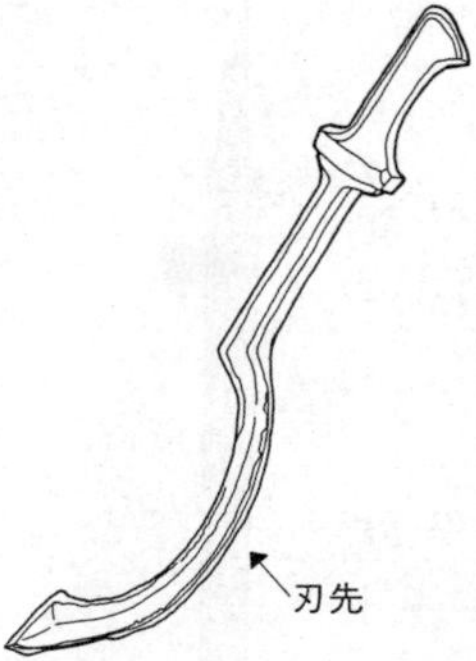

図2　メソポタミアの一体成形型刀剣（青銅製）

❖剣身の各部名称

図3に示すように剣身部分も、各部分ごとに名前を持っています。

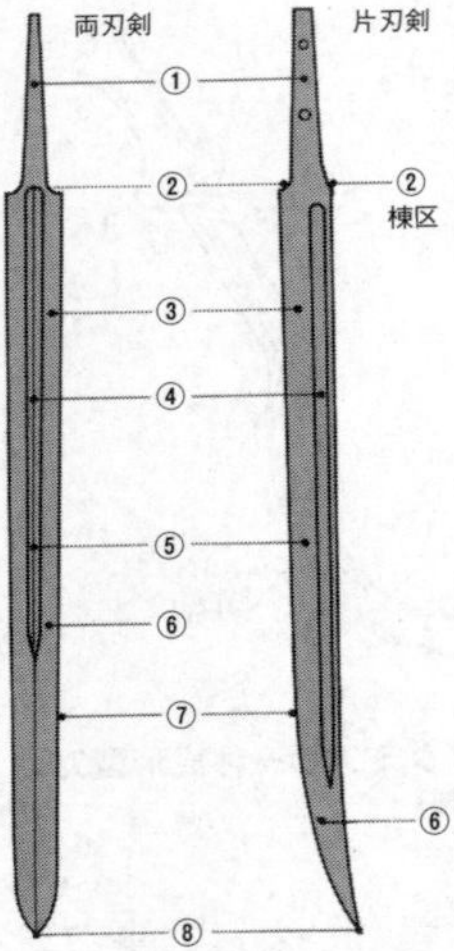

図3 「剣身」の各部名称

①茎《なかご》（中子）：タング（tang）
タングは、剣身の柄となる部分で通常、ガードを貫いて握りとなり、柄頭とつながります。柄頭との固定方法は、時代や地方によってさまざまな方式があります。たとえばネジ状の止め金や釘などで固定されます。

②刃区《はまち》／棟区《むねまち》：ショルダー（shoulder）
ショルダーは、カッティング・エッジとタングの段差のことで、タングとカッティング・エッジの境界線となります。両刃のものはどちらも刃区と呼びますが、片刃のものは刃のない側の段差を棟区と呼びます。

③剣身最強部：フォルト（forte）
剣身の根元に近い部分です。剣身の根元は当然切先よりも太いのでこう呼ばれます。

④樋《ひ》：フラー（fuller）
刀剣自身の重量を軽くするために施された溝。

⑤剣身中間部：ミドル・セクション（middle section）
その名のごとく、剣身の中間部分。

⑥しなり（刃先の）：フォワブル（foible）
刀に見られるそりとはちがい、刃先の水平上の角度。しなりの多い剣は、その断面形状が菱型状になります。

⑦刃先：カッティング・エッジ（cutting edge）
剣身についている刀剣の刃のこと。

⑧切先：ポイント（point）
剣身先端のことで、切先の鋭い刀剣は刺突戦法に向いていると考えられます。

西洋において、この図3のように剣身が柄と個別に作られ組み合わされたのは、ヨーロッパ先史の文明である、ハルシュタット[*一]文化に属した刀剣からです。そして、それにつづくラ・テーヌ[*二]文化においても見い出すことができます。しかし、剣身分離型を上手に受け継いだのはケルト人やエトルリア人[*三]、そして、暗黒時代にばっこしたヴィーキング、ノルマン人たちだったといえます。そしてローマ人が刀剣の一般形式として定着させました。刀剣が、一体成形で作られていたメソポタミアにおける文明は、地中海文明に大きな影響を与えましたが、その影響下にありながらケルト人の侵入を受けていたローマ人は、ここで示したような剣身とポメルを主体とした刀剣を作りだし、それを刀剣の一般形式と位置づけました。これは、エトルリア人より学んだものといわれ、そのために「エトルリア式刀剣」と呼ばれています。

また、ポエニ戦争のおりには、イベリア半島のケルト人より得た、短い刀剣を採用しています。ローマ人はケルト人を蛮族視していましたが、刀剣については彼らから学ぶことが多くあったのです。

やがてローマが拡大するにつれて、刀剣は剣身と柄を別個に組み合わせたものが定着していきます。ただ、それに貢献したのはローマ人ではなく、もとをただせばケルト人だったのです。

ルネサンス期の剣の各部名称

さらに時代が進みルネサンスの頃になると、刀剣の柄の部分に、敵の攻撃から手を守る護拳のためや、敵の一撃をからめてその刃を折るなどの工夫が施されました。このような、刀剣の使用法の変化によって考えだされた柄をスウェプト・ヒルト（Swept-Hilt）といいます。

スウェプト・ヒルトはおもにレイピアなどの剣類に見られるものですが、その祖型はヴァイーキングの時代から考え出されたと思われます。そして、カロリング朝の時代（西暦七五一〜八一四）にはすでに十字型鍔（クロス・ガード）の初期的形状が登場しました。しかし、こうした工夫が本格的になされたのは、先にも述べたとおりルネサンス以降のことなのです。図4は、そうしたルネサンス以降に発展したスウェプト・ヒルトの部分名称です。

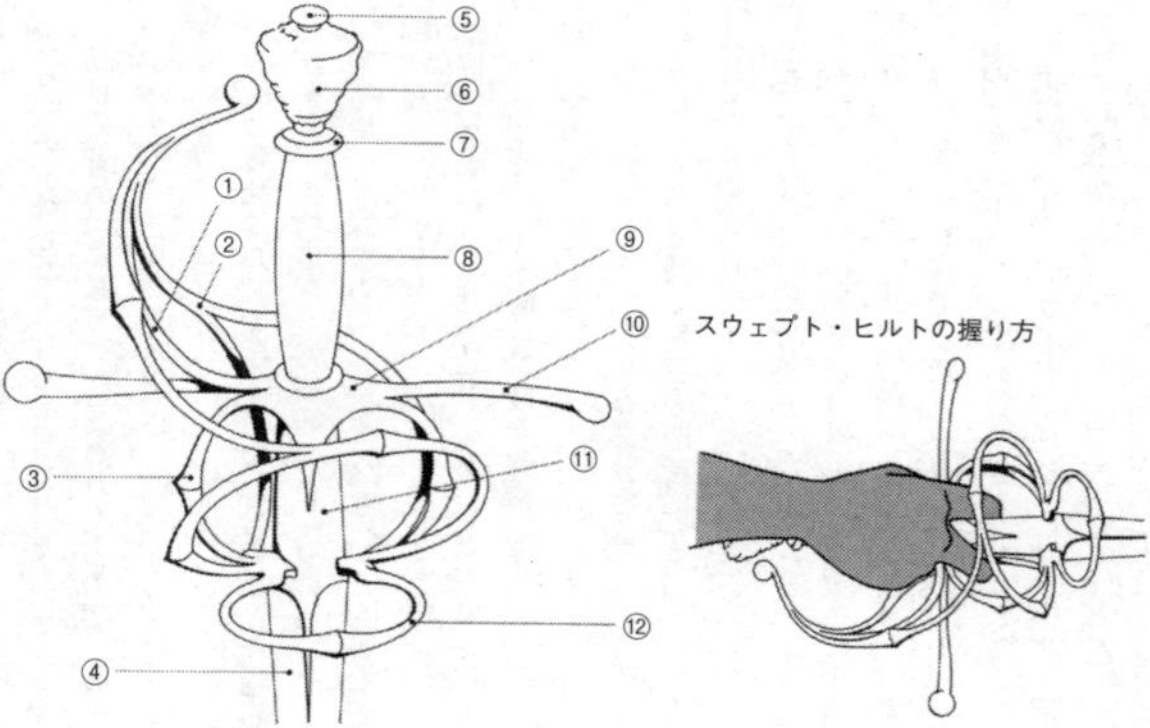

図4　スウェプト・ヒルト（ルネサンス期）

①護拳：ナックル・ガード（knuckle guard）
　斬撃の際、剣を握る手指を守るためのもので、弓状に湾曲しているために「ナックル・ボウ（knuckle bow）」とも呼ぶことがあります。

②補助護拳：カウンター・ガード（counter guard）
　鍔《つば》競り合いのときに剣を握る手指を守るためのもの。

③護指輪：アームズ・オブ・ザ・ヒルト（arms of the hilt）
　柄の腕と呼ばれる、剣を持つ手指を守る環形部分の名称で、その総称でもあります。

④剣、刀身：ブレイド（blade）
　当然のことながら刀剣の主要部分となるもので、本書では剣のブレイドを剣身、刀のブレイドを刀身としました。刀剣類の特長をあらわす部分であり、その部分ごとの名称については先で述べたとおりです。

⑤止めネジ：ボタン（button）
　柄頭をつなぎ止めるネジで、その名のとおり単なるネジですが、手の込んだ細工を仕組んだ物も見られます。ただし、すべての刀剣が、ボタンによってポメルを固定されていたわけではありませんから、ボタンのない刀剣も当然存在します。

⑥柄頭：ポメル（pommel）
　刀剣のバランスを保つための重りとなるもの。

⑦責金：フェリュール（ferrule）

「握り」の補強部分となる、リングまたはキャップ状の金具で、そもそもは、鞘《さや》を補強する輪状の金具（やはり責金）や、筒状の金具（こじり）に見られたもので、装飾としての意味合いもありました。これらは、時に「突蕨風頭：ターキッシュ・ヘッド（turk's head）」と呼ばれることもあります。

⑧握り：グリップ（grip）

一般的な意味は刀剣の手で持つ部分のことを指します。刀剣の衝撃を和らげるため、剣身とはちがった材質で作られることが多く、当初は、ただ皮紐をタングにまいていただけでした。しかし、次第に装飾を施したものが見られるようになり、木材や、高級なものでは象牙を用いたものなどもあります。

⑨棒状鍔：キヨン・ブロック（quillon block）

切断武器の鍔となる部分。役割は競り合いにおいて、手指を守ったりすることにあります。剣による攻撃を受けたり、はらったりする際に性能を発揮します。

⑩鍔：キヨン（quillons）

十六世紀の刀剣を代表する部分名称で、キヨン・ブロックの構成を含むガードの基礎部分全部のことです。グリップと平行してその外観はS字の形状になっています。キヨンは時に「十字型鍔（クロス・ガード：cross guard）」などと呼ばれることもあります。

⑪刃根元：リカッソ（ricasso）

おもに刃のない根元をこう呼んでいます。中世以降の刀剣は、刃根元を中指と人指し指で挟んで握ったり、キヨンに指をかけたりしたため、刃根元には刃がなかったのです。ですから、そうした特長が見られるまでは、このような明確な名称はありませんでした。

⑫側環：サイド・リング（side ring）

輪状鍔の一種で、サイド・リングは、根元に指をかけて挟むような持ち方をしたとき、その指を護る役目のために作られたものです。

＊一 ハルシュタット文明（Hallstatt） 紀元前九～紀元前五世紀に開花したヨーロッパ中部の初期鉄器文明。ハルシュタット（hallstatt）とは、その代表的な遺物が最初に発見されたオーストリア中部の地名です。

＊二 ラ・テーヌ文明（La Tene） ケルト人が担い手となった、先史鉄器文化のひとつ。スイスのヌーシャテル湖畔で発見されたことから、その名がついています。ライン河上流地方から、現在の南ドイツへと広がり、北ヨーロッパを中心に発達しました。カエサルのガリア遠征によって滅び、ブリテンとアイルランドにのみ残されました。

＊三 エトルリア人（Etrusci） 古代のイタリアにおいて勢力を持った人種。いまだ不明な点が多いのですが、彼らが初期のローマに多大な影響を及ぼしたことは有名です。紀元前九世紀頃に東方の小アジア・リュディア地方から移住してきたというのが有力な説として知られています。

刀剣の歴史〈金属との関わり〉

❖「石の時代」と「銅の時代」

原初の剣は旧石器時代に「石」で作られたものでしたが、これは剣というよりは、その長さにおいては短剣（ダガー：dagger）に近いものでした。また、自然に取得できる流木や骨類によっても同じような武器は作られました。しかし刀剣に使えるほどに、ある程度長く、そしてまっすぐな素材に恵まれることは、滅多にありません。仮にそうした原料があっても、重さなどの問題から使い勝手が悪いため、もっとたやすく用いることのできる、木の先に石を取りつけた斧や槍がこの時代の主要な武器だったのです。人類が武器として呼んでも差し支えのないものを持つようになるためには、「金属」の登場を待たなければならないのです。

人類と金属の遭遇、というより金属と剣との出会いは紀元前四〇〇〇年、メソポタミアにおいてでした。

刀剣にはじめて用いられた金属とは「銅」で、石器時代たけなわのおり、銅は剣に大きな影響を与えました。しかし、その硬度の点では石器と同等か少し増しな程度にしか過ぎず、しかも作りだすためには当時としては極めて高度な技術が必要だったので非常に高価なものでした。そのため、一部の特権階級（つまるところ王族など）の間でしか使われませんでした。しかし、銅という金属はそれまでの石器になかった複雑な造形と優れた切れ味を剣に与えたのです。新石器時代が終わり、いわゆる青銅器時代が訪れますが、青銅が作られるようになるまでにはこのような銅器の時代が少なからずあったのです。

「青銅の時代」

「青銅」は「銅」に硬度を持たせるために、〝すず（錫）〟を混ぜ合わせて作られた合金です。この青銅が誕生したのは、時に紀元前二五〇〇年頃のことでした。その後、青銅は「硬い」という利点から、武器に流用されていきます。また、この頃から、次第に刀剣は長くなり、現在でいうような刀剣となっていったのです。ちなみに、青銅を作る際は、錫が全体の十パーセントの割合であると、最高強度がでて、脆くない青銅ができます。

メソポタミア近辺に広まった青銅文化は、エジプトを通じてギリシア世界にももたらされました。ギリシアはとくに山岳地帯が多かったため、わりと豊富な資源に恵まれていました。トロイア戦争時代（紀元前一二〇〇年）頃にはヘルメットや胸甲、すね当てなどの防具、そして長さ一メートルから五十センチメートル程度までの刀剣が作られました。しかし、青銅を作るのに必要な錫は、インド方面から輸入しなければならないため、「海の民[*一]」が荒れ狂うと、その入手ルートが断たれ、それが青銅器時代の終焉の理由となってしまいます。こうして、我々人類は、「青銅」に変わる新しい金属、「鉄の時代」を迎えることになります。

❖「鉄の時代」

人類が最初に発見した鉄は、いん石から採取された「いん鉄」で、もっとも古いものは紀元前三〇〇〇年頃の古代エジプト文明までさかのぼることができます。彼らは「いん鉄」を「天からの黒い銅」と呼び、神聖なる金属として、しばらく崇拝の対象としていました。

この「いん鉄」が剣にどのように関わっていたかといえば、ところが変わりますが、あの、英雄フィン・マックール[*二]が手にしていた「青い剣」が思い出されます。これは、鉄の足かせを切断することができるほどの強硬な両刃の剣で、「いん鉄」によって作られたものでした。そうしたことから考えると、いん石から採取される「黒い銅」は優れた強度をもっていたようです。物語にも登場するぐらいですから、いん石から鉄を採取する方法は後世まで生きつづけ、剣を作る際にも用いられたようです。ちょっと専門的な話ですが、

「いん鉄」と「純鉄」のちがいは前者がニッケルの含有量が多い点で、これは今日におけるステンレスに近い物だったと考えられます。

話がそれましたが、以上のような「いん鉄」ではじまる鉄の歴史は、ある意味で、「鉄の時代」というにはおこがましい話であったといえます。なぜなら、大量に人工（?）の鉄が登場するまでには、我々はあと千五百年もの年月を必要としたからです。

はじめて鉄を精錬したのは、メソポタミア地方に栄えたヒッタイト王国でした。正確には王国に属したアルメニア地方の未開種族が、独自に鉄の精製法を考えだしたのですが、ヒッタイトはそれを独占し、他国への進呈品としたり、高価な輸出品としていました。実は、これは青銅器時代のことで、その頃から細々とではありますが、鉄はすでに存在していたのです。でも、製鉄方法が困難であったため、その価値は金や銀などの貴金属に比べて数段の価値をもっていました。こうしたことは、現在に残る書簡によって判明しています。

ヒッタイト王国が滅亡すると、鉄の精製技術は小アジア一帯からエーゲ海沿岸の国々でも興りました。こうして、いよいよ鉄器時代の幕開けとなったのです。

銅などと比べると格段に含有鉱石の多い鉄はその製鋼法さえ明らかにされれば比較的手

に入りやすい金属だったことは容易に納得できることといえるでしょう。また、鉄は、その強度からも武器として最適な金属として、いよいよ多くの鉄製剣が普及しはじめます。

❖そして「鋼の時代」へ

「鋼《はがね》」は「刃金」と書くことからも、日本では刀剣と深く関わっていた金属であることがわかります。しかし、西洋においては「ふいご」が発明されるまで作りだすことができなかったので、本格的な鋼の時代は中世以降に訪れることになります。

その間、行われてきたのが、鉄を熱して強化することでした。

鉄を熱して硬化させる技術を「焼き入れ」といいます。焼き入れは、非常に古い技術で、その記述は旧約聖書の中にも見られます。鉄を熱して急速に冷却することで、表面を炭素化し強度をもたせることができます。冷却する際には水以外にも、蜜、油などで行うこともあります。水ばかりが、冷却液に用いられなかった理由は、水は水蒸気の皮膜を作り、熱を急激に冷却するのを妨げるからでした。

では、ここで時代の流れをさかのぼって、その起源から「鋼の時代」に至るまでの過程を覗いてみましょう。

ホメロスの『オデュッセイア』、第九書、三百九十一行目には、

「さながらに鍛冶屋の男が、大きな斧か手斧かを（火から取り出し）、冷たい水へと漬け込んだとき、みたように。大きな音を立てるのは焼きを入れるので、この仕掛けがやがては鉄の強さとなる。（呉茂一訳・岩波文庫）」

というように、オデュッセウスがサイクロプスのポリュペモスの目を杭で突き刺したときの音を描写しています。この描写から考えるに、彼の活躍したトロイア戦争の頃にはすでに、焼き入れの技術があったと目されています。世代は変わりますが、ギリシアの歴史家ヘロドトスもまた、焼きを入れた鉄は金属の兜すら両断すると述べています。こうした点で、ギリシア世界においては一般的に知られた技術のようでした。

プリニウスは『博物誌（NATURALIS HISTORIAE）』の中で、鉄は硬さを増すために溶かされると述べていますが（三三－四一－一四四）、これが、鋼を作るための作業であったかどうかは、あいまいではっきりしません。しかし、少なくとも焼き入れを行っていたことは確かのようです。それは、

「小さい鍛造物を冷却するには、普通油を用いる。水を使用するとそれを硬くし脆くする恐れがあるから。（三三－四一－一四六　中野定雄訳）」

という記述があるからです。

中世暗黒時代に書かれた、アイスランドのサガや、ヴィーキングの伝承には剣を鍛えるには人の血が良いといわれ、実際、『ベーオウルフ』などの当時を物語る話の中にはそうした描写を見ることができます。たとえば、

「そのやいばは鉄（くろがね）のつくり、酸素にて小枝模様のにおいを浮かし、戦いの度毎に血潮で鍛え固めたものだった。（一・一四六〇　長埜盛訳・吾妻書房）」

といった感じにです。しかし、この時点から、「強化した鉄」の進歩は次第に、その速度をゆるめていくのです。

ここでちょっと鉄と熱の関係に触れておきましょう。

純粋な鉄は、「α鉄」と呼ばれ、七百六十九度を超えると「β鉄」と呼ばれるようになり、九百十度を超えると「γ鉄」と呼ばれる硬くて脆い金属となります。これをさらに熱し続け、千四百度を超えると、今度は「δ鉄」と呼ばれる、硬さは落ちますが弾性の増したものに変わります。鉄が、強化する仕組みとは、この変化にあるわけです。つまり、鉄は高温にさらすことによって、その硬度を変化させる性質をもっているのです。これは、

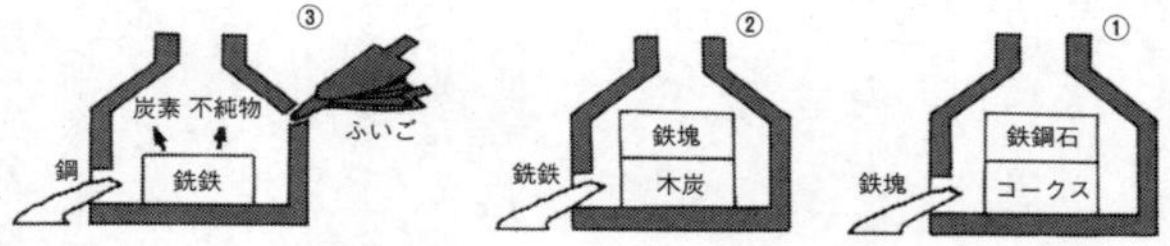

③銑鉄を熱して炭素と不純物を取り除くと鋼ができる（脱炭の結果、炭素の量を2%以下にする）。

②木炭と一緒に鉄塊を燃やし銑鉄を作る。

①コークスと鉄鉱石を炉に入れて燃やし、鉄を取りだす。

図5　鋼ができるまで

鉄の原子性質のためで、専門的にはこの変化を「変態」といいます。しかし、当然のことながら、その原理を知らずとも、この技術を古くに気づいた人たちがいたのです。鉄は一五三四度でやっと融体となります。鉄を鋼にするためには、この融体にして、炭素を加え、「銑鉄（pig iron）」を作りだし、さらにそれを熱しつづけなければなりません。が、しかし、当時はその火力を得るすべがなく、そうしたことが行えなかったのです。

銑鉄とは、鉱石を熱して鍛錬し、不純物を取り除いたものですが、鋼は、これをさらに熱して脱炭してはじめて作られます。今日においては、鉄の中の炭素量が、二パーセント以下のものを鋼と呼んでいます。銑鉄になる以前の、木炭といっしょに火床の中で作りだす鉄鋼を、「海綿鉄（sponge iron）」といいます。中世においては鋼と目されて作られた多くの鉄鋼は、この銑鉄に近いもので現在の鋼とは多少なりともちがうわけです。

鉄を充分に熱し、炭素を加えることによって銑鉄を作り、これを熱して脱炭して鋼にする技術は、十五世紀に「ふいご」が発明されてはじめて行えるようになりました。こうして、鋼を作りだす技術は再び活発に動きだしました。たしかに、それまでは風を送り込むことによって高熱が生じることはわかってはいたのですが、それを手軽に得る方法がなかったのです。さらに、水車や風車などの動力を得たことも、鋼の製鋼がスムーズに行えるようになった大きな要因のひとつでしょう。ただ、本格的な鋼が作られるようになるには、まだ、「ルツボ」[*三]と呼ばれる製鋼用の釜が必要だったのです。しかし、このルツボは十八世紀に入って、やっと登場するのです。

さて、七世紀頃に西洋にもたらされて珍重された剣に「ダマスクス剣」というものがあります。

この、ダマスクス剣は、非常に優れた素材で作られ、鋭い刃先をもたせることができ、鎧に切りつけても刃こぼれしないほど優れた刀剣でした。当時の西洋人は、こんな刀剣は作ることができず、輸入にのみ頼っていました。そして、十字軍の時代になって、さらに東洋世界との接点が広がると、盛んに貴族や、王族の間で家宝として西方世界に持ち込まれました。ダマスクス剣の原料であるダマスクス鋼は、近世になってもその製造法が判明

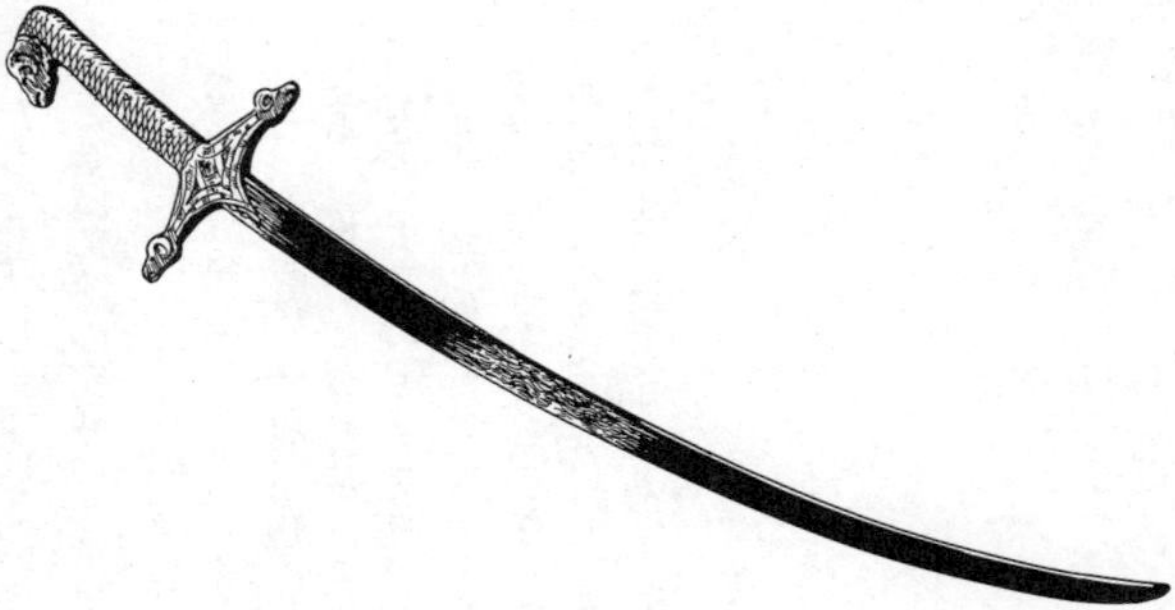

図6　ダマスクス剣

せず、その栄光のみを引き継ごうとする動きが幾度となく起こりました。なかでも有名なのが、「ウーツ鋼（wootz）」です。

ウーツ鋼は、十八世紀頃のヨーロッパの市場をにぎわせた、偽ダマスクス鋼です。ウーツとは、サンスクリット語の「ダイヤモンド」とか「硬い」とかいう意味ですが、これが、実際のダマスクス鋼と同じものであったわけではありません。しかし、その名は、第二のダマスクス鋼として、市場を賑わせました。

ダマスクス鋼を作るための手がかりは、その表面に浮かび上がる水面のような刃紋で、これをもとに盛んにダマスクス鋼を作りだすための競争が行われました。各国が、こうしたことに夢中になった理由は、ひとえに安くて優れた武器を作るためということでしたが、結局、その製造法は神秘のベールをはがされることなく、科学者たちを魅了しつづけています。しかし、このダマスクス鋼への情熱は、ヨーロッパにおける金属理論の発展に非常に貢献しました。

＊一　「海の民」　紀元前十二世紀に起きた民族移動の中心となったアケア、ペリシテ、フリギア人たちの総称で、小アジア、中近東の国々に多大な被害を与えました。とくにヒッタイト新王国は彼らによって衰退、滅亡したといわれています。また、彼らの侵略によってそれまで秘密にされていた鉄の精錬法が各地に広まったとされる説がありますが、実際はそうではなく、彼らの侵略が、各地における鉄の精錬法発見を早めただけで、それは独自の技術によるものでした。

＊二　フィン・マックール（Fionn mac Cumhaill）　アイルランドの英雄の一人。

＊三　ルツボ　鋼材を完全に溶解して精錬するための釜のようなもの。インドでは、古くからルツボを使って精錬する技術を知っていましたが、ヨーロッパでは十八世紀になるまでルツボがありませんでした。

刀剣の歴史
〈その形状史〉

メソポタミア、エジプトの刀剣

先にも述べたとおり、金属と刀剣の関係は切っても切り離すことができません。そのため刀剣の形状史も金属が刀剣に使用されるようになってからはじまるといえます。

メソポタミアからエジプトにかけて、紀元前一三一〇～紀元前一二八〇頃の間に、切ることを目的とした湾曲刀が登場します。ここに金属刀剣の長い歴史がはじまるのです。

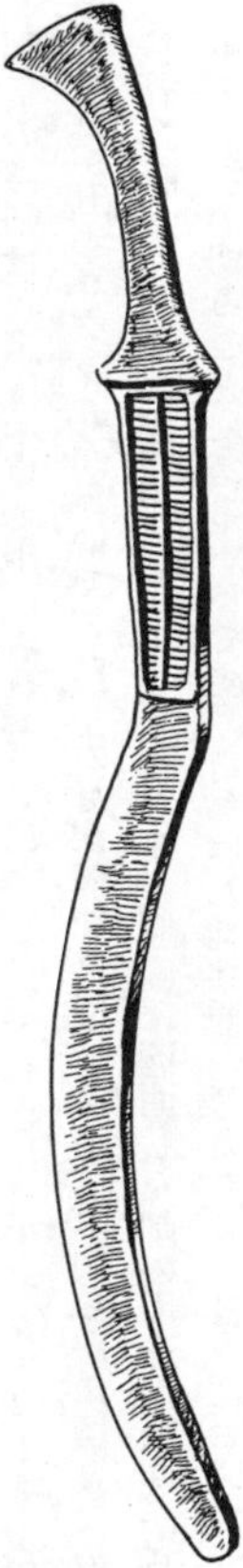

図7　アッシリアの青銅製刀剣
（紀元前1300年頃）

図7の刀剣は、広く中東で用いられたもので、その大きさは五十センチメートル程度、重量は一・五キログラムぐらいでした。刀身が湾曲しているのは、明らかに切るために用いられた証しであると推測できます。なぜなら、適度に湾曲した剣の用途は振りかざして相手をかすめ切ることにあるからです。これは万国共通の考え方で、日本においても「蕨手刀」にはじまる湾刀、そして、多くの日本刀がその部類に属しています。

この時代には図7に示したような湾曲した「クォピス」[*一]と呼ばれる刀と、図8のように鋭く尖った剣が使われていました。この二つのタイプは、おのおのが個別の起源をもっています。湾刀は斧《おの》から発展したものであり、剣はナイフや短剣の発展したものでした。斧については後の章で紹介しますから、ここではとくに鋭く尖った剣について説明しておきましょう。

当然のことながら、「剣」と述べたくらいですから、この鋭く尖った武器は両刃のもので、シリアのウガリト[*二]の一部の兵士が紀元前十四世紀頃に用いています。また、カディッシュ[*三]の戦いにおいて、エジプト軍、ラムセス二世[*四]の近衛部隊が、こうした剣を携帯しています。しかし、投げ槍や弓などの射程武器を主体とした戦術が幅をきかせていたため、剣のような接近戦用武器はあまり重要視されてはいませんでした。

そうした時代にあって剣をもっとも多く用いたのはやはり、「海の民」であったといえ

図8　北欧の青銅製刀剣
（紀元前1300年頃）

ます。彼らはだいたい、紀元前十二〜紀元前十一世紀の間、エジプトや、シリアの地中海沿岸都市を侵略しますが、彼らの用いたおもな武器は図8のような鋭く尖った剣でした。

こうした刃をもつ剣は、敵を突いて攻撃するために使われると考えられていますが、実際のところ紀元前一〇〇〇年頃の青銅製直刀がはたして、ほんとうにそのような用途として使われたかはわかりません。古代の剣の用法については現在でも問われるところがあり、遺物として発掘されるさまざまな剣が突くためのものか、それとも切るためのものかという疑問と論争はいまだ多く行われています。

しかし、現在における一般的な見解としては、刀身が湾曲していれば切るために適したもので、まっすぐであれば突くことに適しているということが定説のようです（一部の例外はありますが）。

青銅器時代では、まっすぐな剣身をした剣は、ケルト人が多く用いていました。その全長は、だいたい七十～九十センチメートルほどの大きさでした。

メソポタミアにおいては、シュメールを滅ぼしたアッカドのサルゴン一世の新戦術、すなわちそれまでのシュメールの用いた長槍と大きな盾を持って作る密集隊形を撃ち破った弓矢と投げ槍、スリング、そして戦車（チャリオット）を用いた機動戦術が、接近戦を行うことを必要としない形を作りだし、剣のような武器はあまり使われなくなります。

そうした時期はしばらくつづきますが、この新戦術を行うだけの装備を一わたり整え終わると、それぞれの兵士の質の向上化がはじまりました。当然そうしたものは身を守る道具から起こりますが、中王国時代のエジプト（紀元前二〇五二～紀元前一五七〇）においては短剣、斧などを装備する兵士が登場し、

図9　壁画に描かれた「海の民」

新王国時代（紀元前一五七〇～紀元前七一五）末期には接近戦専用の部隊が生まれます。彼らはさまざまな種類の武器を単独で装備[＊五]していました。

剣を主要武器とした者たちの多くは通常の兵士が携帯するものとはちがう、比較的大きな剣であることが多く、さらにそうした剣のほとんどが両刃の直刀を備えた剣でした。ただ、そうした剣は当時としてはやや高価だったためか王族やその警護部隊しか集団的には用いられなかったようです。しかし、小型の剣や銅製だった湾曲刀は多く用いられた形跡があります。

ギリシア・ローマ時代の刀剣

ギリシアにおける暗黒時代には、青銅の剣が多くを占めていて、刀剣の長さは一メートルくらいのものが存在しました。しかも、鉄剣にはすでに焼き入れを行う技術すら存在しており、剣はそれなりの役割をもっていたと推測できます。しかし、トロイア戦争以後のギリシア世界では、戦術上の転換から、あまり刀剣を重視する傾向ではなくなります。いわゆる、重装歩兵戦術を用いた都市国家（ポリス）どうしの抗争の時代が訪れるのです。

一方、中近東では、ペルシア帝国がその勢力を広げはじめていましたが、紀元前八～紀元前七世紀頃から南ロシア平原を占拠したスキタイ族は、紀元前六世紀には見事な鉄製刀剣を作りだしています。彼らはのちにサルマタイ族と融合し、優れた鉄器文化とともに、優れた刀剣を生みだしました。

やがて、ポリス間抗争に明け暮れていた狭いギリシア地方を、マケドニアのフィリッポス二世が統一し、そのあとを継いだアレクサンドロスが東方のペルシア帝国を滅ぼすと、ギリシアにおける刀剣は、主要武器から護身用として腰に吊すだけのものとなりました。そのため、気軽に持ち歩けるように、その長さは短く、長いものでもせいぜい六十センチメートルたらずになっていきます。

しかし、ローマがその勢力を広げはじめると、刀剣は「グラディウス（百三十ページ）」と呼ばれて再びその地位を高めました。ローマ兵は、グラディウスを用いて特有の戦術を発展させていきます。この時代には、大きく三種類の刀剣を見ることができます。具体的な形状については、のちの項目に譲りますが、こうした剣のすべては鉄製でした。

一方、ギリシアやローマと争ったほかの文化圏、中でもガリア人やスキタイの存在は剣の歴史上除くことはできません。彼らが使用していた剣の長さはそれまでギリシアやローマで使われていた剣より数段長く、いわゆる「ロング・ソード（五十ページ）」の類いに入るものだったのです。

青銅器末期において、ケルト人はかなり多くの青銅製武器を用いましたが、その武器のすべてが大きく、槍先などは四十センチメートル近いものも存在しています。剣はだいたい、七十～九十センチメートルぐらいで、片手で使われるものです。ケルト人がなぜ、比較的大きな剣や武器を持っていたかは、しごく当然な理由があります。それは彼らの体格が、ローマやギリシア人よりも大きかったからです。

一方、スキタイ人は、ギリシア文化の影響を受けつつ、独自の鉄器文化を築き、ギリシア人とはちがった優れた鉄器文化をもっていました。ギリシアの有名な歴史家ヘロドトスによれば彼らの刀剣は「アキナケス剣（akinakes）」と呼ばれ、直身で馬上から刺突するのに非常に適していたといわれます。

暗黒時代の刀剣

暗黒時代において忘れてならないものに「サクス（二百五十四ページ）」があります。これは、北欧で生まれた片刃のナイフですが、その使い勝手からしばしば武器としても用いられることがありました。そして、それをさらに大きくし、「スクラマサクス（二百五十四ページ）」という刀を生みだしました。実は、この時代はあのアーサー王が実在したといわれる、まさにその時代ともなりますから、彼の剣として知られるエクスカリバー（Excalibur）は片刃であった可能性があるわけです。

このように北欧の初期においてはスクラマサクスに代表される片刃の刀剣類が一時的なブームをもたらしましたが、多く用いられていたのは、ケルト人などに見られる両刃の剣でした。そのため結局、刀剣の形状史の流れはそちらに流れていきます。そして時代は切断のみを用途としたヴィーキング[*六]やアングロ＝サクソン、ノルマン人が使った両刃の鉄製剣の時代となります。

この時代の刀剣は、まだ、鋼が使えなかったため金属硬化の処理を施しています。それは、先に述べた「焼き入れ法」として知られ、西欧においては鋼がまだなかったこの頃、鉄に硬度をもたせるためにこの処理を行ったのです。

金属硬化によって、剣は十分な強度をもちましたが、しかし、その芯の部分は、ただの鉄で、戦闘をするごとに焼き入れした皮膜がはがれ、段々と強度がなくなってしまいました。また、こうした剣は折れるのではなく戦闘中に曲がってしまうこともよくあったのです。ノルマンやヴィーキングたちの用いた剣はそうした理由があったため、幅広い刃をもっています。これは当時の戦法が激しい切り合いだったからです。こうした事実は現在にもいくつか残される遺物にも見ることができます。たとえば「バイユの壁掛け[*七]」にもあるように相手の兜を切り割ることもできたようです。

ロング・ソードの項で示しているヴィーキング・ソードは十世紀のものです。その特長は刃幅が広く、樋（フラー）が幅広くあることです。当時の剣が盛んに鍛えられたのは、ある程度簡単な理由からでした。それは、力任せに叩き合い、体力と武器が強固な方が戦場では勝利を収めたからです。

ヴィーキングたちが剣に抱いていたイメージとは、神秘的で魔力を備えたものであり、それ自身が意志を持っているかのように擬人化していることです。サガや『ベーオウルフ』などにおいて、よく自分の剣に話しかけるシーンを読み取ることができます。また、剣を毒蛇と見立てる描写なども多く見かけることができますが、これは、ヴィーキング時代に多く用いられた模様鍛接（百三十六ページ）という処理によって剣の表面に浮かび上がる模様がまるで蛇のようだったという理由がありました。

❖騎士時代の刀剣

戦士が騎乗して戦うことが主流となる時代においては、それまでの強固な刀剣というだけでは用が足りず、騎乗する関係から軽くなるような工夫がなされるようになります。もちろん、血溝を設けるなど、それまで刀剣を軽くするための工夫がまったくなされなかったわけではありません。しかし、この時代の多くの軽量化された剣は、次第に騎兵重視型に変化する時代の流れを十分汲んだもので、何よりも現実的な問題から生まれてきたものです。

十字軍が各地で活躍する時代においてはシンプルな「十字型剣（五十五ページ）」が剣

の主流を占め、それ以降もしばらくこうした形状の刀剣の時代はつづきました。

もっとも有名な刀剣の多くはこの時代に誕生し、はたまた名づけられています。ロング・ソードといった部類もこの時代の主要な剣の一種であることは述べるまでもないことです。しかし、剣の形状は変わったとしてもその用い方は切るか突くかといった程度で大きな変化は見られません。ただ、形状において宗教的な影響を受け、十字架状の形に見立てて作られ、実際、そうした理由から神聖な武器として、当時の戦士たちの中でもっとも位の高かった騎士たちが用いました。よく、中世の騎士たちが「自らの剣にかけても約束を果たす」とか、騎士の位を授けるときに剣を用いるのはそうしたキリスト教の影響を強く受けていたからです。

この時代における剣のもうひとつの特長は、刀身を平たく鋭くとがらしたことで、それは切先に向かえばなおさらのことです。また、金属も次第に弾力性を重視したものとなり、強固なものより、スマートで軽い剣が多くを占めるようになります。

❖中世以降の刀剣

中世以降、とくにルネサンス以降にかけて、刀剣はまったく異なった変化を遂げることになります。ロング・ソードを使用して戦闘を行う形態は同じでしたが、それに加えて両手を使用する剣（「トゥ・ハンド・ソード」など）が十三世紀頃登場しはじめます。これは、一種のブームであるかのごとく各国に広まりました。

十六世紀には「レイピア（百七ページ）」という突くことを主とした剣が登場し、剣術という技術がさまざまに発展を遂げていきます。それまでは重鈍イメージが強かった剣術は、スピーディーで活発な剣技へと一変するわけです。こうして右手にレイピア、左手に「マン・ゴーシュ（二百四十六ページ）」というスタイルが完成します。しかし、剣で切り合いを行うような近接戦闘が少なくなっていくと、剣術は戦闘から、儀式的な意味合いをもつようになっていきます。つまり、個人の名誉を守ることとか格式をあらわすための単なる飾りへとです。こうした、礼式に剣が用いられるようになると、より軽量化が進み、小型の剣、「スモールソード（百二十四ページ）」などが全盛期を迎えるようになります。刀剣を持ち歩く習慣は、だいたい十八世紀中頃まで続きます。

近世においては、軍刀というものが、多くの国々で騎兵部隊の武器として採用されています。いわゆる「サーベル（百五十四ページ）」の類なのですが、これを主力兵器として使用することはだいたい十九世紀中頃まで保たれていきます。しかし、本当の意味での騎兵部隊は一部を除けば廃れていき、それと同様に刀剣を主要武器とした部隊は消滅していきます。

＊一　クォピス（khopesh）　ギリシアの古刀コピスの祖型を成した刀剣で、両刃のものもあります。

＊二　ウガリト（ugarit）　古代オリエントに栄えた都市国家。バビロニアの影響を受けて発展し、王国として繁栄しますがヒッタイト、エジプトなどの侵略を受け、のちにエジプトの属領となりました。

＊三　カディッシュの戦い（kadesh　紀元前一三〇〇）　オロンテス河畔の戦いとしても知られるこの戦いはラムセス二世率いるエジプト軍とヒッタイトとの戦いで、カディッシュとは都市の名前です。この近辺ではいくつかの戦いが行われましたが一般的にカディッシュの戦いといえばエジプト軍の辛勝で終わった戦いのことです。

＊四　ラムセス二世（Ramses Ⅱ　？～紀元前一二三四）　エジプトの第十九王朝（紀元前一三〇一～紀元前一二三四）の三代目の王。たぐいまれな戦略家であったといわれています。紅海と地中海をつなぐ運河を作ろうとして、パレスティナ、エティオピアなどを征服しました。しかし、カディッシュでの戦いでヒッタイトの軍隊に辛勝しかできなかったため兵力の不足をきたし、運河計画は計画のまま終わってしまいました。戦いののち、アッシリアに対して和平を結び、エジプト繁栄にのみ力を注ぎました。在位は六十七年間であったといわれ、百歳近くで世を去ったと伝えられています。

＊五　接近戦部隊の装備　盾、短槍、刀剣を基本的な装備とし、時には護身用として、メイス類を備えていました。通常の密集隊形では短槍を用い、混戦になると刀剣で応戦しました。

＊六　ヴィーキング（Viking）　いわゆるヴァイキングのことで、正しく発音すればこうなります。この意味については諸説がありますが、「入り江の住人」や「アザラシの捕獲者」などが有名です。

＊七　バイユの壁掛け（Bayeux Tapestry）　一〇七〇～一〇八〇年頃に作られた刺繍。一〇六四年から一〇六六年のヘースティングの戦いまで、ノルマンディー公ウィリアム（ギョーム）について描かれている。七十二場面からなり、幅〇・五メートル、長さは七十メートルにも及んでいる。

刀剣年表

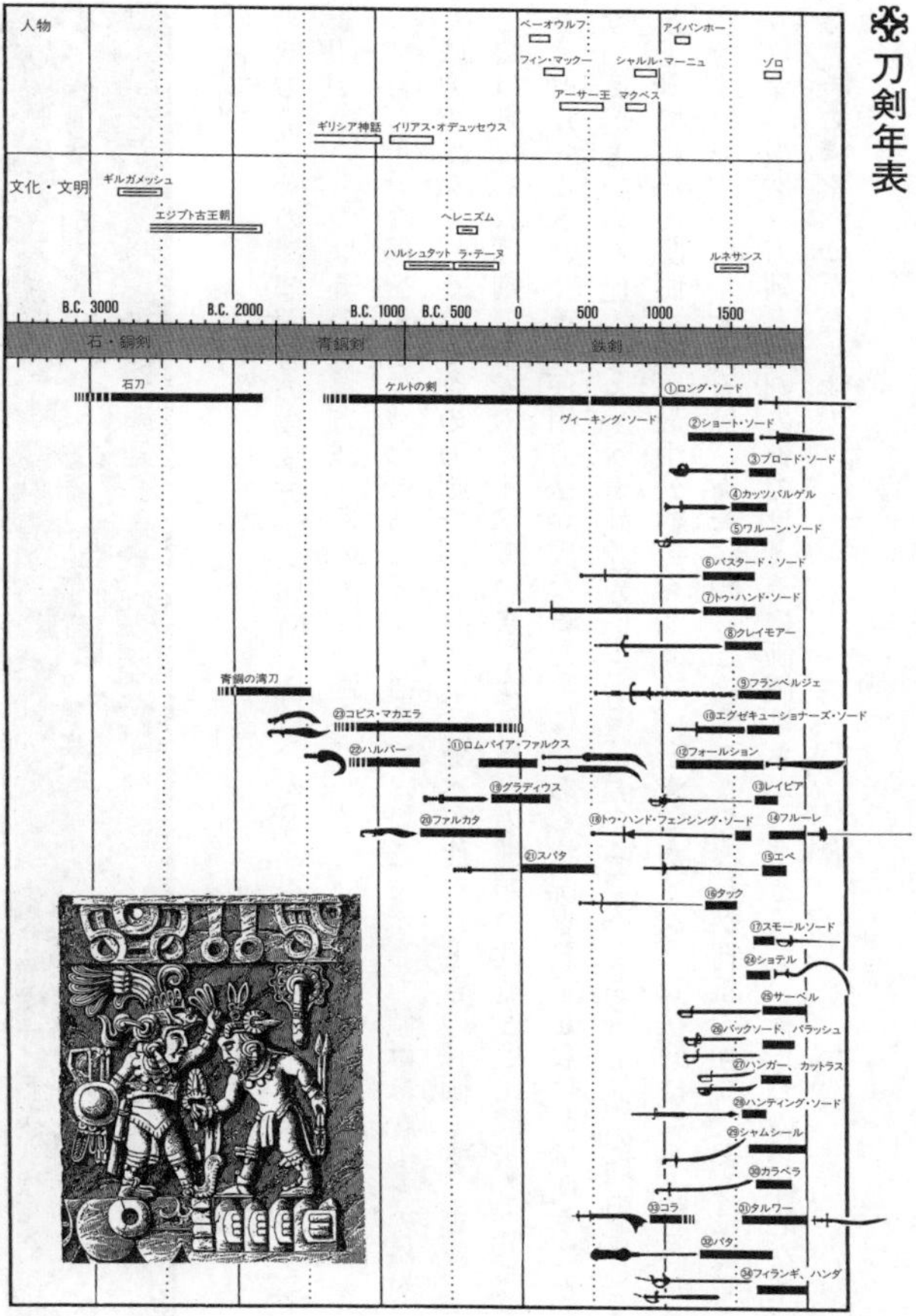
人物
ベーオウルフ
アイバンホー
フィン・マックー
シャルル・マーニュ
ゾロ
アーサー王
マクベス
ギリシア神話
イリアス・オデュッセウス
文化・文明
ギルガメッシュ
エジプト古王朝
ヘレニズム
ハルシュタット
ラ・テーヌ
ルネサンス
B.C. 3000
B.C. 2000
B.C. 1000
B.C. 500
0
500
1000
1500
石・銅剣
青銅剣
鉄剣
石刀
ケルトの剣
①ロング・ソード
ヴィーキング・ソード
②ショート・ソード
③ブロード・ソード
④カッツバルゲル
⑤ワルーン・ソード
⑥バスタード・ソード
⑦トゥ・ハンド・ソード
⑧クレイモアー
青銅の湾刀
⑨フランベルジェ
⑩エグゼキューショナーズ・ソード
㉓コピス・マカエラ
㉒ハルパー
⑪ロムパイア・ファルクス
⑫フォールション
⑬レイピア
⑲グラディウス
⑳ファルカタ
⑱トゥ・ハンド・フェンシング・ソード
⑭フルーレ
㉑スパタ
⑮エペ
⑯タック
⑰スモールソード
㉔ショテル
㉕サーベル
㉖バックソード、パラッシュ
㉗ハンガー、カットラス
㉘ハンティング・ソード
㉙シャムシール
㉚カラベラ
㉝コラ
㉛タルワー
㉜パタ
㉞フィランギ、ハンダ

刀剣類能力早見表

威力

威力は、その武器固有の攻撃方法（切断、打撃、突き）に分けて★印をつけています。★印が多いものはその攻撃方法がその武器に適しているといえます。しかし、たとえ★一つでも、十分な傷を相手に負わせることができます。ここに示した値はほかのものに対する威力ではなく、それぞれの刀剣を同じラインに並べて比べたときの評価です。また、ここでは剣であれば剣の中でのみ比べていますからほかの種類の武器とは比較することはできません。これは、その使用方法が異なるために、ある状況を設定しなければ使うことがない武器と威力を比べてみても意味がないと考えたからです。もうひとつの理由として、銃と剣ではその評価数値の最小公約数を変えないと★印がインフレ状態になると思ったからです。ですから、★★★は、★★に勝るということのみしか判断できないようにしてあります。当然、刀剣と短剣の★では、その価値はちがってきます。★一つの具体的な威力は読者の考察にゆだねます。

体力

これは、この武器を使うためにある程度必要な体格と、耐久力をあらわしたものです。★の数が少なければ、女性や子供にも使えるかもしれませんし、多ければ、体力を消耗しやすいものであることを意味しています。

練度

これは、使い方が難しいかということと、訓練を必要とするかをあらわしています。ときどき見られる（＋）は、使用法が複数ある場合に両方使いこなせるようになることの難しさをあらわしています。

価格

資源や技術による制限がない世界において考えられる価値をあらわしています。重宝されることではなく、もっと簡単な売買における値です。

知名度

その武器が一般的であったか、そうでなかったかをあらわすもので、ある一定の世界感をもって見比べたものではなく、それが用いられた世界での視点から考えたものです。

❖長さ

全長は、本文中に説明したものの、実際の写真等の資料から著者が求めたもので、その資料は、一般に見られるものをなるべく選びました。

❖重量

同じものでも文献においては曖昧であることが多いため、本書では、著者が独断で重量計算を行い、重量を求めました。なお、物質ごとの比重は便宜上次の値としました。

鉄　〇・〇〇七八五キログラム／立方センチメートル
鋼　〇・〇〇八〇〇キログラム／立方センチメートル
金　〇・〇二一四五キログラム／立方センチメートル
銀　〇・〇一〇四九キログラム／立方センチメートル
銅　〇・〇〇八九〇キログラム／立方センチメートル
青銅　〇・〇〇八八〇キログラム／立方センチメートル
黄銅　〇・〇〇八五〇キログラム／立方センチメートル
木やその他の非金属類　〇・〇〇〇六キログラム／立方センチメートル

番号	名称	威力 切断	威力 打撃	威力 突き	体力	練度	価格	知名度	全長（cm）	身幅（cm）	重量（kg）
①	 ロング・ソード (Long Sword)	★★★	–	★(+★)	★★★★	★★(+★)	★★★	★★★★★	80〜95	2〜3	1.5〜2.0
②	 ショート・ソード (Short Sword)	★★★	–	★	★★	★★★	★★	★★★★★	70〜80	2〜5	0.8〜1.8
③	 ブロード・ソード (Broad Sword)	★★★	–	–	★★	★★	★★	★★★★	70〜80	3〜4	1.4〜1.6
④	 カッツバルゲル (Katzbalger)	★★★	–	–	★★	★★	★★	★★★	60〜70	4〜5	1.5〜1.7
⑤	 ワルーン・ソード (Walloon Sword)	★★★	–	–	★★	★★★	★★	★★	70〜80	3	1.4〜1.5
⑥	 バスタード・ソード (Bastard Sword. Hand-and-a-half Sword)	★★★	–	★(+★)	★★	★★★	★★	★★★★	115〜140	2〜3	2.5〜3.0
⑦	 トゥ・ハンド・ソード (Two Hand Sword)	★★★	★★★★	★★	★★★★★	★★★★★	★★★★★	★★★	180以上	4〜8	2.9〜6.5
⑧	 クレイモアー (Claymore)	★★★★	–	★★★	★★★	★★★	★★★	★★★	120	3〜4	3.0

番号	名称	威力 切断	威力 打撃	威力 突き	体力	練度	価格	知名度	全長（cm）	身幅（cm）	重量（kg）
⑨	フランベルジェ (Flamberge) 	★★★（+★）	★★★★	★（+★）	★★★★	★★★	★★★★	★★★	130〜150	4〜5	3.0〜3.5
⑩	エグゼキューショナーズ・ソード (Executioner's Sword) 	★★★★	—	—	★★★	★★★	★★★	★★	100	6〜7	2.2〜2.5
⑪	ロムパイア (Rhomphaia or Rumpia)  ファルクス (Falx) 	★★★★	—	—	★★★★	★★★	★★★	★	100以上(?) / 120以上(?)	5（?） / 4（?）	2.5（?） / 4.0（?）
⑫	フォールション（フォールチャン） (Falchion) 	★★★	—	—	★★★	★★	★★	★★★	70〜80	3〜4	1.5〜1.7
⑬	レイピア (Rapier) 	—	—	★★	★★★	★★★★	★★（+★★）	★★★★	80〜100	1〜1.5	0.7〜0.9
⑭	フルーレ (Fleuret) 	—	—	★★	★★★	★★★★	★★	★★★	110以下	1以下	0.275〜0.5
⑮	エペ (Epee) 	—	—	★★	★★★	★★★★	★★（+★★）	★★★	110	1〜1.5	0.5〜0.77
⑯	タック (Tuck) 	—	—	★★★	★★★	★★★★	★★★	★★★	100〜120	1以下（棒状）	0.8

⑰	 スモールソード（Smallsword）	—	—	★★★	★★	★★★	★★★（+★★★）	★★	60〜70	1〜1.5	0.5〜0.7
⑱	 トゥハンド・フェンシング・ソード（Two-hand Fencing Sword）	★★★	—	★★★	★★★	★★★★★	★★★	★	130〜150	1.5〜2	2.0〜2.5
⑲	 グラディウス（Gladius）	★★	—	★★（+★）	★★	★★★	★★（+★★★）	★★★★	60	5〜10	1.0
⑳	 ファルカタ（Falcata）	★★	—	—	★★	★★	★★	★★	35〜60	3〜5	0.5〜1.2
㉑	 スパタ（Spatha）	★	—	★★	★★	★★	★★	★★	60	3〜5	1.0
㉒	 ハルパー（Harpe）	★★	—	—	★★	★★	★★	★	40〜50（65）	5（?）	0.3〜0.5
㉓	 コピス（Kopis）	★★	—	—	★★	★★	★★	★	50	4〜5	1.0
㉓	 マカエラ（Machaera）	★★	—	—	★★	★★	★★	★	60	4	1.2
㉔	 ショテル（Shotel）	★★★	—	★★	★★★	★★★	★★★	★★	70（100）	1.5	1.4〜1.6

番号	名称	威力 切断	威力 打撃	威力 突き	体力	練度	価格	知名度	全長（cm）	身幅（cm）	重量（kg）
㉕	サーベル（Saber）	★★	－	★	★★	★★★	★★（＋★★）	★★★★★	0.7～1.2	2～4	1.7～2.4
㉖	バックソード（Baksword） パラッシュ（Pallasch）	★	－	★★	★★	★★★	★★（＋★★）	★★（＋★）	60～80 70～90	2～4 2～3	1.3～1.5 1.2～1.5
㉗	ハンガー（Hanger） カットラス（Cutlass）	★★★（－★）	－	★	★★	★★★	★★（＋★★）	★★★	50～70 50～60	3～4 3～5	1.2～1.5 1.2～1.4
㉘	ハンティング・ソード（Hunting Sword）	★	－	★★★	★★	★★	★★（＋★★★）	★★	100	4	1.6
㉙	シャムシール（Shamshir）	★★（＋★★）	－	－	★★（＋★★）	★★（＋★★）	★★（＋★★★）	★★★★	80～100	2～3	1.5～2.0
㉚	カラベラ（Karabela）	★★★（＋★）	－	－	★★	★★★	★★（＋★★）	★★★	90～100	2～3	0.8～1.0

㉛	タルワー（Talwar） 	★★	–	–	★	★★	★★	★★★	70〜100	2〜12	1.4〜1.8
㉜	パタ（Pata） 	★★★	–	★★★★	★★★	★★★★ ★	★★★（+★★）	★★	100〜120	3〜5	2.1〜2.5
㉝	コラ（Kola） 	★★★	–	–	★★	★★	★★	★★	70	5（狭） 45（広）	1.4
㉞	フィランギ（Firangi, Phirangi, Farangi）  ハンダ（Khanda） 	★★★★	–	★★★	★★★★★	★★★★	★★★★★	★★★★	110〜150	4〜5 / 3〜5	1.6〜2.0

ロング・ソード (Long Sword)

威力　切断★★★　突き★（+★）　体力　★★★★　練度　★★（+★）　価格　★★★

知名度　★★★★★

外見

ロング・ソードとは文字どおり、〝長い剣〟のことです。[*一]この名称は、中世後期のヨーロッパで誕生したもので、単に刃の長短で剣を分類するものにすぎませんが、本書においては、「ロング・ソード」という名称が生まれた時代の刀剣のみをこう呼びます。

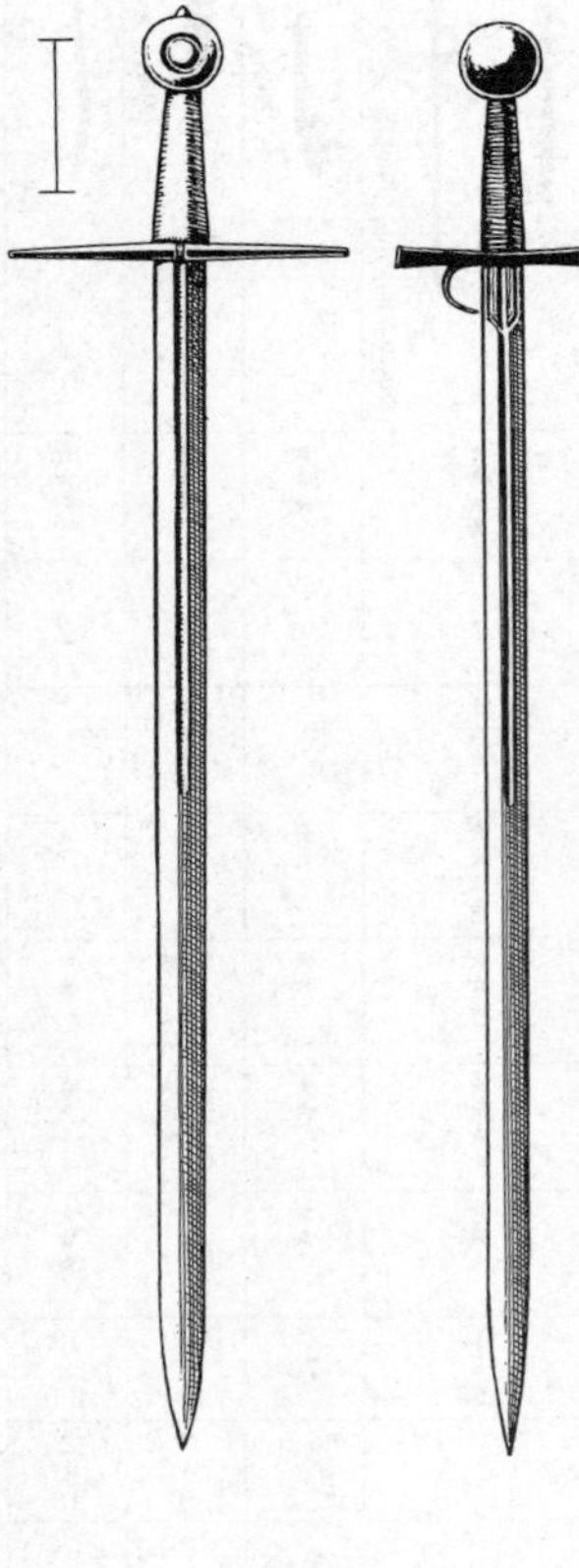

ロング・ソード

ロング・ソードのロングとは剣身（ブレイド）が長いということを意味します。もし、日本語に訳すなら〝長刃剣〟といったところになるでしょう。その特長は、おもに騎士たちが馬上で用いた刀剣であったため、切先が鋭く、両刃を備え、直身で、全長は八十〜九十センチメートル、最大のものでも九十五センチメートルを超えないことが条件となります。身幅は二〜三センチメートル、重さは比較的軽く一・五〜二キログラム弱といったところです。

歴史と詳細

広義におけるロング・ソードという名称は、今日までの刀剣史上に登場したすべての刀剣を、その外見上の特長を度外視して「長さ」という枠だけに閉じ込めた際の類別名称です。しかし、本項で述べるロング・ソードは、その名称が生まれた中世後期にまでさかのぼって本来の姿を考察し、その特長により類別したものなのです。ですから、そうした意味で狭義にもとづく刀剣のことになるでしょう。

ロング・ソードの剣身はまっすぐで、刃先を備え、切ることを専門とした刀剣ですが、切先を尖らしてあって突くことにも適していました。これは、騎士が馬上で用いたためであり、暗黒時代にノルマンやヴィーキングの用いた剣[*二]（ヴィーキング・ソード）が、その原型をなしたためです。しかし、彼らの剣は長さにおいては、ロング・ソードと同様の長さですが、その身幅《みはば》が三〜五センチメートルほどあり、刃の厚さもかなり肉厚にできていました。これには、三十五ページの「暗黒時代の刀剣」で述べた理由があったからなのです。

この時代のロング・ソードはみな同じ形状をしていましたが、ごくまれに、大振りのものも使われました。たとえば、フリードリッヒ二世[*三]に仕えたコンラート・フォン・ヴィンターシュテッテンのように、相手を「ぶっとばして」しまうほどの、全長百四十センチメ

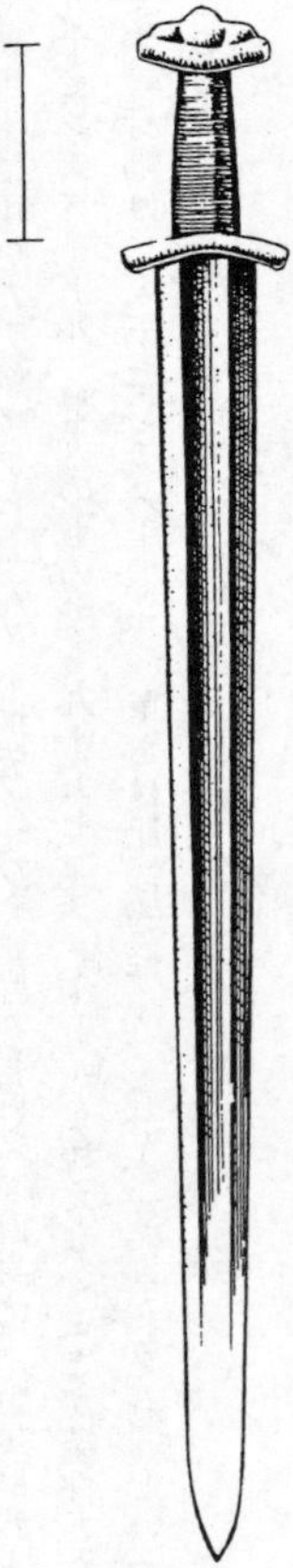

ヴィーキング・ソード

ートル、身幅十六センチメートルもあるロング・ソードを腰にまとっていたという記述もあります。しかし、これは、あくまでも異例なことで、ふつうは最大でも九十五センチメートルぐらいというのがロング・ソードの長さの目安となるのです。

その後中世になると、鋼などが用いられるようになったために刃の肉厚は比べられないほど薄くできるようになりました。さらに、それまでの切ることをおもな目的としたものから突くことができるように鋭く尖り、全体的に細長くなっています。また、刃の表面にはそれまでの剣に見られる血溝のないものが登場しはじめ、平たく尖った状態の剣身であるものになっていきます。そして、これが、今日におけるロング・ソードなのです。

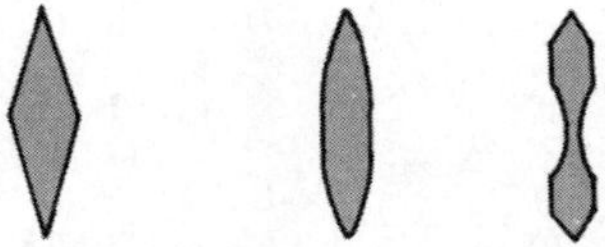

①暗黒時代　②中世以降　③ルネサンス以降

刃の断面図

では、ここで時代ごとに見られる刃の断面形状図をあげておきましょう。

①の暗黒時代の剣は重量軽減のための努力として、ことさら樋（血溝）を幅広くとっています。また、こうした血溝は剣身自体の強度を高める意味もあったかもしれません。

②は、中世以降の多くの刀剣であり、十三世紀以降の西洋で用いられたロング・ソードの断面です。図からも流線型を平た

くしただけの感じが見てとれると思います。

③のひし形形状の断面は、ルネサンス以降に多く見られるものです。よく、剣を描くときにこうした形状であらわすことが多いのですが、こうした形状をもった剣は、西洋では中世よりは中世以降の近世にかけて多くなっていきます。ただ、日本の場合、剣が存在した上代にこうした形状のものが多く存在しています。これはとくに大陸（おもに中国）からの影響でした。

ロング・ソードは剣の形状そのものがもつ効果を前面に押しだして使われます。それは〝切る〟、〝突く〟といった、非常に単純なもので、それだけに細かい〝剣術〟といった技術が入り込む余地はありません。

いわば体力がものをいうわけで、剣術＝体力強化といった図式が成り立つことになります。戦士は鍛えあげられた体力と、多くの戦場を切り抜けることによって生まれるカンと慣れによってロング・ソードを扱うしかないのです。このため、西洋においては、あまり明確な剣術が存在しない時代が長くつづき、それ以上に剣を用いた儀式などの儀礼的な用法が多く残ることになります。

こんな風にいってしまうとロング・ソードとはただ振り回すだけのもののように聞こえてしまうかもしれません。しかし、攻撃、防御のどちらにも適したという点で、片手で使用できる武器のなかではロング・ソードの右に並ぶものはないでしょう。

しかし、そんなロング・ソードも長いためにより短い武器をもって身を固め、集団戦法を用いるといった敵には弱味をもつことがあります。そのよい例が、カエサルによって侵略されたガリア[*四]人たちなのです。ガリア人は当時、盾と長い剣しか持っておらず、お互いの攻撃の邪魔にならないよう間隔を保って戦っていました。そのため、鎧で身を固め集団戦闘を行うローマ軍と戦うことは、極めて不利であったといえます。もし、ロング・ソードを使うなら、それなりに身を固めてからにした方が賢明でしょう。

❖エピソード〈旧き時代の騎士たちの刀剣〉

十三世紀はじめから中頃にかけて、信仰に踊らされて聖地奪還のために戦ったのが十字軍です。そこで活躍した西欧の騎士たちが、その手に握っていた刀剣は、車輪型の柄頭をもった十字型のものでした。それ以前、北欧を中心に発達したヴァイキング・ソードは、その座を十字軍の活躍するこの「騎士の時代」の刀剣に譲ったわけです。

一口に「騎士の時代」といっても、その時代を限定することはいささか困難であることは確かです。本書では、十字軍の時代となって騎士団が発足した十二世紀から十三世紀までを「旧[*五]き騎士たちの時代」と称することにし、その間に用いられたこれらの刀剣を「旧き騎士たちの刀剣」と呼ぶことにしました。

「旧き騎士たちの刀剣」は、本書におけるロング・ソードの一世代前の刀剣であるといえます。その特長は車輪または円形をしたポメル（柄頭）と、剣身に対して垂直または、湾曲した護拳を有する、いわゆる十字型刀剣で、キリスト教の陣営についた西欧の戦士たちが好んで使用した刀剣でした。

比較的シンプルなものが多いこの種の刀剣は、のちの刀剣の柄を華やかに装飾する時代の刀剣とはちがい、使用することをその主眼において作られた優れた刀剣といえるでしょ

十字軍の騎士と十字型の刀剣

う。これは、決して誇張ではなく、柄と柄頭、そして剣身とのバランスが非常によくとれています。これは、西欧の刀剣史上でも認められている事実なのです。

それまで用いられたヴィーキング・ソードから、こうしたシンプルで軽い刀剣へと変化していったのは、技術の進歩による製造法の改革ということだけでなく、十字軍の戦士たちが猛暑の砂漠で思う存分振り回しても、いたずらに体力を消耗しないように軽く、なおかつ、威力が落ちないように改良を加えられた結果といえます。また、敵であるイスラムの戦士たちがそれほど重装備でなかったということも、その要因のひとつかもしれません。しかし、そんな意味のある理由よりも清貧で高潔なキリスト教団の騎士には、きっと、シンプルで十字架を象った刀剣が喜ばれたことは、しごく当然なことといえます。

しかし、そもそもその原型は、五世紀にペルシアからビザンツ帝国を通してメロビング朝時代（四五一〜七五一年）のフランク王国にもたらされたものでした。メロビング朝を打ち立てたクロヴィスは、ブルグントの王女で彼の妃となったクロティルドの勧めもあってキリスト教に改宗し、それを旗頭に国土を広めていきました。その結果、次第に十字架をあしらった刀剣が好まれるようになっていったのです。さらに、カロリング朝の時代（七五一〜九八七年）になって、カール大帝が登場し勢力を伸ばしたことで、ますます西欧を代表する刀剣の形式となっていったのです。そのブームの兆しは、十字軍がはじまる二世紀以上前より見られはじめていたのです。

＊一　今日における「ロング・ソード」という名称は、その言葉が生まれたあとに何世紀もたってから規定されたもので、〝長さ〟だけの尺度でいろいろな刀剣をその種類に含めています。

＊二　ヴィーキング・ソード　暗黒時代の西欧において用いられた北欧の刀剣で、有名なノルマン・コンクエストによって広まった刀剣を、本書ではこう呼びます。その特長は樋が広く、刃厚が厚い。

＊三　フリードリッヒ二世（Friedrich Ⅱ：一一九四〜一二五〇）　プロイセンの王ではなく、神聖ローマ皇帝として、一二一五年から三十余年にわたってヨーロッパに君臨し、絶対主義的政治機構を整えた人物です。彼はまた、別の一面として文芸などの文化的促進にも力を入れ、そのために「王座の上の最初の近代人」とも呼ばれました。

＊四　ガリア人（galli）　アーリア系の人種で紀元前七世紀に現在のフランスあたりに居住しました。ローマ人はその地をガリアと呼び、彼らをガリア人と呼んだのです。ローマの拡張政策によって占領され、さらにゲルマン人の侵入によってもその地を征服されてしまいました。

＊五　十字軍の時代に騎士団に所属した騎士と、それ以後の貴族としての騎士とは、かなりかけ離れたニュアンスをもっていると思えます。そこで、本書では、前者を「旧き騎士たち」と呼ぶことにしました。

ショート・ソード (Short Sword)

威力 切断★★★ 突き★ 体力 ★★ 練度 ★★★ 価格 ★★

知名度 ★★★★★

外見

ショート・ソードとは当然のことながらロング・ソード（別項）よりも短い剣のことで、その長さの狭義*一において、大体七十センチメートル〜八十センチメートルぐらいのものとするのが一般的です。ショート・ソードは二種類あって、その、特長、形状は長さを除けばロング・ソードのそれと変わらないものと、切先が鋭くて刃根元に向かうにつれて広くなるタイプがあります。

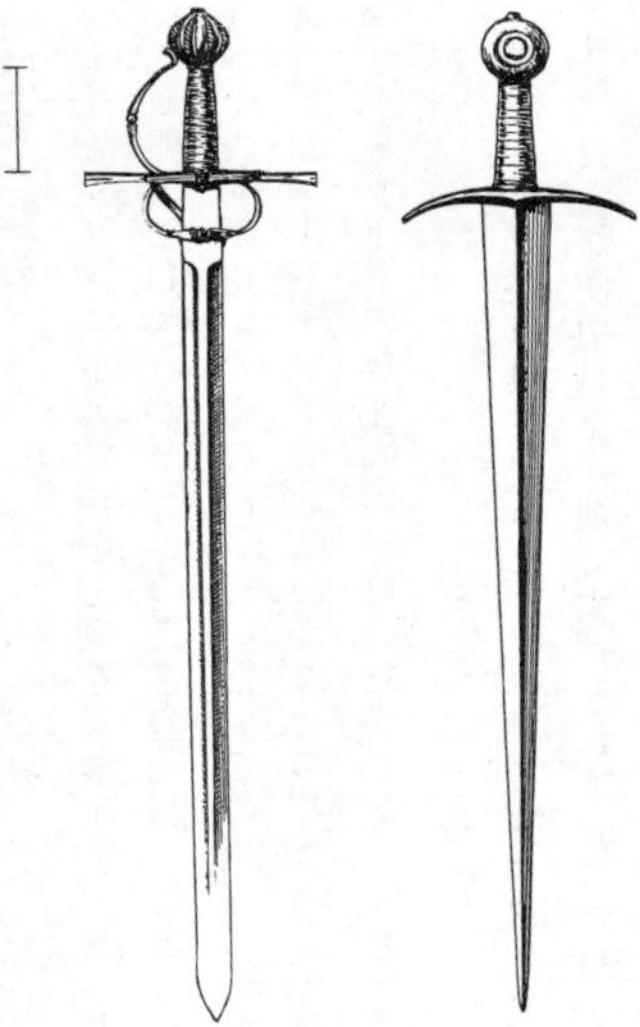

ショート・ソード

❖歴史と詳細

七十センチメートル前後の刀剣をショート・ソードとすると、いったいそれはいつ頃用いられたのでしょうか？　この長さの範囲に納まる刀剣は意外に多く、八世紀頃にヴィーキングたちが用いたものは、だいたいこの長さに納まります。ですが、これは例外的なもので、ショート・ソードとはいえません。しかしながら、彼らが用いた刀剣のあり方にショート・ソードの存在価値を見いだすことができます。

結論から述べればショート・ソードとは十四～十六世紀に活躍する重装歩兵（men-at-arms）たちが使用した刀剣です。それは徒下で戦う兵士に向いた、①乱戦において使いやすく、②刺突戦法に向き、③丈夫であるという三つの条件を満たす刀剣のことです。つまり、ショート・ソードの必要な条件とは、身幅が広く切先が鋭く尖り、短い（？）ことで、これは、接近戦のための考慮であったと考えられます。

この結論を述べるには二つの理由があります。まず、鋼によって鎧の強度が増したため、突き刺しやすいように先を尖らせた剣が多くなったこと、さらに、敵と肉薄して戦うために短く、丈夫である必要があったということです。

十四世紀にイギリスとフランスの間で起こった百年戦争において、当時、イギリスの用いた戦術のなかに下級の騎士を下馬させて敵を迎え撃つといった戦術が登場しました。これは、のちにヨーロッパ諸国で取り入れられ、彼らはそのために使い勝手のよい短めの刀剣を好んだのです。

一般的に手軽に用いることのできた刀剣の長さが、だいたい七十〜八十センチメートルであることは、ヴィーキングなどの北欧の民が適当とした刀剣の長さから想像できます。

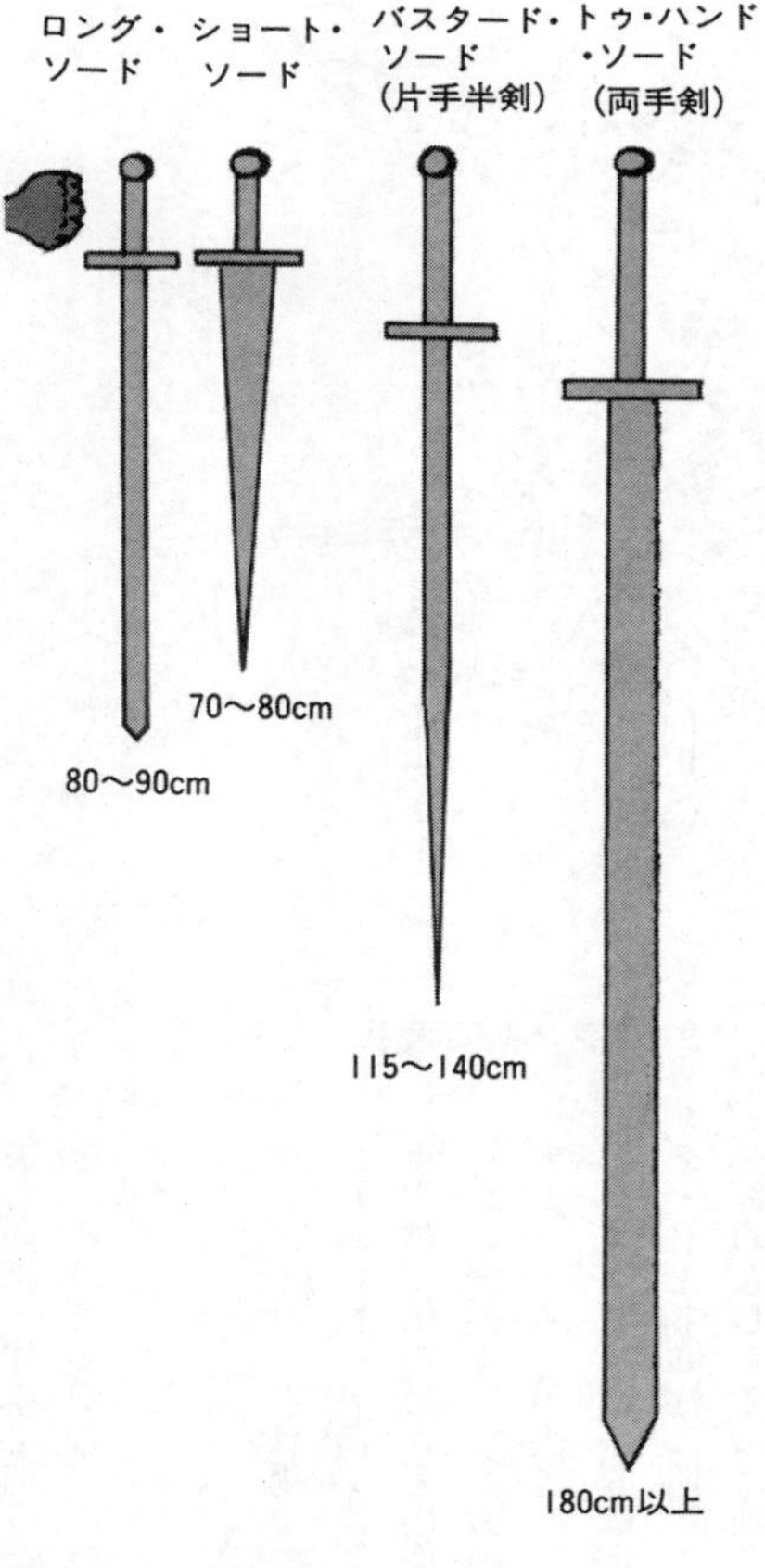

おもな刀剣の全長と握りの長さ

16世紀フランスの近衛兵

彼ら同様、片手で切り合いをするのですから、その長さも同じようなものだったでしょう。これに対して、ロング・ソードは馬上で使うために長い必要があり、そこに刀剣の長さと用途のちがいが浮きでてくるのです。

ショート・ソードはロング・ソード同様に切ることを目的とし、さらに刺突にも用いられる刀剣です。戦闘中は振り回しても、味方にまで切りつけてしまう危険が少なく、狭い場所や人が密集した場所での戦闘には少しは有効かもしれません。しかし、短い分の不利はどうしても克服できないので、必ずしも狭い場所ではロング・ソードより有利であるとは断定できません。また、逆にロング・ソードが広い場所で有利だともいえないのです。

❖エピソード〈ポメル〉

西欧刀剣の特長については、本章の序文で述べたとおりですが、ここではさらに、刀剣を形式学的に区別する基本材料となる中世（一〇〇〇～一四〇〇年）刀剣のポメル、つまり柄頭《つかがしら》について掘り下げてみましょう。

中世において使用されたおもな刀剣の代表的ポメルは二種類あって、それは、円盤または車輪（disc or wheel）形と、ブラジルナッツ（brazil-nut）形として知られています。円盤形および車輪形のポメルは、おもに青銅や鉄などの金属[*二]で作られていました。十二～十五世紀にかけて全盛し、北欧においては十六世紀中頃まで見ることができます。こうしたポメルは、とくに十字軍の時代に広く普及し、第一次、二次十字軍（一〇九六～一〇九九年、一一四七～一一四九年）の間で愛用された十字形剣の特長ともなっています。

ブラジルナッツ形のポメルは十世紀中頃から、十三世紀中頃において全盛した柄頭の形状で、とくに十二～十三世紀に全盛したものでした。

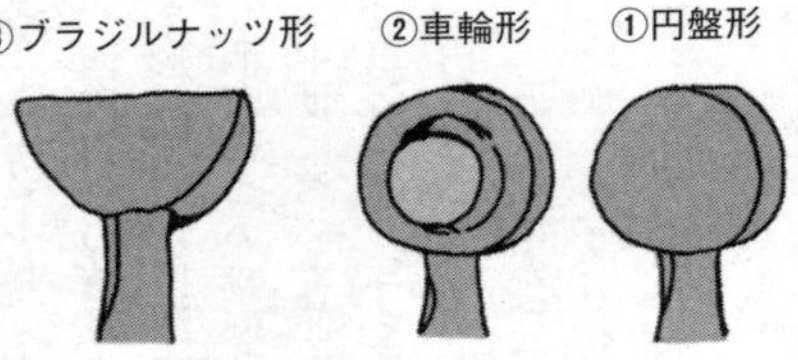

中世におけるポメルの形状

もっとも身近な資料として、その姿が登場するのは十一世紀に作られた「バイユの壁掛け」のなかです。このタペストリーには、一〇六六年にアングロ＝サクソン人とノルマン人の間で戦われた「ヘースティングスの戦い」が描かれています。ブラジルナッツ形ポメルはこのなかに描かれたほとんどの刀剣に見られ、偉大な王ハロルド[*三]がその王位を鼓舞して掲げる刀剣も、やはりこの形状をしています。ブラジルナッツとは、その名のように豆のような形状をしており、いい代えるなら、横から見たラクビーボールに似ています。こうした刀剣を、アングロ＝サクソン人やノルマン人が用いていたことを考えると、その起源は北欧の刀剣類であったことが考えられ、それはまさにヴィーキングの用いた刀剣の伝統を受け継いでいることがわかります。それを証拠づけるものに、この種のポメルがおもにバルト海沿岸諸国で発掘されるという考古学上の発見があります。

＊一　ここでいうショート・ソードとは、刀剣史全体における短い剣ではなく、その存在意味が確立した十四～十六世紀の間に用いられたもののことです。

＊二　柄頭は常に刀剣全体と同じ金属であったとは限りませんでした。

＊三　**ハロルド（Harold Ⅱ：一〇二二?～一〇六六年）**　イングランドの国王。父の死後ウェセックス伯を後継し、弟のノーサンブリア伯トスティヒとともにウェルズを攻略して名を高め、エドワード懺悔王の後継として国王となりました。しかし、それに異論を唱え王位を要求するノルマンディー公ギョームが一〇六六年に大軍を率いて来襲し、ハロルドはヘースティングスにおいて相対しますが討ち死にしてしまいました。

ブロード・ソード (Broad Sword)

威力 切断★★★　体力 ★★　練度 ★★　価格 ★★　知名度 ★★★★

外見

ブロード・ソードとは日本語で広刃剣などと呼ばれる刃の広い刀剣のことです。ときどき「だんびら」と訳されることもあるようです。

全長は、七十～八十センチメートル、身幅は、三～四センチメートル、重量は一・四～一・六キログラムです。断ち切ることを目的としているため、拳を守るようにさまざまな工夫を凝らしたヒルトが見られます。

有名なブロード・ソードの種類としては、デンマークの「レイテルパラッシュ（reiter-

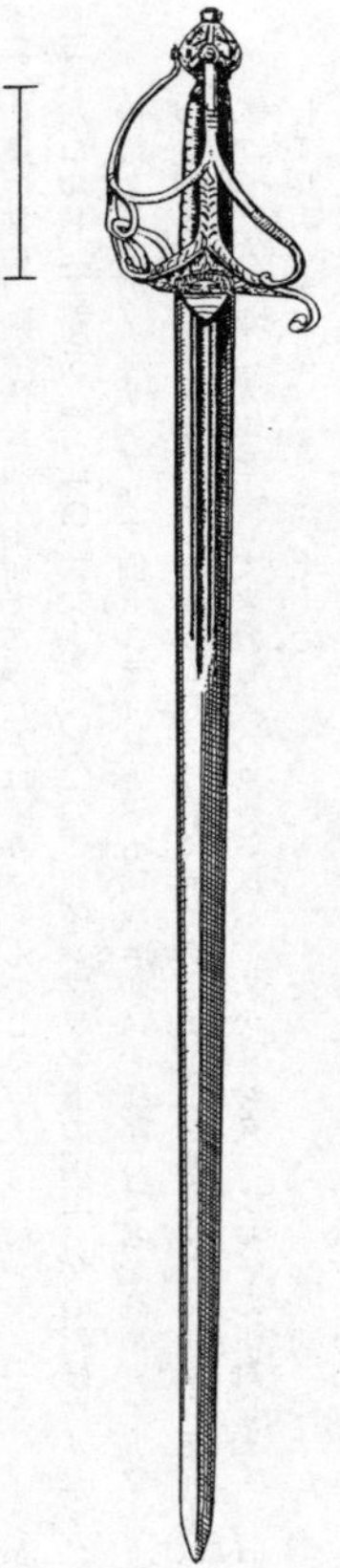

ブロード・ソード

pallasch)」、ヴェネツィアの「スキアヴォーナ（schiavona）」と呼ばれるものがあります。また、近世では刀剣の種類として刃の広い剣をこう呼んでいるため、中世に用いられたカッツバルゲル（別項）や、ワルーン・ソード（別項）などもこの仲間に入っています。

歴史と詳細

ブロード・ソードは十七世紀に誕生した両刃の打ち切り用刀剣で、軍用重剣（heavy military sword）として知られています。暗黒時代や中世初期に見られる刀剣と比べるとその刃は決して広いものではありませんが、レイピア（別項）が全盛していた当時としてはかなり幅広い刃だったといえます。

十九世紀には騎兵部隊専用の刀剣の一角をなすものとして受け継がれ、片刃の剣としてナポレオン時代のヨーロッパで使用されました。

次ページの人物図は、ブロード・ソードを持つ十七世紀のハイランダー[*1]です。

ブロード・ソードは先にも述べたように打ち切るための剣ですから、それまでの刀剣がもっている用法となんら変わりがありませんが、図にもあるように騎兵部隊に用いられた際は、肩口から振り下ろすように、真横にいる敵を攻撃しました。あとで述べるサーベルのような騎兵突撃よりも、騎兵や歩兵を交えた乱戦において有用な刀剣です。

ブロード・ソードには独特の籠状ヒルトと呼ばれるものがあります。このヒルトの形式は「スキアヴォーナ（schiavona）」と呼ばれています。スキアヴォーナは、十六世紀はじめにヴェネツィア共和国のスラヴ人からなる元首親衛隊の刀剣に見られたもので、一七九七年にこの部隊が廃止されるまで彼らの専用の武器の特長として知られました。つまり、スキアヴォーナとは「スラヴの（slavonic）」を語源としていて、その起源は十五世紀のスラヴ地方にまでさかのぼることができるのです。このスキアヴォーナとは籠状の形状をしており、切り合いの際に拳を守れるよう工夫されただけのものでした。

ブロード・ソードを持つハイランダー

ブロード・ソードを構える騎兵

エピソード〈「だんびら」とは〉

身幅の広い刀剣を「だんびら」と呼びますが、「だんびら」は、「たびら広」と呼ばれる太刀の略語で、これは日本刀の一種の名称として知られるものです。南北朝時代に著された『太平記』などにその記述が見られます。「たびら」とは身幅のことで、「たびら広」の太刀は身幅が広いという刀剣となります。

ただ、「たびら広」と呼ばれるものは、日本刀の刀剣史上もっとも身幅の広い刀剣でなければならないともいえます。ですから、意味的に考えると訳語としては間違いないのですが、ブロード・ソードは西洋刀剣史において、ある限定された条件と

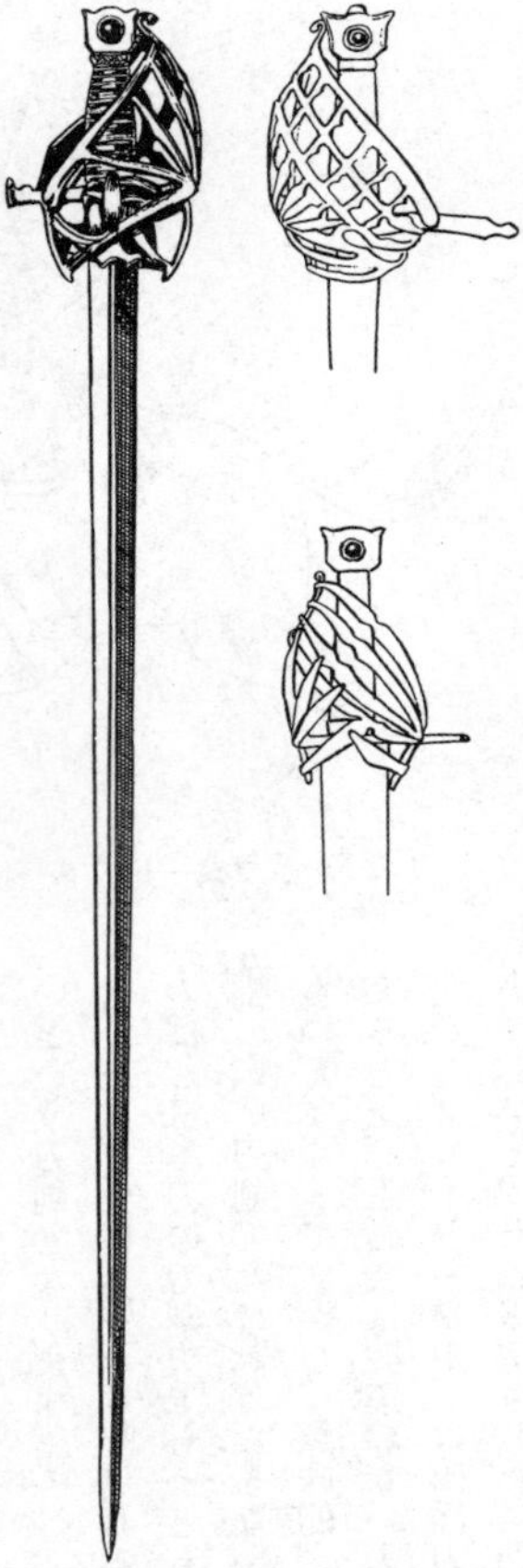

スキアヴォーナ

時代においてのみの幅広い刀剣ですから、意味としてよりもひとつの名称として理解すべきでしょう。また、西洋の刀剣に日本語独得の表現を訳とするのは本書の意にはそぐわないものと考え、本書ではブロード・ソードの訳語として用いてはいません。

＊一　ハイランダー（highlander）　スコットランドの高地民族。

カッツバルゲル (Katzbalger)

威力 切断★★★
体力 ★★
練度 ★★
価格 ★★
知名度 ★★★

外見

カッツバルゲルとはドイツの俗語で、〝喧嘩用〟[*一]といった意味をもっています。全長は、六十〜七十センチメートル、重量は一・五キログラムで、切先は鋭くなく、重さで反動をつけて相手を断ち切る典型的な刀剣です。

特長としてあげられるものに、図のようなシンプルな柄と、鍔の形状があります。鍔を真上から見るとS字型であることがわかります。ときおり、両手剣と解されることもありますが、ここではブロード・ソード（別項）の一種として紹介します。

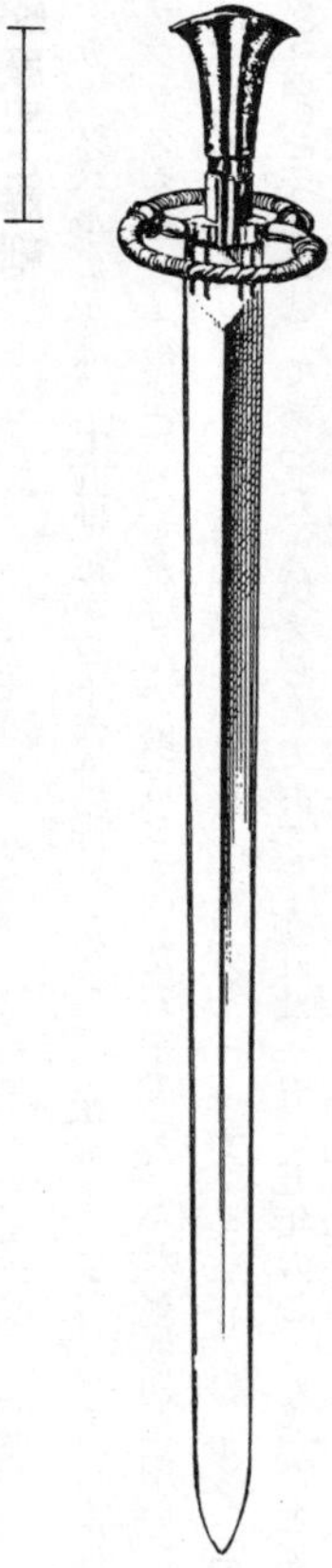

カッツバルゲル

❖歴史と詳細

カッツバルゲルは、十五世紀から十六世紀はじめ、三十年戦争におけるドイツの傭兵、ランツクネヒト（後述）たちが好んで携帯していた刀剣です。これを最初に用いた人物は、文献によるとウィーン警備隊の隊長ウルリック・フォン・シェレンベルグ（Ulrick von Schellenberg）であったと伝えられており、それは一五一五年のことだったと述べられています。

カッツバルゲルは、ほかのブロード・ソード同様、断ち切ることを主眼とした刀剣です。それは、比較的コンパクトに作られているのに、重みのあることからも考え及びます。特長である鍔が、S字型をしていた理由は、当時の軍人たちがよく腰に巻いていた装飾帯に剣を引っかけるためで、今日に残るランツクネヒトを描いた木版画などに、多く見かけることができます。

カッツバルゲルが両手剣と解される理由は、とりわけこのS字型鍔をもつドイツの刀剣すべてをそれとする考えからのようで、その近隣国で武器類においてさまざまな影響を受けたスイスにおいても同じように解されています。このことから、実は、種類上の類別としては、あまりなされないものではないかと考えることができます。

❖エピソード〈ランツクネヒト〉

ランツクネヒト（landsknecht）は十六世紀から十七世紀、とくにフランス、ドイツ、スペインを交えたイタリア戦争において活躍したドイツ人傭兵のことです。彼らは、派手な軍装、命知らずな活躍、さらに暴虐な行為を行った荒くれ者として今日にまでその名を轟かしています。彼らの名は、しばしば、本書でも登場し、使用した武器について触れていますが、この機会に彼ら自身について多少なりとも触れておきましょう。

ランツクネヒトとは、自分の国（ランツ：lands）で徴募された皇帝に仕える（クネヒト：knecht）者たちとして、当時ばっこしていた傭兵たちと区別するために用いられた言葉だといわれています。彼らの特長を述べるとき、最初にあがるのが、その美[*二]しい出で立ちです。たとえばあるランツクネヒトはこんな格好をしています。

「彼[*三]らの作らせるズボンには、覆いがついていて、それがくるぶしまで垂れている。それでもまだたらずに子牛の頭ほどもある股袋をつけずにゃすまない。その下に布がひらひら。それはだぶだぶの絹の布。（関楠生訳）」

服に見られる膨らみには切込みが入り、その合間からは赤や黄色の原色が顔をのぞかせています。こうした扮装は、ズボンだけではなくて、上着にも見られます。しかも、上下ともに、左右の色が、ちぐはぐになっていて、それが、ごくありふれた彼らの扮装だったのです。そうした服装は、一緒に戦う兵たちから不興を買ったほどでした。

彼らの戦いぶりはそれはすさまじいものでした。命知らずという言葉がピッタリと合うほどで、その一例は、例外的であるとはいわれながらも、イタリア戦争における一五一二年四月十一日、ラヴェンナ郊外での激突の中に見ることができます。フランス側の傭兵と

ランツクネヒト

して参加した彼らは砲撃でなぎ倒されながらも肉薄し、隊長が敵弾に倒れながらも副官の活躍によって敵のざん壕を乗り越えて白兵戦を仕掛けたのです。

ランツクネヒトが勇敢に戦う要因のひとつ、いや、そのほとんどの意識に、金銭目当てということがあります。そもそも、傭兵なのだから報酬目当てに戦うことは当り前であり、さがともいえるわけですが、彼らのその所業は歴史に名高い「サッコ・ディ・ローマ[*四](Sacco di Roma)」のような悲劇を引き起こしているのです。しかしながら、彼らの給料は非常によいもので、どんなヒラの兵士でも腕のよい職人の賃金と同様の手当をもらえました。

＊一　もうひとつの説として、当時この剣を用いたランツクネヒトが剣を鞘にささず、その代わりに猫科の動物の毛皮を巻いていたからだというものがあります。つまり、〝猫科の毛皮〟をあらわす〝Katzenfell〟がその由来との説です。
＊二　著者にいわせればこうなりますが、一般的には「品の悪い」ことで定評があります。
＊三　Hinrich Pleticha,『Landsknecht Bundschuh Soldner』より。
＊四　**サッコ・ディ・ローマ**　一五二七年五月にローマ市で起きた大規模な略奪事件。ランツクネヒトが一役かっていますが、人道的な見地に立って考えると、彼らよりもスペイン、イタリアなどの傭兵の方が酷いことを行っているともいえます。

ワルーン・ソード（Walloon Sword）

威力　切断★★★　体力　★★　練度　★★★　価格　★★　知名度　★★

外見

カッツバルゲルと同様にブロード・ソード（別項）の種類に属する剣としてワルーン・ソードがあります。その特長は長円形をした鉄製鍔にあります。実用的で、実戦的な刀剣であり、とくにシンプルな形状をしています。

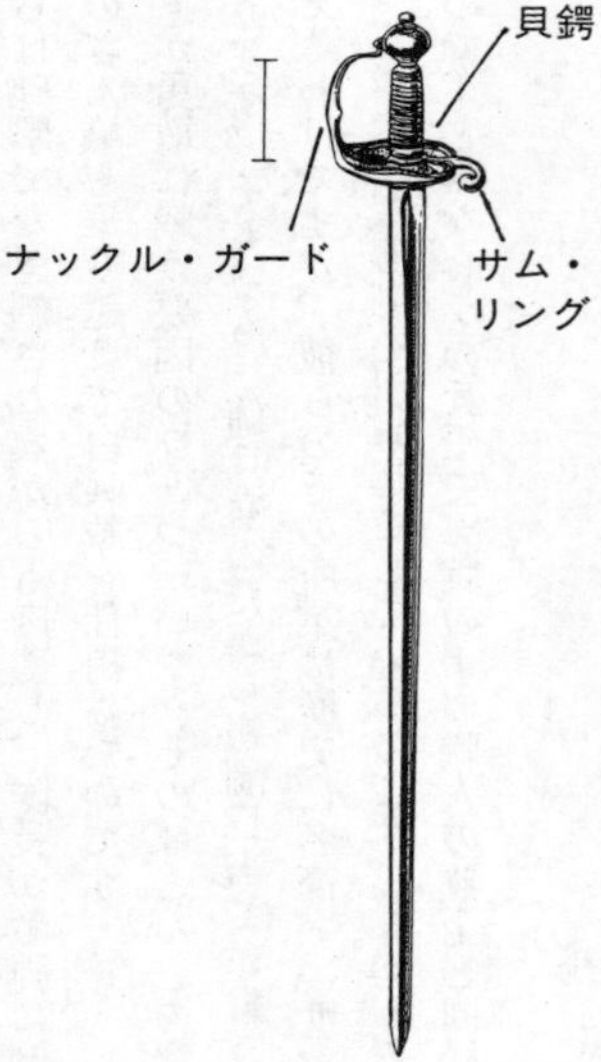

ワルーン・ソード

歴史と詳細

ワルーン・ソードは、ベルギー南東部に居住する民族であるワルーン人[*一]が十七世紀中頃に用いた剣です。鍔は二つに別れており、柄の上部にまたがって固定され、その一方の先端はポメルに接続されておりナックル・ガードの形をしています。この鍔はよく「貝鍔」などと呼ばれ、側環が発展・変形したものです。貝鍔は時代が経つにつれて手の込んだ装飾が施されるようになりました。

ナックル・ガードと対になる形で剣の下側へ湾曲している突起物は、「サム・リング(thumb ring)」と呼ばれるものです。これは、その名が示すとおりに親指を引っかける鉤爪で、とくに、剣に力を加えるときなどは、ここに指を引っかけました。また、微妙な剣さばきを行うときの助けともなりました。中世以降、ルネサンス時代に登場する多くの剣はこのようにリングに指を掛けたりすることによって剣を操作するようになっていきました。

＊一　**ワルーン人**　ガロ・ローマン系（ケルト系）の民族で、十六〜十七世紀にかけて傭兵部隊として彼らの隊が存在しました。三十年戦争における名将の一人、ティリに率いられて、トルコとの戦争で戦ったこともあります。

バスタード・ソード
(Bastard Sword, Hand-and-a-half Sword)

威力 切断★★★ 突き★（+★） 体力 ★★ 練度 ★★★ 価格 ★★ 知名度 ★★★★

外見

バスタード・ソードとは、片手で使い、必要に応じては両手でも使える柄の長い剣として知られています。柄を長くすることは、剣身を長くしたときのバランスをとる工夫でもあり、同形状の刀剣としてハンド・アンド・ア・ハーフ・ソードがあります。ただし、両

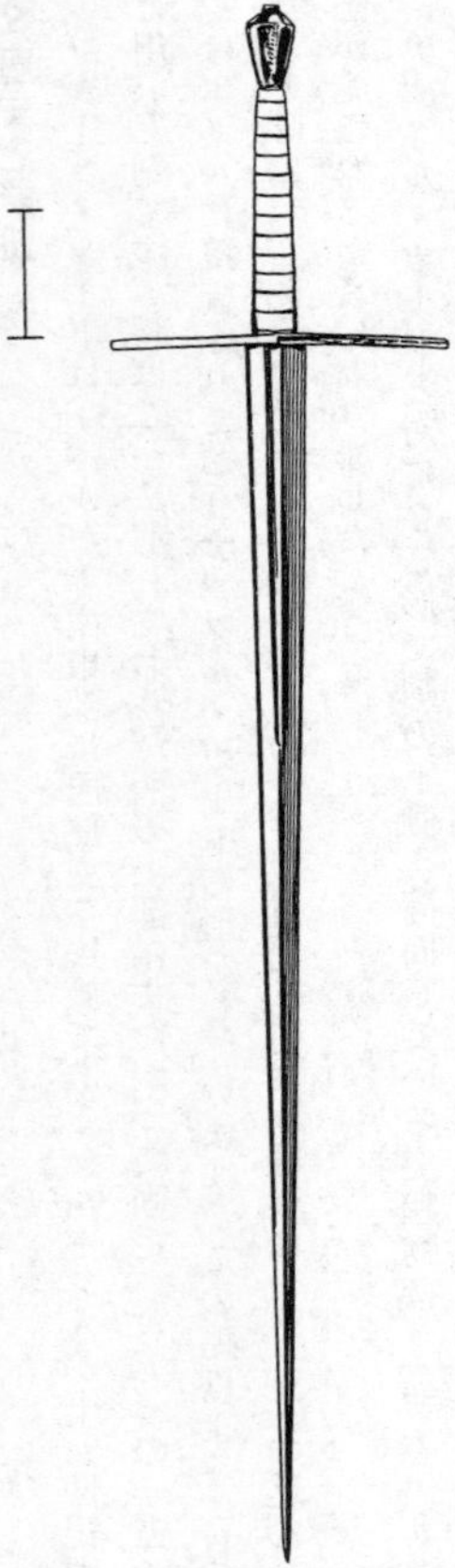

バスタード・ソード

者の区別はハッキリとつくわけではありません。この片手・両手のどちらでも使えるという特長によって、〝バスタード〟、つまり〝類似〟などと呼ばれるようになったといわれます。

全長は百十五〜百四十センチメートル、身幅は、二〜三センチメートル、重量は、二・五〜三キログラムくらいです。

歴史と詳細

本格的なバスタード・ソードの登場は十三世紀頃といわれ、とくにドイツとスイスで発展し、十七世紀中頃まで使われていました。地域的に見られる特長は、イギリスやドイツであれば比較的シンプルな外見をし、スイスで作られたものは、柄に動物の模様をあしらうなど手のこんだものでした。また、ドイツでは比較的、長いものが多く、コンラート・フォン・ヴィンターシュテッテン（ロング・ソードの項参照）の持っていた剣は、多分、両手でも使えたはずです。

当時、騎士たちの持つ剣は、たとえ両手でしか使えないような大きな剣であっても腰に携帯しているのであれば、それは両手剣とは呼ばず、ロング・ソードかバスタード・ソードとなったのです。剣を腰に吊すことは当時の騎士の常識でしたから、腰に吊せ片手でも使用できる両手剣にするために、苦心の末に作られた刀剣であったことは、その大きさの種類が一定でなかったことからも十分に感じとれます。

バスタード・ソードの利点はなんといっても片手と両手のどちらでも使えることです。最初は盾を持って戦闘を行い、いざとなったら盾を捨てて両手で力を込めた一撃を相手にお見舞いすることができるのです。また、両手剣のように大き過ぎるといった欠点はありませんから、機動性を犠牲にすることもありません。ただし、自らの身は十分に防御できるだけの防具をつける必要があるかもしれません。また、柄の長い分、バランスの取り方がロング・ソード（別項）とちがうことを注意しなければなりません。

これに対してハンド・アンド・ア・ハーフ・ソードは、剣身を長くしても、片手で使えるように柄を長くして、バランスをとった刀剣でした。

❖エピソード〈バスタード！〉

バスタード・ソードは、片手と両手で使うことができたため、片手剣でも両手剣でもないということが、一般的な命名の理由とされています。ところが、エリザベス王朝に仕えたフェンシング・マスター、ジョセフ・スイートナム（Joseph Swetnam）[*1]の著書の中に、「バスタード・ソードとはロング・ソードとショート・ソードの中間に位置する剣である」と書かれています。こうしたことにもとづいて、さらに、スイスにおける文献を調べると、おもしろい事実が浮かびあがってきました。

十五世紀頃、歩兵の用いるもっとも効果的な武器として、切先の尖った刺突戦専用の刀剣と平行して、断ち切ることを主とした両手で扱う重い刀剣が用いられました。そうした戦場の中で、両手で使え、なおかつ片手でも使えるバスタード・ソードは、敵を断ち切ることと刺突することの両方を効果的に行えたのでした。

当時のスイス傭兵たちは、自らのパイク[*二]戦術の中で、前面にハルベルト（第三章参照）とバスタード・ソードを持った兵士で統合した部隊を配置し、一四二二年、ベリーンツゥーナ（bellinzona）における戦いで勝利を治めました。

注目すべき点は、このときの彼らのバスタード・ソードに対する印象で、彼らはバスタード・ソードとは、切ることにも突くことにも適していると述べている点です。当時、刀剣の用途で、切ることに適した剣をゲルマン系とし、突くことに適したものをラテン系としていたことを考えると、バスタードはその両方であるため、このような名がつけられたのではないかということが考えられます。もし、ジョセフが、ロング・ソードが切断で、ショート・ソード（別項）が刺突に用いたものと考えていたとすれば、彼がいった「中間に位置する剣」という意味が、スイスにおける解釈と結びつきます。とすれば、両手や片手で使えたからということはあまり関係がなかったことになります。

＊一　『The Schoole of the Noble and Worthy Science of Defence』

＊二　**パイク戦術**　騎兵からの攻撃を避けるための防御戦術ですが、スイス傭兵隊は、十分な訓練の結果、パイク戦術の欠点である機動性を克服し、攻撃面にも用いて成功しました。基本的には、パイク（第三章参照）を持った兵士が集まって密集し、密集隊形を作ってパイクを構え、丁度、ハリネズミのようになり、一丸となって敵に相対する戦術をいいます。

トゥ・ハンド・ソード（Two Hand Sword）

威力　切断★★★　打撃★★★★　突き★★
体力　★★★★
練度　★★★
価格　★★★★
知名度　★★★

トゥ・ハンド・ソード

外見

百八十センチメートルを超える大剣で、その名が示すとおり、両手で使うよう柄を長くして作られた剣をトゥ・ハンド・ソード、つまり「両手剣」といいます。

ドイツ語ではこれを「ツヴァイハンダー（Zweihander）」といい、その意味は英語と同様のものです。その大きさの

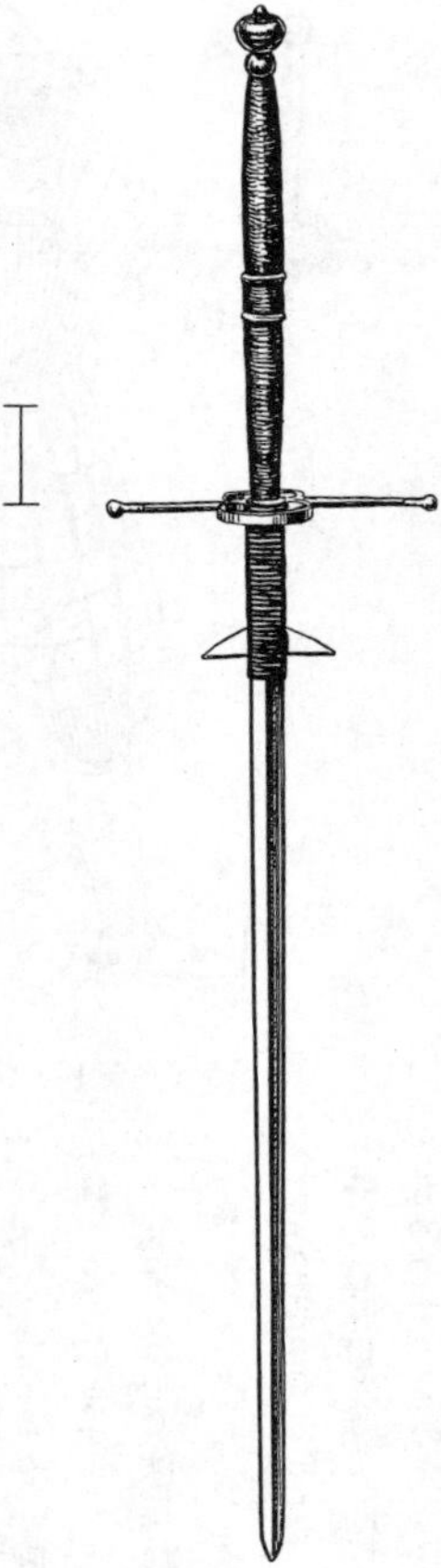

ツヴァイハンダー

ために腰に吊すことはできず、背負ったり、ただ持ち歩いたりしました。そのため、それがバスタード・ソードと両手剣の見分け方のひとつでもあります。

ツヴァイハンダーの柄となる部分は、通常の剣と比べて二倍以上はあり、刀身の刃根元（つまりリカッソ）にも細工が施されているものもあります。このリカッソは、腰に差すことのできない両手剣を行軍時に肩に掛けて運搬するためのものといわれています。

❖歴史と詳細

両手剣の起源はドイツにあって、だいたい十三世紀頃に登場したといわれます。全盛したのは十五世紀中頃から十六世紀末で、とくに両手を使わなければならない条件がともなうため、歩兵専用の武器としてドイツとスイスの部隊に広く愛用されました。

両手剣の使用法はさまざまですが、先に登場したフェンシング・マスターのジョセフ・スイートナムと、ジョージ・シルバー（George Silver）の両者によって、両手剣を使用するための練習方法[*一]が書き残されています。それは「両手剣の使い方」「両手剣による反撃方法」「両手剣の熟達方法」の三項目からなり、当時の両手剣の使い方がどのようなものかが推測できます。ではここで、各項目を簡単に要約して述べてみましょう。

「両手剣の使い方」では、両手剣をいかにうまく使いこなせるようになるか、段階的なレッスンを行っていきます。その段階は、まず、両手剣をもって練習台をきれいに輪切りにできるようになることからはじめます。このとき、操者は身軽な格好をしています。次に、これをマスターしたら、上半身にチェイン・メイル[*二]をつけて同じことを行えるように訓練します。さらに、力をつけて敏捷性を養うために、次第に全身を鎧で包んで、最終的には二枚重ねになるまでつづけます。

こうすることによって、敏活なステップを踏めるようになったなら、次は振り回すこと、刺突攻撃、チャージ攻撃を学びます。両手剣のチャージ攻撃とは、相手に反撃の合間を与えないほど、猛烈に打ち込むことで、いわゆる連続的な打ち込みのことです。こうして、いかに相手を攻撃するかを学ぶのが両手剣の第一段階です。

「両手剣の反撃方法」では、今まで学んだ攻撃方法をいかに防御、反撃に持ち込むかということが書かれています。防御では大振りはせずに極めてコンパクトな振りをするよう努めることを学びます。そして、刺突攻撃によって相手の気勢をそらし、反撃に移るよう述べられています。つまり、反撃防御の前提には、攻撃方法が熟達していることが必要なのです。

最後に「両手剣の熟達法」ですが、まず、当り前のことのようですが、身体的な欠陥がないことがあげられています。次に、視力と聴覚に優れていることもその必要条件であります。そして、片手で剣を支えられるようになり、常日頃から重いものを振り回せるよう精進を重ね、腕力ばかりでなく、敏捷性も増すよう努力することがあげられています。そうすることで後々には独自の技をあみだせるようになれます。

ちょっと誇張した部分もありますが、だいたいの内容はこんなところで、一貫して腕力と敏捷性がものをいうことを述べています。

＊一 British Museum, Harleian MS.3542, ff.82-85.

＊二 原文ではハーフ・ハウバーグとなっていますが（ただし、中世英語を現代英語に訳した場合）、ここでは読者がわかりやすいだろうということでチェイン・メイルとしました。チェイン・メイルとは、よく鎖かたびらと呼ばれる中世の代表的な鎧です。

クレイモアー（Claymore）

威力　切断★★★★　突き★★★　体力　★★★　練度　★★★　価格　★★★
知名度　★★★

外見

両手剣の種類をあげていく際に、まずでてくるのがスコットランドの大剣、クレイモアーです。広刃の剣であり、シンプルな飾り気のない十字型ヒルトをしています。剣身の刃厚は薄く、弾力性があって、敵を断ち切るロング・ソード（別項）の性格を受け継いだ剣といえます。重い刀身というよりも切れ味のよい刃をもった剣で、両手剣のように相手を

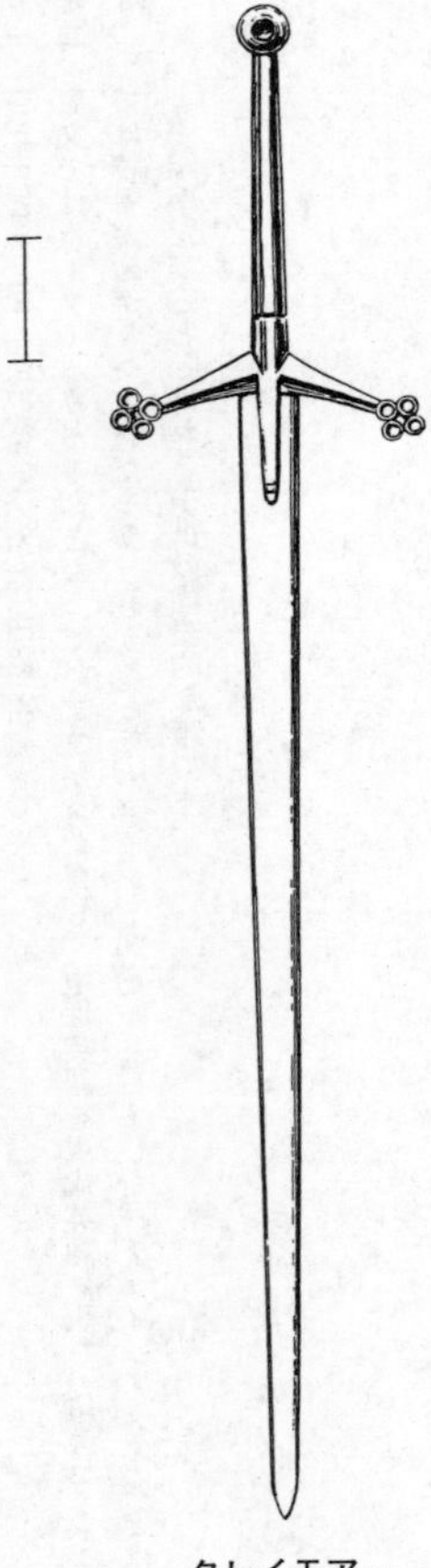

クレイモアー

打ち倒す剣ではありません。

全長は一・二メートルくらい、身幅は三〜四センチメートル、重量は三キログラム近くあります。

歴史と詳細

スコットランドの精鋭、ハイランダーがクレイモアーを用いていたことは有名です。とくに鎧を重要視しなくなった十六世紀以降の剣であったことからも、相手を切ることに重視された剣であったといえます。

クレイモアーとはゲール語の〝巨大な剣〟を意味する〝クラウ・モー(claimh mor)〟[*一]を語源としています。一般的にはクレイモアーは両手剣の一種と目されていますがとくに大きさの決まりはなく、だいたい一メートルから二メートル近いものまでさまざまな長さがありました。しかし、すべての点で共通した特長をもっていて、それは、刃先に向かって緩やかに傾斜したキヨン(護拳)とその先端につけられた複数の輪からなる飾りです。

＊一　クラウ・モー　クラウ(claimh)とは、クラゼヴォ(claidhemoha)の略語で「剣」を意味し、モー(mor)は「大きい」を意味します。

フランベルジェ（Flamberge）

威力　切断★★★（＋★）　打撃★★★★　突き★（＋★）　体力★★★★
練度★★★　価格★★★★　知名度★★★

外見

フランベルジェはフランスにおける両手剣の名称で、波状になった切刃をもつ刀剣として知られています。火柱のような剣身は傷口を広げるのに有効な働きをもち、その美しい外見の裏には凶暴な一面を秘めています。両手剣が戦場から姿を消しはじめたときにも、その装飾的な外見から、儀礼用に用いられています。

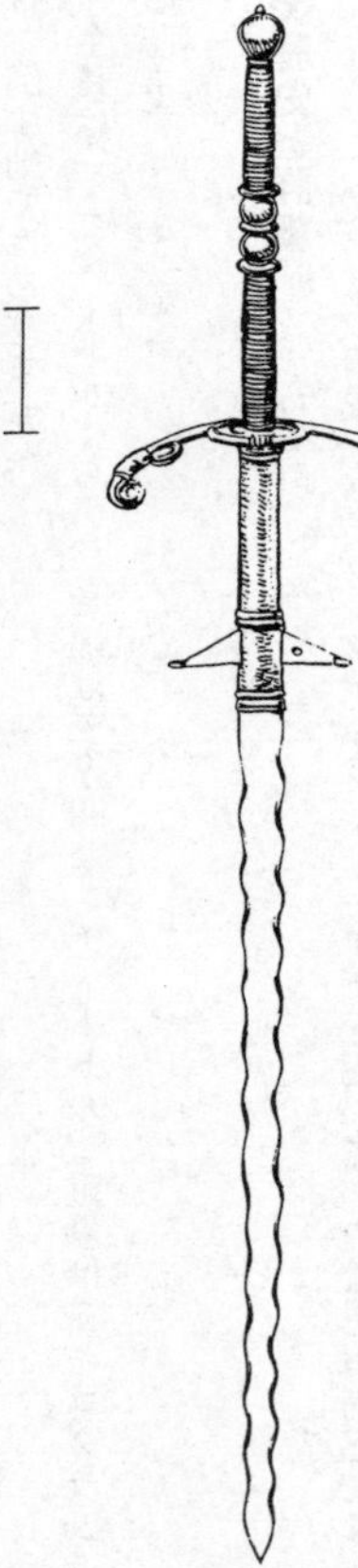

フランベルジェ

その大きさには規定はありませんが、両手剣としては比較的短い、一・三〜一・五メートル程度の全長で、身幅は四〜五センチメートル、重さは三〜三・五キログラムといったところです。図はフランスのものではなくて、ドイツで用いられた後期型のフランベルジェです。ちなみに[*一]、ドイツ語でいうところの〝フラムベルク（flamberg）〟は同じ意味の言葉ですが、ドイツの刀剣の形式学上では、両手剣の名称としてではなく、波刃形をしたレイピア（別項）の剣身名称のことです。

歴史と詳細

フランベルジェとはフランス語の〝火炎の形〟をあらわす言葉〝フランボワヤン（flamboyant）〟に由来します。これは、十四世紀末から十五世紀に全盛したフランスの後期ゴシック建築の一種で、十七〜十八世紀に剣の形式名[*二]としても呼ばれるようになったものです。

フランベルジェのもっとも古いタイプは八世紀に見られ、騎士ルノー・デ・モントバン（Renaur de Montauban）が所持したというのが記録上知り得る最古のものです。しかし、そもそも、ローマ時代のケルト人たちが用いた槍であるランシア（lancea）などの穂先や、暗黒時代の投げ槍の穂先などにもこの様式は見られることから、その歴史はかなり古いことがわかります。

この刃形を代表する十六世紀後期の儀礼用剣は、実戦に用いられることがなかったため、フランベルジェ様式の刃は、戦闘では何の効果ももたなかったと思われがちですが、それは大きな間違いであると思っています。なぜなら、ローマ人が何より恐れたケルト人の武器であるランシアによってそのことが証明されるからです。つまり、この形状をした刃によって傷つけられると傷口は肉片が飛び散りその部分がえぐりとられたような傷になるため、なかなか治りにくくなるのです。また、突き刺した場合も引き抜く際に傷を広げることができます。そうした点でフランベルジェとは、非常に危険な刃形式であったわけです。

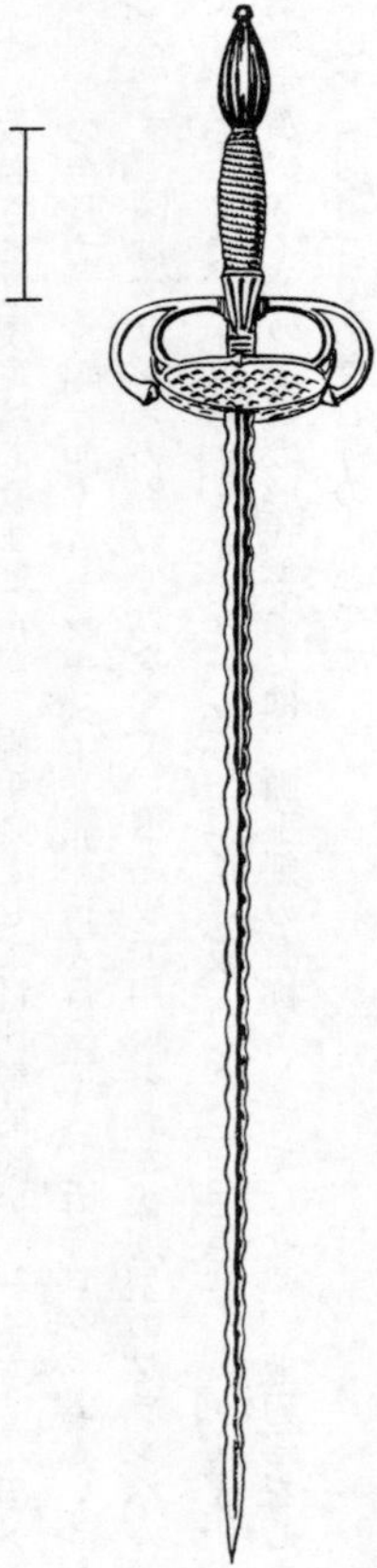

フランベルジェ（レイピア）

エピソード〈フラムベルク（Flamberg）〉

十七世紀中頃の西欧、とくにスペインを中心に起こった刀剣術の変化は、それまでの刀剣の形状を著しく変貌させました。そして、さらに、それまでの刀剣の武器としてのあり方以外に装身具としての性格を与えたのです。たしかにそれまでに、そうした動きがなかったわけではありませんが、急激な変化は、この頃起こったわけです。

刀剣にファッション性をもたせる動きは、まず柄を中心に行われ、とくに鍔、柄頭などは、古くから行われていたこともあってか、最初に飾られていきました。そんななかで生まれたのがカップ状や、貝殻状の鍔で、こうした鍔の誕生は、装飾性のみならず刺突を目的とした刀剣ならではの機能面での役割も十分果たし得るものでした。刀剣に装飾を施す試みは、必ずしも軽薄な結果だけをもたらしただけではなかったのです。

そうして、次第に西欧社会に、鑑賞にたえうる美しい刀剣が広まっていき、ひとつの美徳として固まっていきました。もともと、騎士たちは刀剣を体の一部のように思っていたわけですから、こうした展開は考えられることだったのです。そして、さまざまな影響を受け、次第に刀剣装飾は剣身にも施されるようになっていきます。そんななかで、フラムベルクが登場したわけです。

火炎のモチーフは、先にも述べたように後期ゴシックという建築様式からもたらされたものですが、これを取り入れた剣身として登場したのがフランベルジェでした。ドイツにおいては、レイピアの剣身の一種として知られ、フラムベルクと呼んで親しまれていました。のちに儀礼用として生まれた両手剣は、このレイピアよりもあとに作られたことからも、この剣身形状に影響を受けたことは十分考えられます。

＊一　Charles Foulkes,『The Armourer and his Craft』

＊二　あとの項でも述べますが、フラムボワヤン様式は、両手剣のみならず、さまざまな種類の刀剣に見られ、その例として、レイピアの中にもそうした剣身をもったものがあったことは触れましたが、そもそも、この様式は本来は後期ゴシック建築に見られたものでした。有名なものとしてフランスのアミアン大聖堂に残るバラ窓の骨組みなどがあります。

エグゼキューショナーズ・ソード
(Executioner's Sword)

威力 切断★★★ 体力 ★★★ 練度 ★★★ 価格 ★★★ 知名度 ★★

外見

全長一メートルを超える剣で刀身自体は八十五～九十センチメートルあり、身幅は六～七センチメートルと広く、切先は丸まって作られています。両手剣でありながら、握りの長さにはあまり余裕がなく、その辺が武器としての両手剣とのちがいでもあり、この刀剣の特長でもあります。

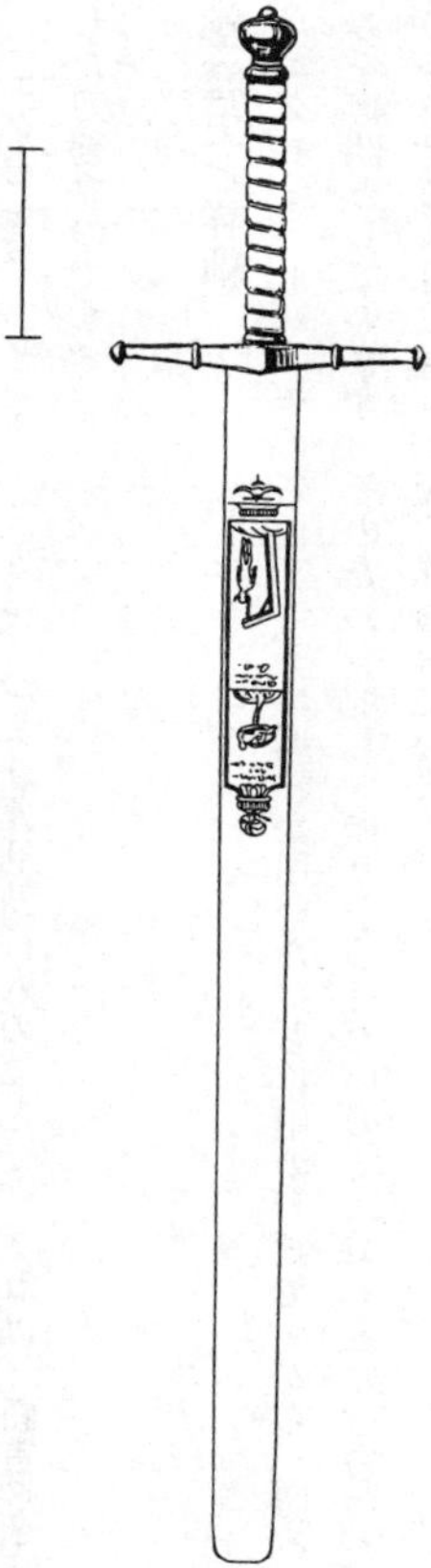

エグゼキューショナーズ・ソード

「エグゼキューショナー」とは、つまり死刑執行人のことで、これは、斬首刑用に使用した刀剣なのです。

❖歴史と詳細

エグゼキューショナーズ・ソードは刑執が用いた打ち首用の刀剣ですから、切ることのみを専門としています。そのため一度しか振り下ろせないので、できるだけ力いっぱい振り下ろせるように握りが短く作られています。

剣身には当時の刑罰を模写した挿絵が彫刻されており、時代考証を物語る刀剣でもあります。エグゼキューショナーズ・ソードが使用されたのは十七～十八世紀にかけてで、現存するものはドイツ製です。柄にはいろいろな装飾を施したものがあって、形状は変わりませんが、柄頭に人の顔を彫り込んだものなどを見ることもできます。

西洋において首を打ち落とす処刑法は、古くはケルト人によって行われてきました。彼らは宗教[*一]的な理由から行ってきましたが、別の意味でそうした風習は中世まで残されました。また、戦いにおいては相手の首を証拠として持ち帰ることもあったため、自然とそうした行為は受け継がれていったのです。

当初、死刑執行人が斬首刑に用いたのは斧でした。これは大きな理由として両手で用いることができたからですが、それでも一撃で切り落とすことはなかなか至難の技でした。

十五世紀末にはじまる両手剣の流行は、処刑法においても次第に斧から刀剣へと転換する変換期になりましたが、こうした変化が見られるようになるのは、やはり両手で使えるということが大きかったといえます。また、なぜ剣がそれほど処刑に用いられなかったかを考えると、ほかにも理由があります。それは中世における剣とはそれ自体に威厳のあるものであったからです。

エピソード〈斬首刑と刑吏の地位〉

エグゼキューショナーズ・ソードの活躍した中世における斬首の方法は、受刑者を跪かせ、手のひらを合わせさせ、ときには後ろで縛りあげて目隠しをし、受刑者の後ろから剣を振り下ろすというやり方でした。刑場は、もっぱら都市から外れたところと決っていて、市内で行われるようになるのはずっとあとのことでした。首を切り落とすということは、古くからのものであることは本文でも述べましたが、ケルト人のように転生を阻むための処置という以外にもさまざまな風習が西洋世界にはありました。

ヨーロッパ史において知られる民族大移動によって、その全土に広がったゲルマン人たちは、数多くの国家を打ち立てましたが、彼らの民族風習では、首を切り落とすことは彼らの神に対しての供犠であって神聖な行いであると考えられていました。こうした考えは、それ以前にヨーロッパを支配していたローマ帝国においてもあったようで、その起源はかなり古いと考えられます。

北欧においては首には病気や天災から身を守る効果があると考えられ、動物の首を切り落として家の前の杭にさしてかかげています。これは、「ネートスタンゲ（Nætstange－夜刺すもの）」と呼ばれていますが、こうした風習を克明に語っているのが、ヴィーキングのロング・シップに見られる動物像なのです。

話がそれましたが、そのようにさまざまな風習を背景にして、斬首刑の地位は比較的高級なものでした。たとえば、イギリスのエリザベス朝においては斬首は貴族の処刑法で、一般人は絞首刑と決っていました。

ところが、それを実行する刑吏は賎民として、卑しい身分に落とされていました。刑吏といえば厳格な裁判によって決められた刑罰を執行するのが役目という、いわゆる法と秩序を保つための仲介人なのですから、現在の感覚からすれば、どうして彼らが賎民として、虐げられたのかは合点のいかないところがあります。

これについてはさまざまな説がありますが、そもそも中世ヨーロッパの初期の段階では刑罰がなかったということ、さらに、ローマ法の採用によって彼らの考え（実は刑執を賎民と考える風潮はローマにおいてはじまったことなのです）も受け継いだのです。さらに、供犠のために斬首を行ったのは神官たちであったので、その行為は崇高なものと受け止められましたが、単なる一般人が行うのではその意味あいはちがったものになってしま

ランツクネヒトの処刑シーン

うわけです。

そうしたことによって、斬首は高い地位の刑罰とされた反面、それを行う刑吏は非常に低い地位しか与えられなかったのです。ところが、そうした事情とは裏腹に、十六世紀から十七世紀にかけて活躍したランツクネヒトたちの場合は少しちがいました。彼らは、隊内の規律を乱した者（それはおもに不名誉な戦いを行った者）に対処すべく、隊内に刑吏の役割を果たす兵士をつけていて、その地位は高く、隊内でも尊敬されていたのです。彼らは、ほかの刑吏とはちがい、ランツクネヒトたちの間では名誉ある役職だったのです。つまり、それは、近世における憲兵にあたる者たちだったわけなのです。

＊一　彼らは首がなくなると転生できないと思っていたのです。

ロムパイアとファルクス
(Rhomphaia or Rumpia) (Falx)

威力 切断★★★　体力 ★★★★　練度 ★★★　価格 ★★★　知名度 ★

外見

紀元前三世紀のS字[*一]型刀剣で、トラキア人の代表的な武器のひとつといわれています。形状についてはさまざまな説がありますが、刃と柄の長さがだいたい同じで、柄は木製だったといわれています。両手で振り回して相手を攻撃し、敵を切断することのみに用いられました。

歴史と詳細

ロムパイアについての最古の記述は、リウィウスの著作の中で読み取ることができます。その中で書かれていることは、ロムパイアを森の中で使うには長すぎるという長さと、敵の馬の足を切断したり、首を刺して掲げるのに用いたという使用法についてです。具体的な長さははっきりしませんが、考古学上の発見によってだいたい二メートル前後という推測が成り立っています。

ロムパイアを使用した民族はトラキア人以外にもありました。紀元一世紀の人である、ウァレリウス・フラックス（Valerius Flaccus）の著作『アルゴナウティカ（Argonautica）』で述べられている、ドナウ川下流に住んでいたバスタルナエ部族がそれです。これに関連して、ドナウ川近隣の部族、ダキア人も同じような刀剣を好んで使用していました。こちらの方はファルクスと呼ばれていました。ファルクスは一体成形の金属刀剣で、やはりS字型をした刀剣です。

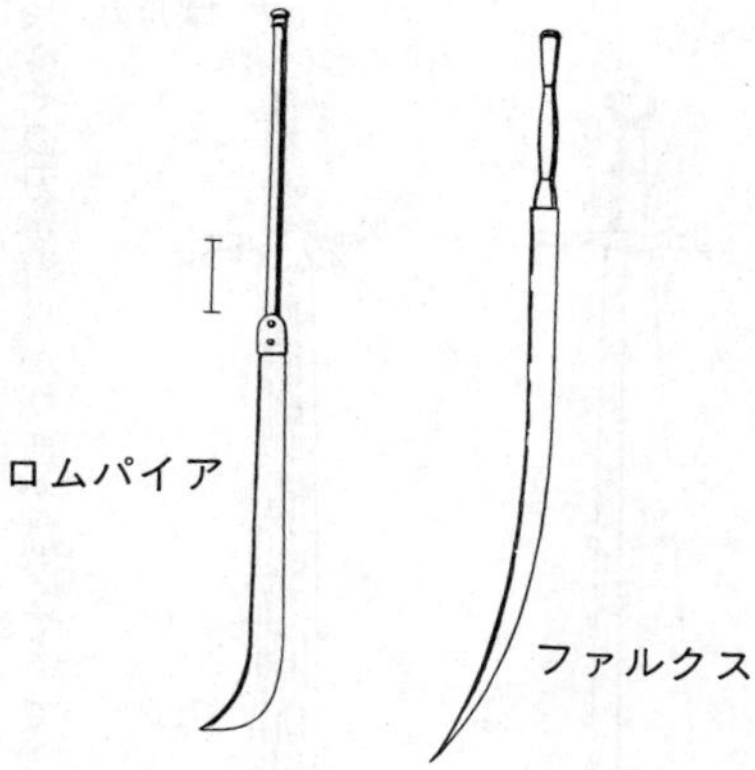

ロムパイアとファルクス

＊一　**S字型刀剣**　刃が鎌状に湾曲した刀剣の総称で、さながらS字のように鉤爪のような剣身をもった刀剣類のことです。刃は鎌と同じように湾曲した内側にあります。

フォールションまたはフォールチャン（Falchion）

威力 切断★★★
体力 ★★★
練度 ★★
価格 ★★
知名度 ★★★

外見

片刃で身幅の広い曲刀で、短く重く作られた断ち切り用の刀です。フォールションの特長はその刃が緩やかな孤を描いていて、それに対して棟*1が真っすぐであることです。しかし、ときおり反《そ》りのあるものも存在し、その形状が中近東で見かける湾刀のように見えますが、こうした特長はむしろ北欧に伝わるサクス（第二章参照）を起源としています。

全長は七十～八十センチメートル、身幅は三～四センチメートル、重量は一・五～一・七キログラムといったところです。

ドン・ホアン愛用のフォールション

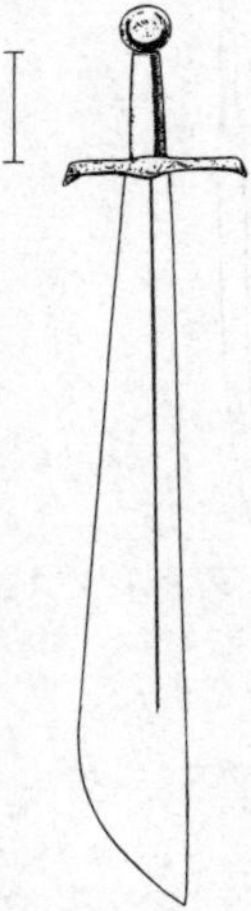

フォールション

歴史と詳細

西洋におけるフォールションのような片刃の刀剣は、暗黒時代からルネサンスにおける、絵画や美術品、遺跡などに実に数多く見ることができます。その起源は十三世紀に北欧で生まれたという説と、アラブ諸国に学んだという説の二つがあります。

フォールションのような片刃の刀剣類の起源は、よく中東辺りとされています。その理由は、十字軍をへてヨーロッパにもたらされたという、それらしい解釈です。しかし、実際のところ、その起源は北欧にあったといえるでしょう。それは、第二章で紹介する短剣、サクスが西欧における片刃刀剣の祖型をなしたことからです。

サクスは、北欧における戦闘用ナイフでもあり、利用できる目的と環境が、広範囲に及んだため、のちに形状を大きくしたスクラマサクス[*二]と呼ばれる武器としても用いられたのです。フォールションはこれがさらに発展した刀剣と思えます。また、切先に向かってだんだんと身幅を増す特長は、フォールション独特であり、湾曲しているというより真っすぐな刀身であることがわかります。そうした点で、形状の起源はアラビアより北欧という方が濃厚といえるでしょう。つまり、起源は北欧のナイフの一種であるサクスであるわけです。

フォールションの剣身形状は、カットラス（別項）などの片刃の刀剣に少なからずの影響を与え、受け継がれています。後期（十七〜十八世紀）においては切っ先部分をわずかに反らしたものが見られました。とくに有名なものにあのオーストリア公ドン・ホアンの愛用したものがあります。

フォールションはとくにその断ち切る威力と短い刀身という特長から、狭いところや乱戦となった場合でも、十分に切りかかることのできる刀剣であったと考えられます。それは、よく中世やルネサンスにおける画家たちの残した絵画の中に肩が触れるほど近寄って集団を作り、敵と相対しているもののなかに振り上げた片刃の刀剣を見ることができるからです。つまり、狭いスペースでは、ただ、直線的に振り下ろすフォールションは、有効的な武器であったと考えられます。ですが、逆にそれが仇となることも考えられます。振りかぶって断ち切るといった用法は、大きく振りかぶった場合には防御が留守になってしまうのです。また、頭上が低い場所ではあまり有効ではありません。さらに、重いという点で、長時間に及ぶ切り合いにも向いているとはいえないかもしれません。

❖エピソード〈アーサー王と彼の名剣について〉

中世以前、暗黒時代において忘れてならない刀剣にサクスがあります。これは、北欧で生まれた片刃のナイフですが、その使い勝手からしばしば、武器としても用いられることがありました。そして、それをさらに大きくし、スクラマサクスという刀を生みだしています。

実は、この時代はあのアーサー王が実在したといわれる、まさにその時代ともなりますから、彼の剣として知られる「エクスカリバー（Excalibur）」は片刃であった可能性があるわけです。その証拠にアーサー王にまつわる物語の中で有名なガウェインと緑の騎士の対決を描いた古い挿絵には、アーサーやその部下が片刃の剣を持っているのを見いだすことができます。

では、ここで、頭韻詩『アーサーの死』の中から円卓の騎士の用いた刀剣のすばらしさを引用してみます。円卓の騎士としても有名なガウェインは「ガラス」という刀剣を用いています。詩の中では、

「ガーウェイン卿はこのとき、勇んで馬上で対戦し、愛剣ガラスを揮ってさっと打つ。彼は馬上の騎士を真二つに斬りすて、胴を頭からすっぱりと切断し、かくて業物の武器でその騎士を斬殺する。（二三八〇行　清水あや訳）」

という風に、その切れ味のすばらしさを語っています。ガラスはウェルズ語で〝強い〟という意味をもっています。

エクスカリバーは、同詩においては、最初にコルブラント（collbrande）と呼ばれ、ア

ーサーがモードレドと戦うべくイギリスに帰還したあとよりは「カリバーン（あるいはキャリバーン）」と呼ばれています。

「彼は磨きぬかれた愛剣コルブランド引き抜き、ゴラバス目がけて進み深手を負わせ、その膝をみごと真二つに切断した。（二一二〇行　清水あや訳）」

コルブラントとは、〝たいまつ〟をあらわす〝coal-brand〟の変形といわれていますが、このことからも、カリバーンが光輝くイメージをもっていたことがうかがえます。

＊一　棟《むね》　峰《みね》といった方が通じるかもしれませんが、いわゆる刀剣の背部のことです。実際は棟というほうが正しいのですが、例外として「棟打ち」とはいわず、「峰打ち」の方が正しいということがあります。

＊二　スクラマサクス（scramasax）　暗黒時代に北欧で用いられた刀剣で、第二章のサクスで紹介しています。ちなみに scrama とは short を意味する言葉で sax は sword ですから、その言葉の意味は〝short sword〟となります。

レイピア (Rapier)

威力 突き★★ 体力 ★★★ 練度 ★★★★ 価格 ★★（＋★★） 知名度 ★★★★

外見

十六世紀を代表する刀剣として知られるレイピア（Rapier）は刺突戦法を専用とした細身の刀剣です。よくプレート・アーマーなどの金属製鎧[*1]のつなぎの部分を攻撃するためのものと思われがちですが、実際に、レイピアがそうした目的で用いられることはありませんでしたし、仮に用いられても当時の身幅の広い剣による攻撃を受け止めることは至難の技でしょう。

歴史と詳細

レイピアの語源はフランス語の〝エペ・ラピエレ（Epee Rapiere）〟で、これは十五世紀中頃の文献に見られるものです。ちなみにエペとはフランス語で〝剣〟を意味し、ラピエレは〝刺突〟を意味しますから、そのものズバリの呼び名であるといえるでしょう。

ラピエレは、十八世紀において「ドレス・ソード（Dress Sword）」と呼ばれた宮廷の儀礼用（決闘用）刀剣のことで、軽量だったため、実戦ではあまり用いられていませんでし

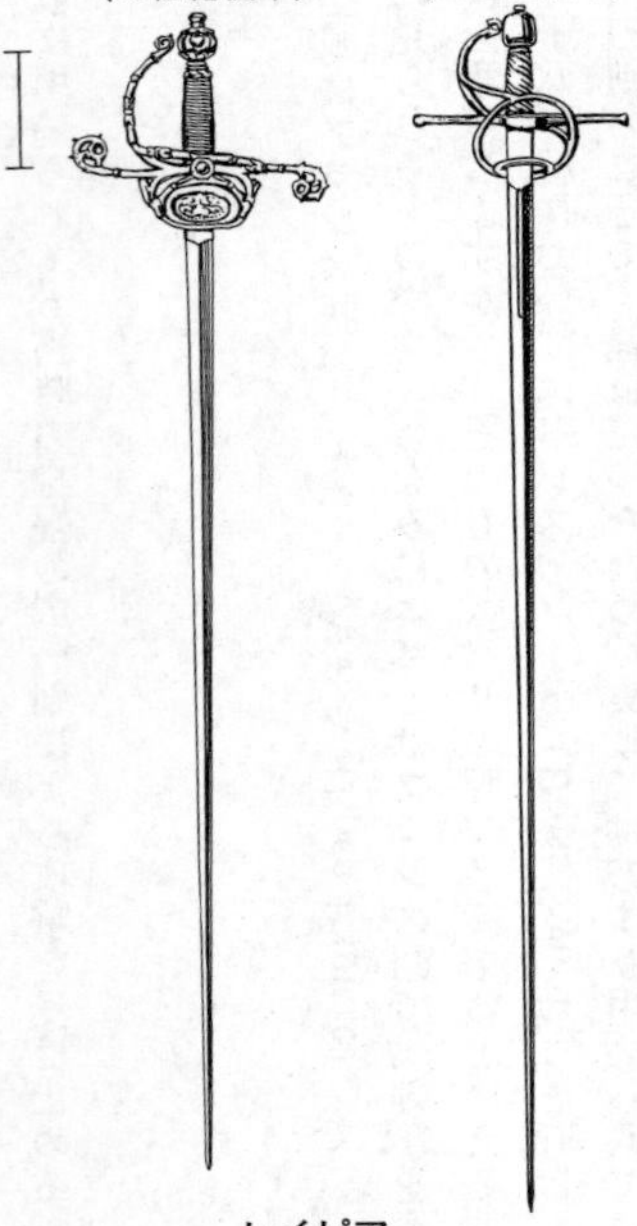

レイピア

た。しかし、この先の尖った刀剣は母国よりも、おとなりのスペインにおいて発展し「エスパダ・ロペラ（Espada Ropera）」と呼ばれてレイピアの原型を生みだしたのです。ところが、当時は身幅が広く両刃で切っ先が尖っているといった刀剣が主流でしたから、スペインについで早くにレイピアを取り入れたドイツやイタリアで十六世紀末頃に作られたレイピアは、あとの身幅に比べると非常に広いものでした。図右はその頃のドイツのレイピアで、左はイタリアのものです。とくにドイツのものはその初期の特長を備えているのがわかります。

フランスで生まれ、スペインで発展しイタリアを経由して再び母国フランスにレイピアがもたらされるのは十七世紀はじめのことです。この頃から、火器の発達によって重い鎧が廃れ、剣によって攻撃防御を行うための技術が開花しはじめました。それまでの刀剣は、変ないい方ですがだいたい八割ぐらいは相手を攻撃するために用い、敵の攻撃に対する防御は盾と鎧にまかされていました。そのため剣を用いて敵の攻撃を受け止めたりすることはあまり考えられなかったのです。ところが鎧が廃れはじめると、剣を使って敵の攻撃を受け止め、さらには受け流して反撃するといったことが考えだされるようになったのです。これが、のちに「フェンシング」と呼ばれる剣術の誕生でした。そして、そうした時世に合わせて、まるで自然の成り行きのように、扱いやすい軽量の細身の剣が主流となっていきました。こうして剣術は、[*二]「フラーズ・ダルム（Phrase D'Armes：剣の会話）」と呼ばれ、当時の騎士たちにとって習得しなければならない技術のひとつとなっていきます。

剣術、つまりフェンシングは一対一で行うことを作法としたもので、そのために攻撃を受けたらそれを受け返さなければ礼儀に反することになります。当時の剣術が「剣の会話」といわれたのはそうしたやりとりを作法としたからで、他人の会話に口をはさむことが礼儀に反するように、常に一対一であることが決まりでした。こうした考えから、決闘用の作法として騎士たちに取り入れられたフェンシングは、それを行うために用いる剣であるレイピアの普及に手を貸したのです。

レイピアのような刺突専用刀剣は時代によってさまざまな用法がありました。鎧や盾を用いなくなった時代ですから、当然、刀剣による防御を行うことも考えなければなりません。そのため当初は盾を持って戦うこともありましたが、次第にそうした手には短剣が握られるようになっていきました。また、ときには服などの布地で代用することもありました。布地は相手の腕にからみつき、武器をからめとることを容易にできたのです。戦争がひんぱんに起こった時代、とくに十六世紀から十七世紀はじめ頃には右手にレイピア、左手に突きを払ったり、敵の剣をからめ取ったりするための短剣、マン・ゴーシュ（パリーイング・ダガー：第二章参照）を持って戦うことが一般的でした。ですが、マンゴーシュで相手の剣をはらう方法は、高度なテクニックと鍛錬を要するものでした。

❖エピソード〈剣身におけるラテン風とゲルマン風とは？〉

刀剣の剣身を、ラテン風とゲルマン風と呼んで分けて考えることがあります。両者のちがいは、〝切る〟ことを目的としていればゲルマン風、〝刺突〟することを目的としていればラテン風となるわけです。西洋においては、どちらの剣身も古くから用いられ、刺突を行った刀剣でも切断目的に用いられたので、そのどちらか、つまり、〝切る〟ことと〝突

剣術

く〃ことのどちらの剣身であるかを見分ける方法はあまりはっきりと決められていませんでした。強いていえば、切先が鋭く尖り、直身《すぐみ》の物がラテン風の剣身であろうということです。しかし、スペインにおいて一三四〇～一三六〇年の間に流行の兆しを見せはじめたレイピアによって、ラテン風の剣身とはどんなものかはっきりと位置づけられたのです。

いわゆる刺突専用武器の発達は、それまで作られてきた刀剣類に大きな変化を与えました。そのもっともな例が、柄だったことは本書で、しばしば語られてきましたが、このような変化は大陸からイギリスなどの島国にも伝わり、広く進化の過程をたどります。さらに、スペイン、ポルトガル、イタリアにおけるイスラム諸国の遭遇によって、小振りの手になじむ柄が取り入れられるようになり、その影響によって十六世紀には、貴族たちの間でレイピアが流行しはじめました。

一方、貴族たちが、そうした刀剣に目を向けているとき、ゲルマン風の刀剣にも大きな変化が起こりました。それもやはり、イスラム世界からの影響と考えられます。その変化とは、それまでの用法である〝断ち切り〟から、〝なで切り〟への移行です。つまり、力任せに叩きつけてきた刀剣の用法が、切れ味を高めた刀剣の誕生で、きれいに切れることができるようになったのです。

ところが、こうした相互の変化は、刀剣の世界に新しい風を吹き込むことにもなりました。それは〝ラテン風〟でもあり〝ゲルマン風〟でもある、中間に位置する刀剣の誕生で、〝切断〟〝刺突〟の両方を目的とした刀剣を作りだしたのです。そして、それが、バスタード・ソード（別項）だったのかもしれません。

＊一　こうした用い方はタック（別項）特有の攻撃方法で、まだプレート・メイル・アーマーが主流だった時代に行われました。こうした攻撃方法が金属鎧の衰退の原因と思われがちですが、実際には火器の発達が決定的な要因だったといえます。

＊二　剣術を学ぶことは当然のことのように思われるかもしれませんが、それ以前は馬術、ダンス、音楽を学ぶほうが重要で、剣術は一対一の決闘の儀礼として学ぶものでした。

フルーレ (Fleuret)

威力 突き★★　体力 ★★★　練度 ★★★★　価格 ★★　知名度 ★★★

外見

フルーレは刺突を目的とした刀剣で、剣術の練習用に用いられたものです。剣身が軽量であることから剣のバランスを保つポメルは小型で、グリップと一体形状のようになっています。次ページの図はフルーレのさまざまなタイプで、右からベルギー式、フランス式、イタリア式で、このほかにもフランス式とベルギー式の長所を備えたスペイン式があります。しかし、こうしたフルーレは、現在、フェンシング[*一]の試合に用いられているもので、本書の扱っているテーマ、実戦で使用される武器の紹介からは若干、逸れている刀剣となってしまいます。

フルーレの形状は、フェンシングのルール規定によって次のように決められています。まず、全重量は最低でも二百七十五グラムで、五百グラムを超えないこと。全長は百十センチメートル以下で、その内、剣身は八十八～九十センチメートル以内。そして、皿状のガードの直径は十二センチメートル以下ということです。

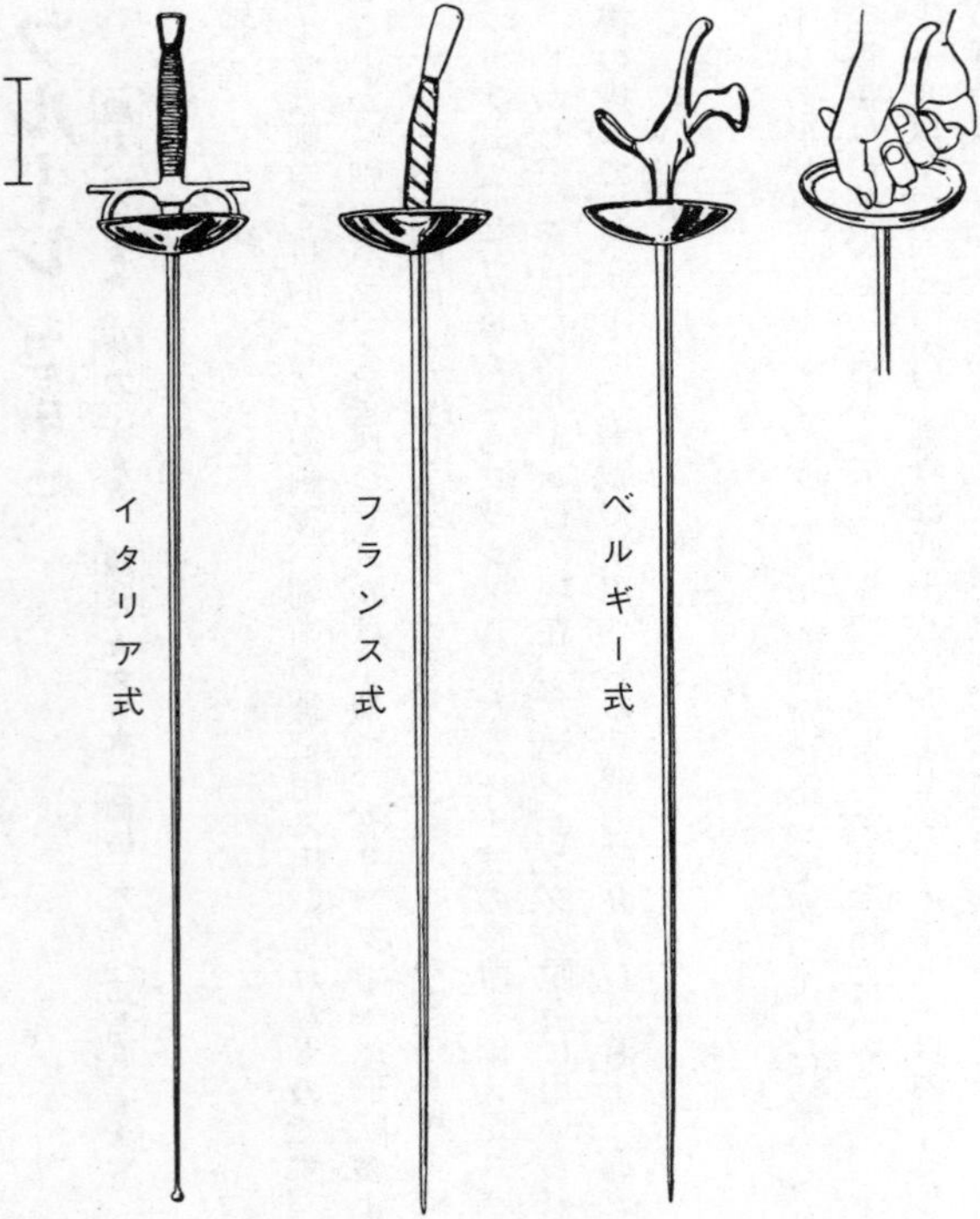

フルーレ

歴史と詳細

フルーレがはじめて登場したのは一六三〇年代で、実用的な柄をもった刀剣の代表として文献の中に登場しています。当時の騎士たちは学問、音楽、ダンスなどの習得を義務づけられていましたが、当然その中には武術として剣術、「エペ・ラピエレ」の熟達も欠かしてはならないことでした。しかし、いくら練習といっても当時の刀剣には実際に切先や切刃があるわけですから怪我はつきもので、最悪の事態では失明などの致命傷を負うこともあったのです。そこで、練習用に切先を丸め、切刃の落とした刀剣が登場しました。これが、一般的に知られるフルーレで、その登場時期は一七五〇年頃といわれています。フルーレは危険もなく剣術を上達できるということから次第に広まっていき、フェンシング[*二]の競技のひとつとしても知られるようになります。

エピソード〈剣の作法〉

剣を用いたもので、もっとも多く伝えられる用法のひとつに、儀礼や儀式があります。たとえば、フェンシングの試合で鍔に口元をあてるのを見かけることができますが、これは「サリュー（salut）」と呼ばれる挨拶で、その起源は中世騎士たちが剣を十字架にたとえて接吻していた儀式の名残りといわれます。

騎士の叙任は古くから伝わる「帯刀の儀式」が発展したものです。少なくとも当初の「帯刀の儀式」は貴族たちの間で行われたもので、男子が十五歳になったとき剣を腰に吊すことを許されるといった簡単なものでした。

十二世紀以降、騎士という位が貴族の名称のようになると、「祝別式」が刀礼に結びつきました。こうした儀式は教会などで行われるようになっていきます。

十三世紀末から十四世紀にかけて、貴族の間で行われていた刀礼は騎士たちに広まりはじめ、いわゆる「騎士の叙任」という、騎士が一方の者の頸部を剣で軽く叩いて騎士の位を授ける儀式へとなっていきます。そして、この頃になると宗教的な意味合いも生まれていきました。これは、キリスト教の理想を騎士たちの理想としておくための作意的な考えが及んだためでした。

＊一　とくにベルギー式のフルーレはもっとも現用のものといえます。
＊二　フェンシングには三種目の競技があります。それは、フルーレ、エペ、サーブルです。

エペ(Epee)

威力 突き★★　体力 ★★★　練度 ★★★★　価格 ★★(+★★)　知名度 ★★★

外見

エペは貴族たちが、決闘の際に用いた刀剣で、先に紹介したフルーレが剣術練習用だったのに対して、エペは実戦用に使われた刀剣でした。外形上の特長は半球状のガード(カップ・ガード：Cup Guard)があることと、グリップが長いことで、これによりポメル(柄頭)に頼らなくても十分、剣の釣合いをとることができます。

十九世紀末に、フェンシングに用いられる刀剣として大きさなどが決められています。それによれば、重量は五百～七百七十グラム、全長は百十センチメートルで、その内、剣

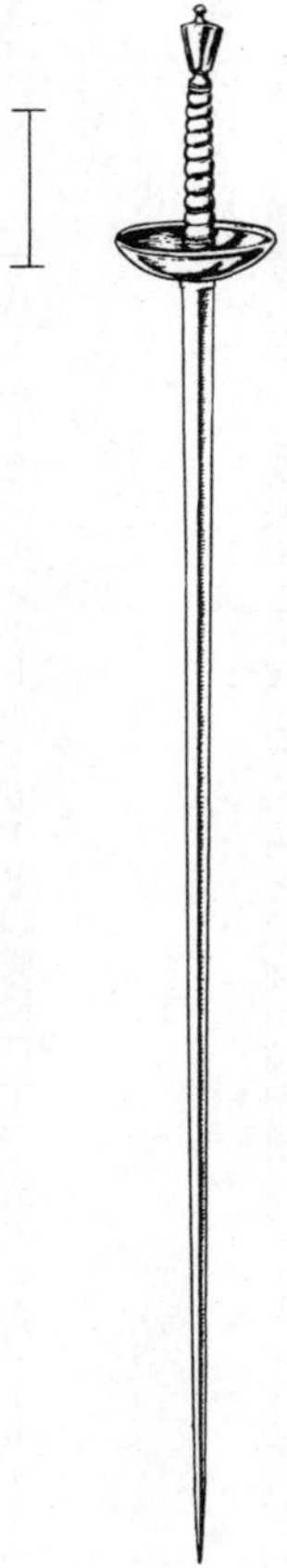

エペ

身の長さは八十八～九十センチメートル、ガードの直径は十三・五センチメートルまでとなります。

❖歴史と詳細

フランス語で〝剣〟を意味するエペ（Epee）は、剣術練習用のフルーレとは対照的に実戦用の刀剣であり、フルーレと同時期の刀剣として知られています。練習において用いられたフルーレは、怪我がないように切先を丸めてありましたから、実戦では切先のあるエペを用いました。

エペは実戦に用いられたといっても、国家間における戦争ではなく、貴族（または騎士）たちが、その名誉を守るために一対一で行う決闘において使われたのです。当時の決闘のルールは相手にどこからでも血を流させることができればよかったので、相手の首や腕を切り飛ばすような凶刃な武器である必要はありませんでした。しかし、当然のことながらフルーレにはない切先と切刃がエペにはあり、大きさもより大きく作られていますから、刺された箇所によっては致命傷となります。事実、決闘で命を落とした貴族の若者は沢山いたのです。

エペの外見上の特長はカップ・ガードであることは述べましたが、こうした形状のガードは、十七世紀から十八世紀にかけてスペインにおいて、おもにレイピアに用いられたのをはじめとしています。柄頭はフルーレ同様、それまでの刀剣のように大きくなく、エペもまた剣身と柄のバランスが十分にとれた刀剣と考えられます。

十七世紀の終わりからはじまる、フェンシングの流行によって「フラーズ・ダルム（剣の会話）」の考え方が現れ、それを厳守することが重んじられました。また、戦場における主要武器の変化によって、刀剣類は実戦的な利用価値よりも個人的な武技のレベルを保っていればよく、一対一で行うことのみ考えた剣術が生まれていきました。おもに刺突の多いこの技術は、騎士道というすでに名ばかりの栄光に崇高さを感じる貴族たちに愛好されていきます。名誉を守るために行われた決闘は、ときにはどちらかが死に、あるいは相討ちになることもありました。そのため、次第にルールはもっとやさしい、どちらかが血を流せばそれでよしとなったのです。エペやフルーレはこうした時代を背景に発展したわけで、その使用法は現在でもフェンシングのルールの中に生きつづけています。

タック（Tuck）

威力　突き★★★
体力　★★★
練度　★★★★
価格　★★★
知名度　★★★

❖外見

タックはチェイン・メイルなどの、メイル・タイプの鎧を突き通して、それを着用する相手を傷つけるために考えだされた刺突専門の刀剣です。

その特長は針状に作られた剣身で、突き刺すことでしか、相手に十分なダメージを負わすことができないことです。柄が長く作られていることから両手で扱うこともできました。全長は、百～百二十センチメートル、重量は〇・八キログラム前後といったところです。

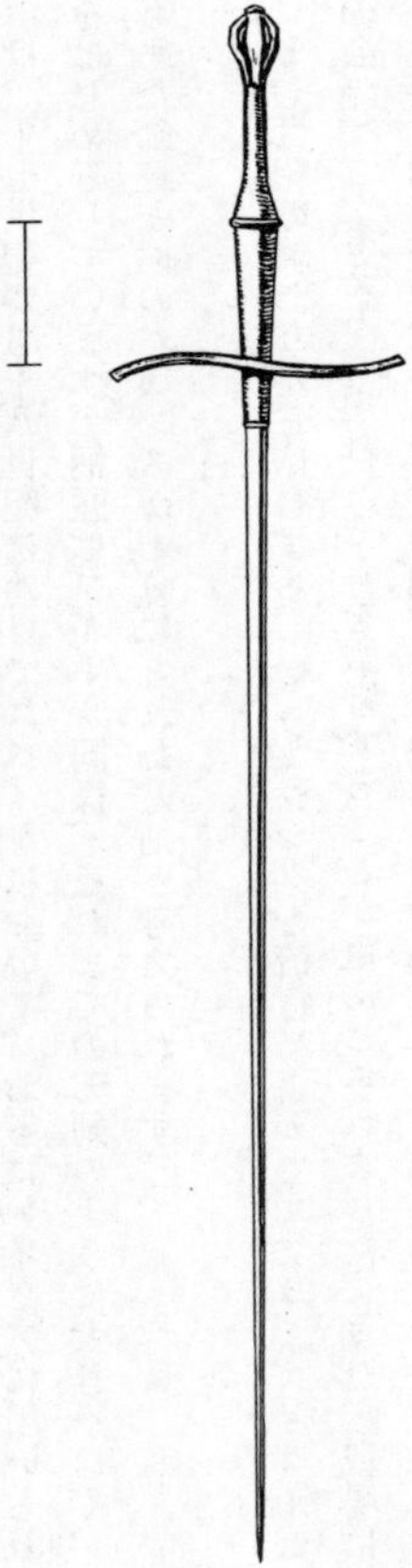

タック

歴史と詳細

刺突戦法を有効に生かすための剣はレイピアが生まれる以前より存在しました。それがこのタックです。

フランス語では「エストク（estoc）」と呼ばれたこの刀剣は、十四世紀はじめに生まれた刺突戦法専用の刀剣なのです。図を見てもわかるように、剣身は細長くできています。切先の断面形状は円形ですが、刃元に近づくにつれて、円形は四角形になっていき、平たいひし形状、または、六角形状に変化していきます。見た目にはもろそうですが、その強度は優れていて、チェイン・メイル程度なら、たやすく貫通することができ、さらに初期のプレイト・メイル・アーマーでも、攻撃した場所や、その状態によっては貫通することができました。そのため、別名として「[*一]メイル・ピアスィング・ソード（Mail-piercing sword）」とも呼ばれています。また、同様の用途で片手専用に改造された刀剣に、「ヴェルダン（verduun）」「コリシュマルド（colichemarde）」「ビルボ（bilbo）」などがあります。

タックはおもに、軽騎兵の補助兵器として用いられましたが、まれに下馬したときの主要武器として敵と相対しました。そのため、両手でも使えるように握りが長くできていました。だいたい十六世紀頃まで使用されましたが、鎧[*二]の強化、衰退によって流行しなくなります。ところが、東ヨーロッパ[三]においては十七世紀になっても用いられ、ポーランドやロシアなどの兵士たちの間で「ノッカー（konchar）」と呼ばれて、受け継がれています。

❖エピソード〈ケーニッシュマルク伯爵の刀剣〉

「アン・ギャルド！」この一声のもとに兵士が剣を構える。そのとき、手にした剣のなかに、珍妙な刀剣がありました。それが「コリシュマルド」でした。

これを所持したのはケーニッシュマルク伯、かれの家は代々軍人として知られた名家で、十七世紀中頃のドイツ貴族としては知られた方でした。そのケーニッシュマルク家の遍歴は、スウェーデン、ネーデルラント、フランスなどさまざまな国に軍人として仕え、貢献した一族として知られ、その当主の一人であり、おかしな剣を持ったオットー・ヴィルヘルム・フォン・ケーニッヒスマルク伯爵[四]（Count Otto Wilhelm von Konningsmark）は、フランスのルイ十四世の名将の一人であるチュレンヌ[五]に仕えた人物でした。その日から、そのおかしな刀剣は彼の名をフランス語にしたコリシュマルドと呼ばれるようになりました。ではここで、その伝えられている発明までの過程を追ってみましょう。

ケーニッシュマルク伯は、イタリアやスペインのフェンシング・スクールで用いられていた細身の剣に目をつけ、自分なりに使いやすくできないかと考えました。当時、イタリアやスペインで用いられていた刺突専用剣は、両手で扱うことも多い重いつくりになっていて片手専用とはいえないものでした。そこで、重量を軽くするために、剣身を現状よりも細くすることを考えたのです。細く、先の尖った剣身は一見、タックのようでしたが、その柄は短く、片手でも軽々と扱えるようになっていました。彼は、甥にあたる刀剣冶師のカール・ヨハン（Karl Johann）にこの剣を作らせ、こうしてコリシュマルドの第一号ができたのです。

＊一　メイル・ピアスィング・ソード　鎧刺突剣とでも訳しましょうか？　ドイツ語では「パンツァーステッチャー（panzerstecher）」といいます。

＊二　鎧の強化　鋼を用いた鎧の誕生は十五世紀から十六世紀にかけてのことだったのです。

＊三　東ヨーロッパでは、十七世紀になっても未だチェイン・メイルやプレイト・メイル（プレイト・アーマーと混同しないこと）を着用する兵士がいたからです。

＊四　ルイ十四世（Louis XIV：一六四三〜一七一五）　フランスの絶対主義を代表する専制君主として知られ八十八歳で世を去るまでヨーロッパに君臨しました。

＊五　チュレンヌ（Henri de La Tour d'Auvergne, Vicomte de Turenne：一六一一〜一六七五）　ルイ十四世の栄光を築き上げた名将の一人で、三十年戦争にも従軍した人物。その後、オランダ戦争（一六七二〜一六七八）で活躍し、ザルツバッハで流弾にあたって戦死しました。

スモールソード (Smallsword)

威力 突き★★★　体力 ★★　練度 ★★★　価格 ★★★（＋★★★）　知名度 ★★

外見

スモールソードは一般市民[*一]が日常用いるために作られた刀剣で、軽量で剣身が細く、実用的であり、なおかつ邪魔にならない程度の適度な長さに作られた刀剣です。全体的な特長としては、鋭く尖った切先と細い剣身からなり、貴族が用いたものが多かったため、優れた装飾を施した柄が非常に日を引きます。全長は、六十～七十センチメートルで、刃渡りが五十～六十センチメートル、重量は、〇・五～〇・七キログラムといったところで、実用的なものから儀礼用でしかないものまでさまざまな形状を見ることができます。図は、

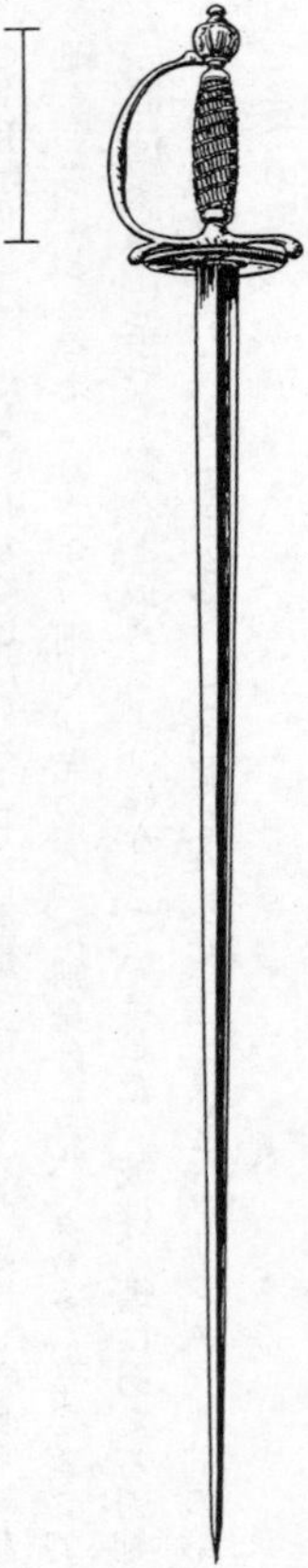

スモールソード

そうしたスモールソードの一本を描いたものです。

歴史と詳細

西洋において、刀剣が装身具として多くの貴族、紳士たちの間で携帯されるようになったのは十七世紀中頃（一六三〇年）でした。当時、主要な刀剣の地位を確立してきたレイピアを小型にした形で登場したのが、このスモールソードです。

スモールソードは一般に広く普及したため、さまざまな形式のヒルトがありました。そのため、「タウン・ソード（town sword）」や「ウォーキング・ソード（walking sword）」などとも呼ばれていました。

十八世紀になるとイギリスを通じて全ヨーロッパにおいてヒルトを派手に装飾することが新しいファッションとして流行し、非常に高価なものも誕生します。そうしたなかには、金銀はもとよりダイヤモンドなどの宝石類をはめ込んだものも見られたほどです。また、こうした高価なものでなくても、比較的装飾の目立つ刀剣が多かったようで、そうしたことからも装

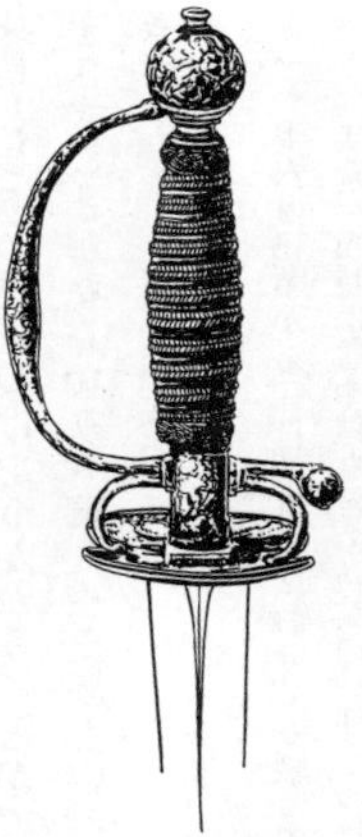

ヒルトの装飾

身具としての位置づけをうかがうことができます。しかし、末期になると一般市民が刀剣をさすことがなくなり、軍人や皇族といった限られた階級の持ち主にだけ受け継がれていきます。

＊一　十六世紀頃から、日常生活においても腰に刀剣を下げることはごく普通の習慣となっていきました。また、当時は盾や鎧などの防具の一部をつけて歩くことも別段変わったことではなく、むしろごく自然に見られています。

トゥハンド・フェンシング・ソード
(Two-hand Fencing Sword)

威力 切断★★★ 突き★★★ 体力★★★ 練度★★★★★ 価格★★★
知名度★

外見

トゥハンド・フェンシング・ソードは当り前のごとく両手で使えるように柄が長くできています。また、切断することを目的としているために、切先が丸められているものもあります。刃元は剣身の三倍幅ほどに広がっていてキヨンは、まっすぐに伸びただけの非常

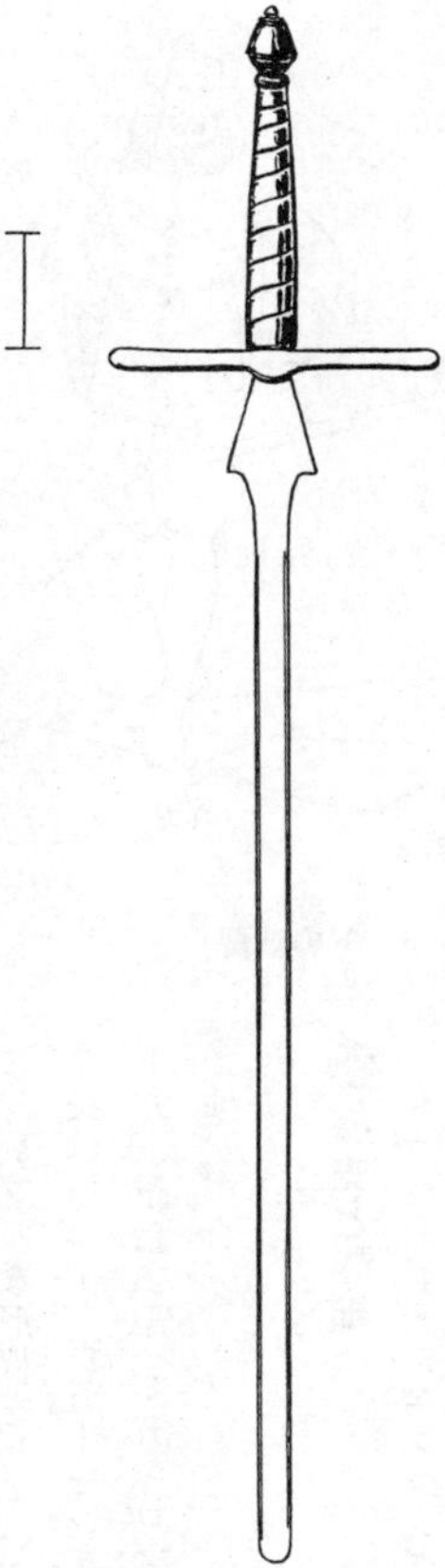

トゥハンド・フェンシング・ソード

トゥハンド・フェンシング・ソードの練習

にシンプルな形状をしています。全長は百三十〜百五十センチメートル、重量二〜二・五キログラムです。

歴史と詳細

トゥハンド・フェンシング・ソードは、両手で用いる刀剣の中で、それ自体の重さのためでなく、技術として両手をそえる刀剣として知られています。タックとは対照的に切ることを目的としたもので、おもに両手剣の練習用に用いられたようです。その寿命も長いものではなく、フェンシングの草創期に見られただけのようです。剣身は平たく切刃を備えていることは図を見ても明らかなことです。

両手をそえて、剣を振るうことは十分な技術を要することであったらしく、さまざまなトレーニング方法を示す絵が今日に残されています。握り方は、日本刀のように左手を柄頭側にあて、右手はガードに近くそえます。しかし、真一文字に切り下ろすのではなくて、横殴りにかすめ切ったり、輪切りにしたりするなどの用法に用いられました。

グラディウス（Gladius）

威力　切断★★　突き★★（＋★）　体力　★★　練度　★★★　価格　★★（＋★★★）
知名度　★★★★

外見

とくにローマの軍団兵が用いた刀剣で、身幅が広く、おもに刺突に用いられています。身幅が広く、変哲のない長方形のガード、球形のポメルといったところがもっともはっきりとした特長で、グリップは木や象牙、銀などで作られていました。全長は六十センチメートル程度で、重量は一キログラム足らずでした。

歴史と詳細

グラディウスはローマ時代に用いられた刀剣で、種別としてはさまざまなものが見られます。しかし、狭義にローマ軍の用いた刀剣とすれば、その形状は、限られたものになります。本項目では、とくに有名なタイプをあげましたが、ここに示した以外にも微妙な形状の変化を見ることができます。

グラディウスはラテン語の〝剣〟を意味する言葉であり、この時代の刀剣類すべての総[*一]

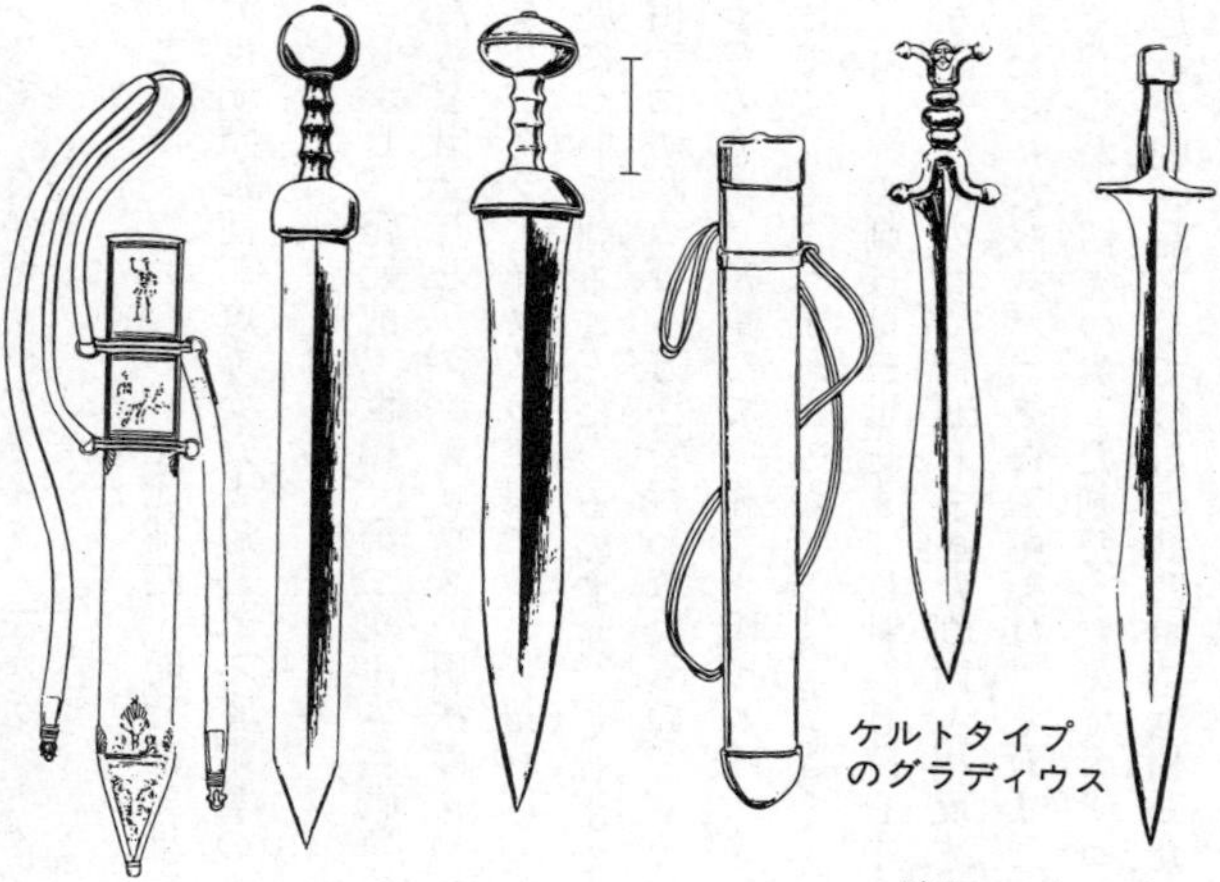

ケルトタイプのグラディウス

ギリシアタイプのグラディウス

ローマタイプのグラディウス

称（ローマから見た）ともなります。ですが、一般的にこの名で呼ばれているのは歩兵たちが用いた刀剣です。それまでの[*二]ハルシュタット文明に見られた刀剣と比べると比較的短く、その長さは初期では五十センチメートル前後で、後期の物でも七十〜七十五センチメートル程度でした。両刃を有し、鋭くまっすぐに尖っていることからも、その当初の目的は切り合いに用いられたようです。ローマ時代の著名な歴史家であるリウィウスやポリュビオスによれば、少なくともグラディウスにはギリシアタイプとケルトタイプがありました。図はその両タイプのグラディウスで、右がギリシアタイプ、左がケルトタイプです。

これは、だいたい、紀元前四～紀元前三世紀に用いられましたが、古いものには紀元前七世紀頃に使われていたと思われる青銅製のものもあります。

しかし、紀元前二世紀、第二次ポエニ戦争によって、ローマがイベリア半島のケルト人たちと出会うと、グラディウスの用法はまったくちがったものへと変化していきます。つまり、グラディウスの発展について語れば、それは強いてはローマにおける戦闘技法の発展について語ることになるのです。それまで多くの国々で用いられてきた刀剣の用法は、相手に切りつける方法で行われたもので、そのために多少なりとも長くなければならなかったのです。密集して、相手と戦うローマ軍にとって、これはひとつの問題点となったわけです。そこへ現れたのが、「イベリアン・グラディウス」でした。

ローマの剣技は三世紀までは刺突戦闘を中心としたもので、それは、これまでさまざまな国や人々の間で行われてきた剣術と相反するものだったのです。しかし、ハンニバル[*三]がもたらしたヒスパニア[*四]の刀剣類は、それまで、ローマで用いられてきた刀剣とちがい、短く、しかも切先の尖った剣だったのです。ローマはポエニ戦争で、イベリア半島になだれ込み、戦利品として彼らの武器を持ち帰ったのです。その刀剣が、それまでのグラディウスを変化させるほどの影響を与えたのです。

ローマタイプのグラディウスの剣身には二つのタイプがあります。つまり、長い切先と短い切先をもったもので、前者はおもにアウグストゥス[*五]からティベリウス[*六]の時代にかけて用いられました。

ローマタイプのグラディウスの特長は身幅が広く、切先が尖り、両刃であることで、さらにヒルトは、ガード、グリップ、ポメルの三つの部分からなる後世の刀剣類の祖型をなすものです。剣身にはタング（茎《なかご》）が見られ、ガードとグリップを通してポメルに達し、ここで固定されています。グリップには握りの形状があしらってあるため、非常に持ちやすく、手に馴染み、使いやすさを十分考慮していることがうかがえます。グリップには木、象牙、骨などを用いていました。かのプリニウスによれば、

「わが国の兵士たちの剣の柄は象牙ではあまりよくないというので、彫り物をした銀でつくられ、そしてその鞘は細い銀の鎖で、ベルトは銀製の垂れでちゃらちゃら鳴る。
（三三－五四－一五二　中野定雄訳）」

ということになり、銀製のものがその主流だったようです。

ローマの刀剣類は中世における刀剣と比べると比較的短いものであることがわかります。これは、実は意図的であり、なおかつ用途に応じた長さだったと考えられます。当時、ローマ軍団の中核をなした重装歩兵の装備とは、初期はチェイン・メイル、中期はプレイト・メイルを着用し、大きな楕円形、もしくは長方形の盾を持って敵の攻撃に備えていました。そして、人一人分くらいの間隔をあけて隊列を組みました。これは密集隊形という戦術で、きちんと横一列に整列して数十人の兵士が一丸となって敵と戦ったのです。そのため、戦闘で用いられる武器は長いものより短い方が使い勝手がよかったわけです。

一方、ローマと敵対したケルト人といえば、長い剣を用い[*七]規則正しい隊形など作らずに戦

グラディウスを構えるローマ兵

闘に参加していました。これは、彼らの気風もあったでしょうが、長い剣を振り回すのでは自然に、こうした隊形にならざるを得なかったのでしょう。

こうしたことから学ぶべきことは、つまり、常に大きなものが有利というわけではなく、攻防のバランスが整っていさえすれば短い武器でも十分有効であったわけです。ローマ兵は、盾に隠れながら短く鋭く真身で頑丈なグラディウスを用い、密集することによって二人で一人の敵と向い合い、コンビネーションを組んで攻撃するのです。こうして、敵を十分に引きつけて突いたり、切りつけたりしたわけです。しかし、その分、自らの攻撃範囲は限られてしまいました。それがグラディウスの弱味となったわけですが、切先がとどく有効範囲まで近づいた敵は、長い武器では自由が利かず、次々とその手にかかってしまうわけです。

エピソード〈剣身の鍛造法のいろいろ〉

ローマ人が、行っていた鍛造法として、有名な技法に、エトルリア式鍛造法があります。これは、薄い葉のように延ばした鉄と鋼を交互に折り重ね、それを何回もくり返して折り曲げ鍛える方法です。ローマ人は、これをエトルリア人から学んだといわれています。帝制ローマにおいては、東方から輸入した良質の鋼材が手にはいるようになりましたが、こうした、東方産の鋼材は、木炭を燃やして始終加熱し、浸炭させ鋼状に硬化させた

鉄線を縒り合わせハンマーでたたく

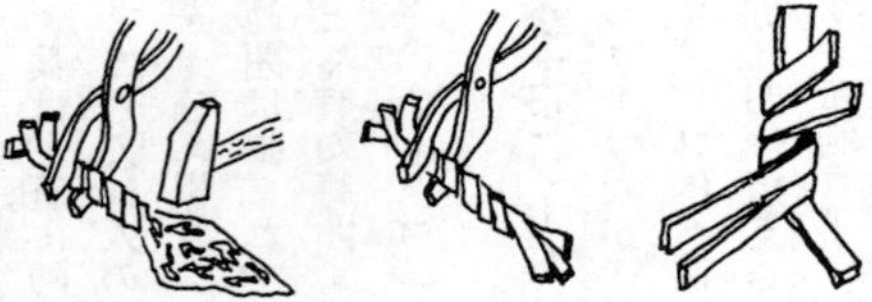

模様鍛接の方法

ものです。これは、ダマスクス工法と呼ばれました。

一方、暗黒時代の北欧には、「模様鍛接（pattern-welded）」と呼ばれる技法がありました。これは、とくに優れた技法として、当時の文献の中にも見ることができ、『ベーオウルフ』においては、次のような一説があります。

「そのデンマークの公たちらの身には、口惜しや、おのが先祖伝来の宝刀が、堅く鍛えられ、輪かざりを施した、ヘアゾバルド人らの宝物が、きらきらとかがやいているのです。（二〇三二〜二〇三五行、長埜盛訳）」

ここで、述べられている「輪かざり」というのが、模様鍛接に見られる特長をあらわすものです。『エッダ』や『サガ』などに登場する刀剣が、よく蛇に例えられるのは、この「輪かざり」と呼ばれる模様が、蛇のように見えたからなのです。では、ここで、この模様鍛接の方法の手順について簡単に述べておきましょう。

模様鍛接は、最初に多数の鉄板を炭火の中で焼き、赤熱状態を保つように鉄板を熱しつづけます。すると、鉄板の表面は炭素を吸収して鋼となります。ただし、それはあくまでも表面だけのことで、内部はただの鉄のままです。そうしてできた鉄板の鋼鉄部分を何枚かに刻んでより合わせ、薄く引き延ばすように鍛え上げます。これを、何枚もつなぎ合わせていき、刃の中心部分を作っていきます。この、中心部分は、鋼鉄化した破片と鉄が混じり合って、大理石のような状態の模様ができます。これが、模様鍛接の名の由来ですが、こうしてできた刀剣の芯部の上から、やはり、鋼鉄化した鉄板をかぶせて鍛え上げ、刀剣を作ります。この一連の手順を模様鍛接といい、こうしてできた刀剣の表面には、やはり模様が浮き上がります。この模様が、ときおり蛇のように見えるわけです。

＊一　**グラディウス**　または、フェリウム（ferrum）ということもありますが、あまり一般的ではありません。ちなみにフェリウムは〝鉄〟をあらわす言葉で、鉄＝剣ということを考えるとそう呼んだことがわからないでもないですが、たぶん、後期に用いられたと考えられます。

＊二　**ハルシュタット文明**　紀元前九～紀元前五世紀に開花したヨーロッパ中部の初期鉄器文明。ハルシュタット（hallstatt）とはその代表的な遺物が最初に発見されたオーストリア中部の地名です。ここでいうところの刀剣とは一メートルほどの長い剣のことでそれについては最初に述べたとおりです。

＊三　**ハンニバル（Hannibal：紀元前二四七～紀元前一八三）**　ハミルカル・バルカの息子で、一般的に有名な方のハンニバル。象と二万五千余の部隊を率いてアルプスを越え、ローマに攻め入り、カンナエ

において大勝利したカルタゴの名将。詳しくは著者の前作『幻の戦士たち』で記したので参考にしてください。

＊四　ヒスパニア　現在のスペインを中心としたイベリア半島辺りのローマ時代の呼び名。

＊五　アウグストゥス（Gaius Octavius Augustus：紀元前六三～西暦一四）　ローマの初代皇帝。カエサルの養子として、彼の後継者となり内乱を治めてローマを統一し、独裁政治をはじめました。在位は紀元前二七～西暦一四年でした。

＊六　ティベリウス（Tiberius Julius Caesar Augustus：紀元前四二～西暦三七）　ローマの二代目の皇帝。その在位は西暦一四～三七年です。

＊七　ケルト人が隊形を作らなかったというわけではありません。ある意味で彼らもちゃんと密集して戦闘を行いました。しかし、それはあくまでも集団であって、戦術的な単位でしかなく、隊形としての効用はほとんどなかったと考えられます。また、ここでいうケルトの隊形には、くさび型隊形を考えていません。

ファルカタ（Falcata）

威力 切断★★　体力 ★★　練度 ★★　価格 ★★　知名度 ★★

外見

ファルカタは湾曲した内側に切刃のある刀剣として知られ、非常に切れ味のよい刀剣として知られています。その特長として、鳥、または馬の首を象った柄を特長としています。全長は三十五～六十センチメートル、重量はだいたい、〇・五～一・二キログラムです。

歴史と詳細

ローマ時代にヒスパニア製の刀剣と呼ばれたこのファルカタは、片刃の湾曲刀で、その形状からも切り合いに用いられた刀剣であることがわかります。ファルカタの原型はギリシアの古刀、コピス（別項）やマカエラ（別項）であるといわれていますが、ハルシュタット文明にも同形に近い短剣類が見られることから、その起源をどちらとするかまだ結論をだせる状況ではないようです。

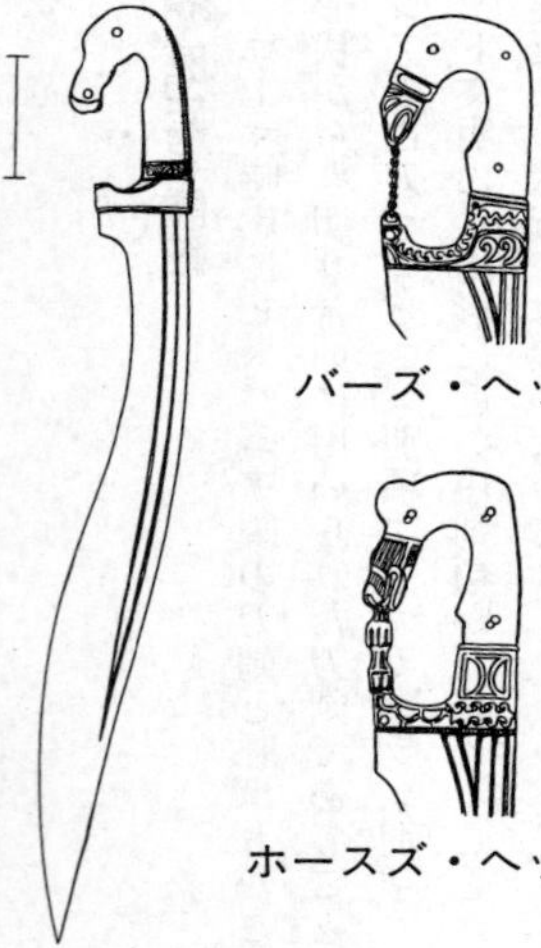

ファルカタ

ファルカタの特長は湾曲した剣身と、独特な形状をしたヒルトにあります。これには鳥が首を曲げたようなものと、馬が頭をたらしたような二種類があって、それぞれ「バーズ・ヘッド、ホースズ・ヘッド(bird's-head, horse's-head)」と呼ばれています。その用法は、振りあげて断ち切る湾曲刀独得のスタイルで、壷絵などに見ることができます。

スパタ(Spatha)

威力　切断★　突き★★
体力　★★
練度　★★
価格　★★
知名度　★★

外見

スパタは騎兵が馬上で用いる刀剣です。そのため、片手で使えるよう軽くするために細身に作られています。剣身は刺突に向くようまっすぐに作られています。長さは六十センチメートル、重さは一・〇キログラム程度です。

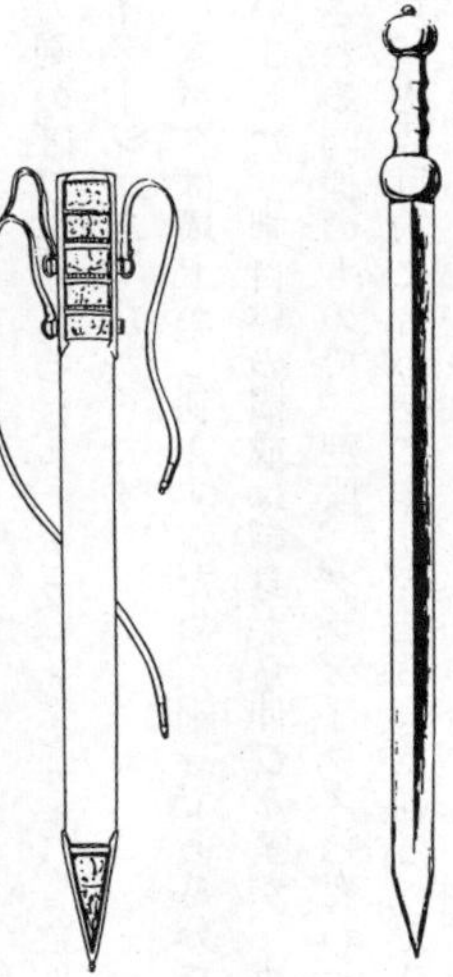

スパタ

歴史と詳細

スパタはローマの騎兵が用いた細身の剣で、その語源はギリシア語で〝つぼみ〟や〝包葉〟を意味する言葉となります。

騎兵が馬上にて片手で用いるため軽量に、また、刺突することがたやすいように直身《すぐみ》に作られたスパタは、その目的に実に適した刀剣であると考えられます。では、なぜそのような刀剣の呼び名が〝つぼみ〟となったのかといえば、〝つぼみ〟には古来から〝刺し貫く〟イメージがあったからです。

スパタは馬上から刺突するため、細身である分だけグラディウスよりも長めに作られていました。剣自体の構成は剣身から伸びる茎が、ガード、グリップと通ってポメルに固定される同様のもので、別段、グラディウスと変わったところは見受けられません。ですから、主要目的に合わせて作り変えられた剣といえるわけで、たぶんそうした目的に応じて作られた最初の刀剣であったといえるでしょう。

ハルパー（Harpe）

威力　切断★★
体力　★★
練度　★★
価格　★★
知名度　★

外見

ハルパーとはよく〝鎌剣〟などと訳されることがあるギリシアの古刀で、刀身が鎌状に曲線を描いているのがその特長です。

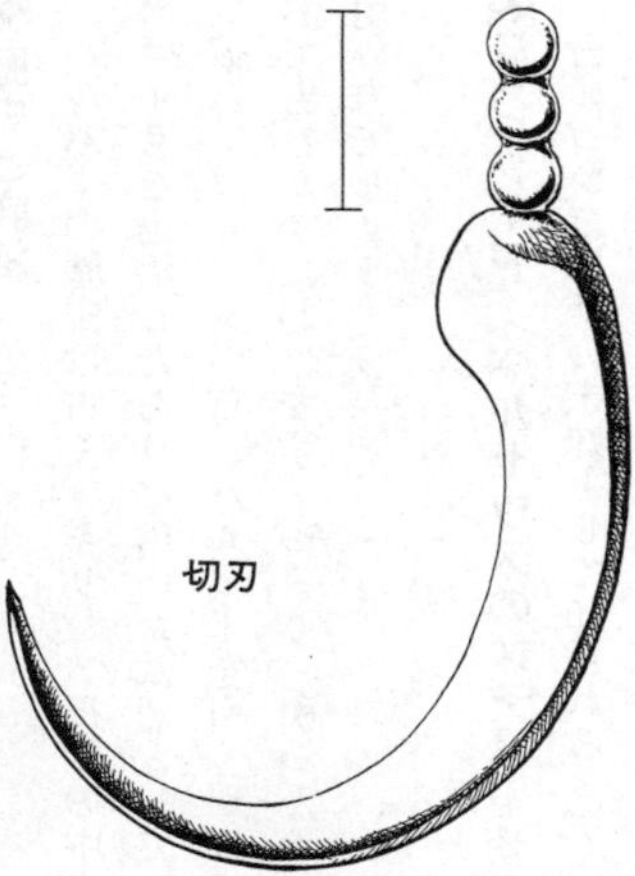

ハルパー

切ることを専門とし、刃はその内側にあります。全長は四十〜五十センチメートル、刃をまっすぐに伸ばせば六十五センチメートルぐらいで、重量は〇・三〜〇・五キログラムといったところです。

一体成形で作られたため、柄を含めすべてが金属製で、握った手が馴染みやすいように山なりの握りがありました。

❖歴史と詳細

ハルパーの歴史は古く、ギリシア神話の中で、ペルセウスがゴルゴン三姉妹の一人、メデューサを退治したおりに用いた武器としても知られています。

彼は、ゴルゴンの首にハルパーを引っかけて引き切ったのですから、その効果はまんざらでもなかったわけです。つまり、引っかけて引き切るのがこの刀剣のもっとも効果的な用い方でしょう。

❖エピソード〈ペルセウスのメデューサ退治〉

ゴルゴン三姉妹[*一]の末妹として知られるメデューサは、美しい髪の毛を誇る女神アテナ神の巫女で、ポセイドン神の寵愛を受けていました。ところが、ポセイドンの妻アンピトリテに恨まれ、また、アテナ神の怒りにも触れてその自慢の髪を蛇にされ、ふた目と見られない姿にされてしまいました。また、彼女の姉たちも同様の姿に変えられてしまったのです。

一方ペルセウスは、全能の神ゼウスを父にもち、母はアルゴス王の娘であるダナエでした。ダナエの父アクリシオス王[*二]は神託によって彼女を海に流したのですが、ダナエと幼いペルセウスは神の導きによって漁師に助けられセリポス島でその住まいを持ちます。ところが、そのダナエに恋をしたこの島の王ポリュデクテスの計略によって、邪魔だったペルセウスが成人すると彼にメデューサの首を進呈するように仕向け、亡き者にしようとしました。こうして、ペルセウスはメデューサ退治に向かうことになりました。

しかし、ポリュデクテスの思惑とはよそに、ペルセウスには、強い味方がいました。それは、アテナ神でした。彼女は、メデューサの姿を醜くしただけでは物足りず、ペルセウスがメデューサの退治に向かうことを知ると、いろいろと手助けをしたのです。アテナ神は、かぶると姿を消せる「隠れ帽子」、翼の生えた靴、魔法の袋「キビシス」を冥界の王ハデスや妖精から借り受け、ペルセウスに与えました。また、自らも表面を鏡のように磨いた青銅の盾を与え、そして、彼を応援する神々の使いヘルメス神は、金剛のハルパーを貸し与えました。

ペルセウスは、アテナ神の導きによってゴルゴンたちの住まい、地の果てオケアノスに赴き、寝ている彼

ペルセウスがメデューサを退治した場面が描かれた壷絵

女たちを見つけました。そこで、盾にメデューサを映し、それを見ながら近付いたのです。それは、ゴルゴンの姿を直接見ると体が石になってしまうからなのです。しかし、そうした魔力は、鏡に映した虚像であれば効力がないことをアテナ神に聞いていたのです。彼はゆっくりとハルパーの刃をメデューサの首の前まで運び、首に引っかけるようにして、思いっきり引っ張ると、見事にメデューサの首が転がり落ちました。ところが、その傷口からは、生まれながらに黄金の剣を持つクリューサオールと天馬ペガサスが飛びでてきました。ペルセウスはその光景を見るや、急いで首をキビシスに詰め、メデューサの二人の姉がペガサスたちに起こされないうちに、翼のサンダルで飛び上がり、ハデスの隠れ帽子をかぶって追手に見つからないよう、逃げだしたのです。

＊一　ゴルゴン三姉妹　ステンノー（Stheno：強い女）、エウリュアレー（Euryele：遠くに飛ぶ女）、メデューサ（Medusa：支配する女）の三人。

＊二　アクリシオス（Akrisios）　アルゴスの十三代目の王で、彼の父アバースの死後、双子のプロイトスと継承をめぐって戦いこれを破り追放しました。神託によって娘ダナエの子に殺されると予言されたため、彼女が身ごもり子を産んだときに、彼女ともども赤子を箱につめて海に流してしまいました。その赤子こそが、ペルセウスだったのです。アクシリオスは、丸い盾を考えだした人物ともいわれています。

コピスとマカエラ (Kopis) (Machaera)

威力 切断★★　体力 ★★　練度 ★★　価格 ★★　知名度 ★

外見

ギリシアの古刀であるコピスとマカエラは、切ることを目的とした全金属製の片刃刀剣で、コピスが湾曲した内側に切刃があるのに対し、マカエラは外側、つまり、一般的に知られる湾刀です。全長はコピスが五十センチメートルぐらいで、マカエラが六十センチメートル程度、重量は前者が一・〇キログラムで、後者が一・二キログラム程度です。

歴史と詳細

ハルパー（別項）と同様に古い起源をもつ武器として知られるコピスは、ギリシア語で〝切る〟を意味するコプト（kopto）を語源としています。これは明らかに、この刀剣が切斬に用いられたことを物語っているといえるでしょう。コピスの起源はギリシア独自のものでなく、度重なる侵略戦争によってもたらされた外来[*1]の刀剣であったようです。

その特長は、ゆるやかに湾曲した剣身にありますが、同様に湾曲した剣身をもつ刀剣であるマカエラと、しばしば、同類のものとされています。しかし、両者にははっきりとしたちがいがあります。それは、図を見ていただければわかりますが、湾曲した内側に切刃があるものがコピスで、外側にあるものがマカエラであるということです。

マカエラは、片刃の戦刀（war knife）として知られ、両手で用いることもできたといわれています。その起源は古く、コピス同様にホメーロス[*二]の時代より存在していたと思わ

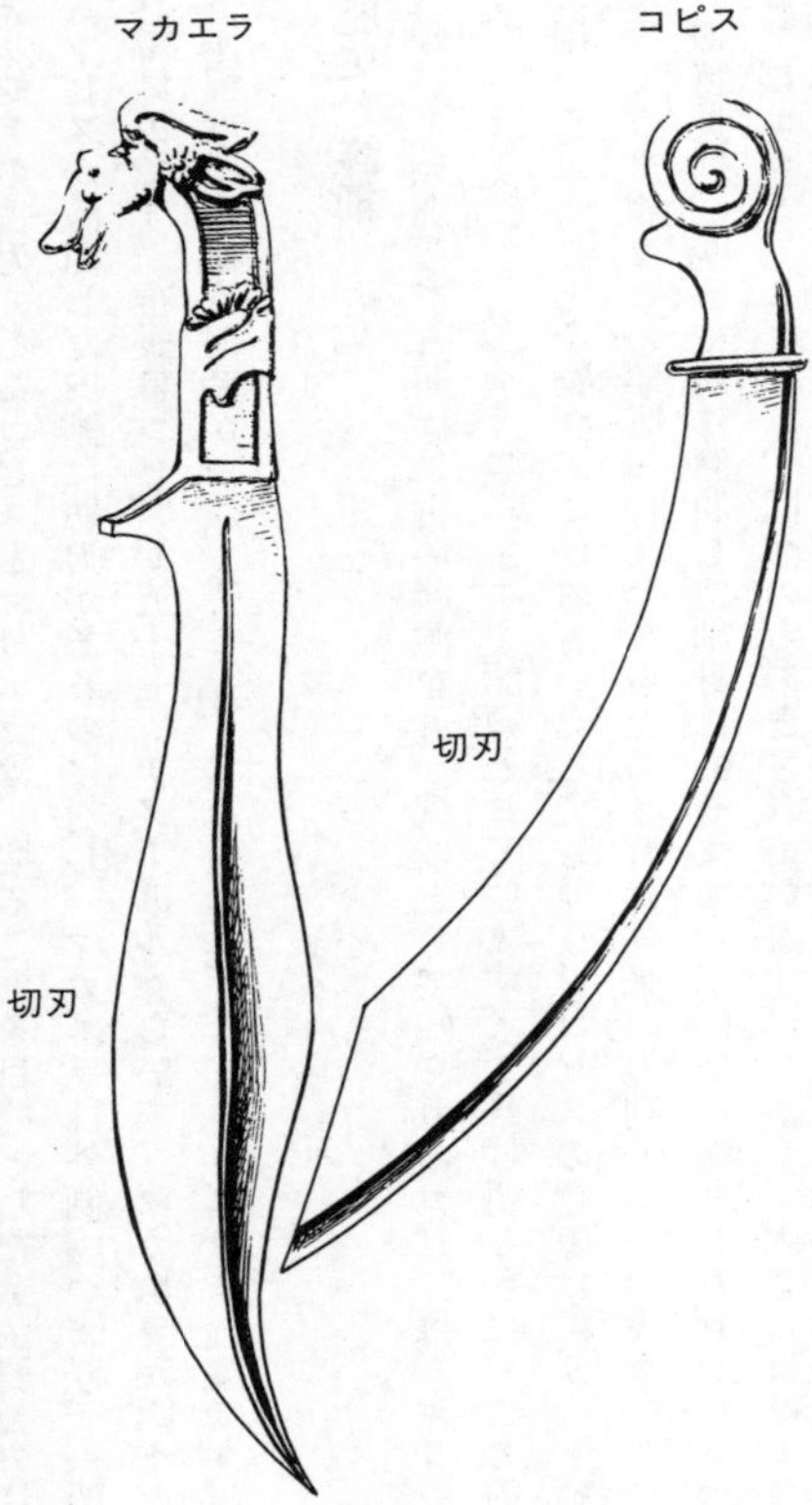

コピスとマカエラ

れています。クセノフォン[*三]によれば、騎兵たちは馬上して、切り合いを行うために、マカエラを携帯することもあったと述べています。つまり、歩兵や騎兵などの兵種を問わず、広く用いられていたようです。

当時は、片刃といえば、すぐにマカエラに結びつけていましたが、実際は、その切先のつき方次第で別種の刀剣と識別されています。コピスとマカエラがその例ということになります。

この二つの刀剣は、その後フェニキア人[*四]によって、地中海世界のいたるところへ広まり、一説ではあのケルトの刀剣ファルカタの祖型となったともいわれています。そのせいか、第二次ポエニ戦争[*五]で、片刃の刀剣を装備したイベリア人の部隊（実際はファルカタを装備していたのですが）を「マカイロフォロイ（machairoforoi）」と呼んでいます。

コピスとマカエラは相手を断ち切ることに用いられましたが、とくにマカエラは両手で用いることもでき、その斬撃力を一段と増すことができます。これは、使い方次第でその打撃力を調整でき、バスタード・ソード（別項）のような使い方も考えられるわけです。こうしたギリシアの古刀は、広く長い間にわたって多くの文化圏に浸透し、やがて、コピスとマカエラの特長を合わせた「コピス・マカエラ」という両刃の刀剣も登場しました。

❀エピソード〈包丁から刀剣へ〉

現在、世界的に見ても刺殺事件の多い日本では、その凶器として一番使われるのが包丁です。包丁とは、そもそも料理に使うものであることは、なにもあらためていうことではありませんが、ギリシアの古刀や、北欧の片刃の刀剣サクス（第二章参照）もやはり、もとは包丁のような一般的日常道具だったのです。

こうした道具が、なぜ武器として用いられたかは容易に想像できます。なぜなら、包丁のようにどこの家庭にもあったからです。生活に密着したごくありふれたものを武器に転用することは、古代の人たちにとって、コストパフォーマンスにあったことでしょう。さらに、その使い方、つまり斬撃に用いられることは、訓練で教えられるまでもなく理解できることでした。斬撃といっても、ただ単純にものを振り回すだけの使い方ですが、それで十分な殴打・切断という効果を生みだすことができたと考えられます。

ギリシアの古刀類や、サクスに限らず、同じような現象が世界各地で見られ、刀剣類だけではなく、いろいろな武器類の起源となっていることがあります。

＊一　エジプトから伝わったものとするのが有力で、本章の序文には、クォピス（khopsh）として、注釈において触れています。

＊二　ホメーロス（Homeros）　紀元前九～紀元前八世紀の人物とされている以外、性別すらわからないギ

リシアの叙事詩人。『イリーアス』『オデュッセイアー』の作者です。両大作は、ギリシア最古で最大の傑作といえます。

***三　クセノフォン（Xenophon：紀元前四三〇～紀元前三五四）**　ソクラテスの弟子として知られ、紀元前四一一～紀元前三六二年のギリシア史を扱った『ヘレニカ』、ペルシア王子キュロスの反乱に参加し、その失敗後にギリシア人傭兵を率いて帰国するまでを語った『アナバシス』などで知られ、それ以外にも『ソクラテスの思い出』や『家政論』など多彩な作品を残しています。一般的には、軍人、哲学者とされています。

***四　フェニキア人（Phoenicians）**　古代地中海の住民で、シリア沿岸とレバノン山脈西方地域に居住していたとされています。名前の由来は彼らが真紅のマントを羽織っていて、それを見たギリシア人がフォイノス（Phoinos：真紅）を着た住人、つまりフォイニケス（Phoinikes）と呼んだことからといわれています。その存在は、紀元前三〇〇〇年頃から見られ、同じく紀元前一三〇〇～紀元前一〇〇〇年頃に海上貿易をもとに地中海全般で栄えましたが、紀元前八〇〇年頃、アッシリアによって征服されました。

***五　第二次ポエニ戦争**　ローマとカルタゴの間でおきた戦争で、カルタゴの将軍ハンニバルが活躍した戦争です。ポエニとはフェニキア人のことで、カルタゴ人はフェニキア人の末えいであったことから、彼らとの戦いという意味でローマ人がそう呼びました。

ショテル (Shotel)

威力 切断★★★ 突き★★ 体力 ★★★ 練度 ★★★ 価格 ★★★
知名度 ★★

外見

ショテルは、エチオピアの刀剣で、その特長は剣身がS字に湾曲していることにあります。なかには鉤爪状に極端に湾曲したものもあり、両刃を有しています。その大きさは、柄から切先まで七十五センチメートル、曲がった剣身を伸ばして考えるとその全長は一メートルぐらいで、身幅は一・五センチメートルくらい、重量は一・四〜一・六キログラムです。柄は木製で、簡素な作りをしており、これを持つ手を守るような工夫はされていません。

歴史と詳細

ショテルは、エチオピアに居住するアビシニア人の刀剣ですが、その名はイギリスの冒険家N・ピアースによって十九世紀中頃に命名されたものです。アビシニアとはエチオピアの古名ですが、彼等は本来は直径五十センチメートルほどの楯と槍を用いていましたが、その楯を避けて攻撃するように考え出された、比較的新しい武器です。

この形状が生みだした攻撃手段は、極めて有効な攻撃を繰りだすことができます。しかしその反面、独創的すぎる形状がたたって鞘に収まらないため、これを装備するものはそのまま腰に吊したり、ベルトに挟んだりして持ち歩きました。

また、両刃で湾曲していることから、通常の刀剣のように斬撃などにも向いています。

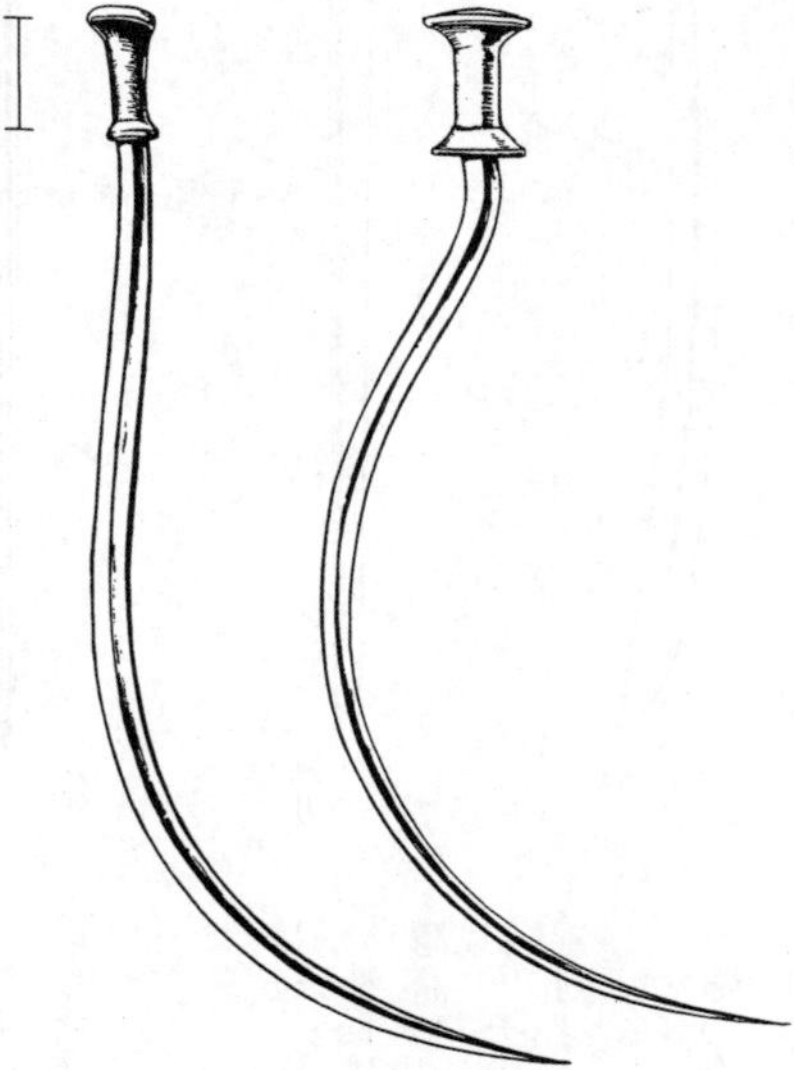

ショテル

サーベル（Saber）

威力　切断★★　突き★

体力　★★

練度　★★★

価格　★★（＋★★）

知名度　★★★★★

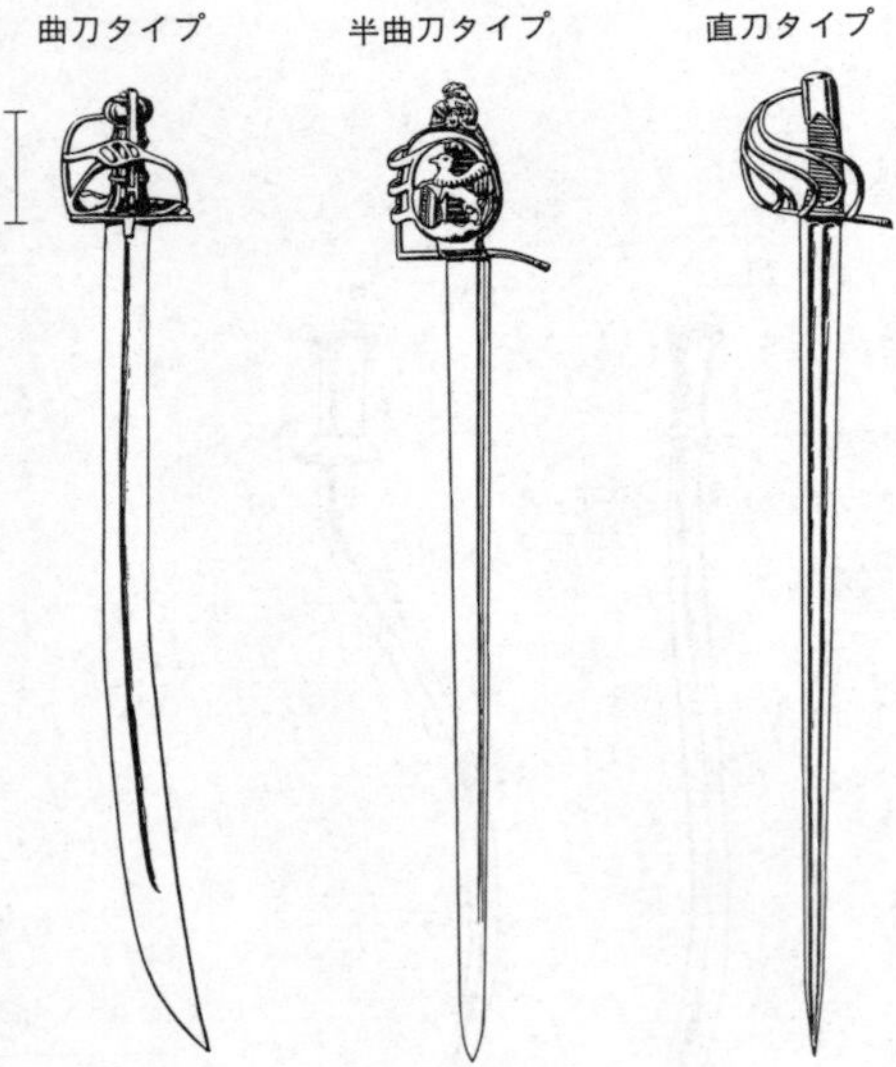

サーベル

外見

サーベルは広義には、騎乗した兵士が使う刀剣の総称です。片手で扱えるように軽く、そして、できるだけ長く作られています。その特長は片刃でしなやかに湾曲した剣身にありますが、その用途によって異なる剣身が見られます。

その全長は〇・七〜一・二メートルで、重量は一・七

〜二・四キログラムと種類の幅が広く、世界中の軍隊で用いられた結果が反映されています。呼び方もさまざまで米語でセイバー（sabre）ともいいますが、本書ではもっとも親しまれている[*一]サーベルとしました。

剣身の特長を類別すると、三つ種類があって、直刀タイプ、半曲刀タイプ、そして、完全な曲刀タイプに分けることができます。これは、刺突か、断ち切りか、それともその両方を兼用するかの場合、つまり使用目的に適しているよう工夫されたからです。そのため、もっとも使い勝手のよい半曲刀タイプのサーベルが形式上多かったと考えられます。ヨーロッパにおいては、十七〜二十世紀初頭まで広く用いられ、軍用刀剣として、その発音上のちがいはあるにしても、同様の形状をしたものを多く見ることができます。

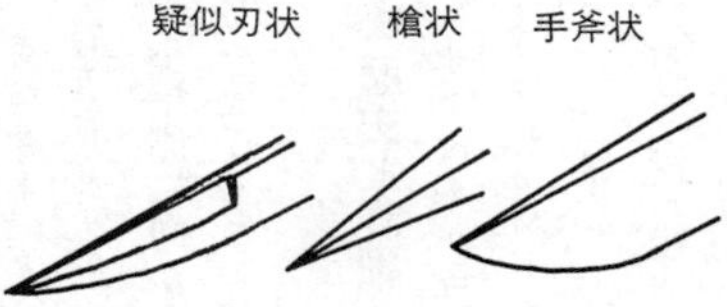

サーベルの切先図

サーベルの切先は、その用途によって三つのタイプに分けることができます。図はそれをあらわしたものですが手斧状は断ち切り専用、槍状は刺突専用、そして疑似刃状のものは両方に通しているといえます。

またサーベルは切先のみならず、さまざまなヒルトの形状が見られ、十字型をしたガードや、ナックル・ボウ（弓型護拳）などがよく特長としてあげられます。また、グリップも小指側に向かうにつれて、ゆるやかなカーブを描き、それはさながら日本における蕨手刀をほうふつさせるものがあります。

❖歴史と詳細

サーベルがヨーロッパにおいてはじめて用いられたのは十六世紀頃のスイスで、彼らは、「シュヴァイツァーサーベル（schweizersabel）」と呼んで、バスタード・ソード（別項）のバリエーションのひとつとしていました。このサーベルは、剣身の切先側三分の一が両刃で、残りが片刃という独特の特長をもった刀剣でした。こうした切先は「疑似刃[*二]（フォールス・エッジ：false edge）」と呼ばれ、刺突戦法にも用いることができるよう工夫されたものです。

十六世紀以降、ポピュラーな刀剣となっていったサーベルはドイツのフェンシング・スクールにおいてとり入れられ、次第に発展し、現在、フェンシング種目のひとつとして知られるまでに至っていますが、先にも述べたように、剣身の状態からさまざまな用途に用いられました。刺突、断ち切り、そして兼用といった具合いにです。サーベルの利点は、そうした多目的に対応できる刀剣であることなのです。

サーベルを構え突撃する騎兵

西洋刀剣類は、とくに重く、その重量で断ち切るといった感じがありますが、サーベルもやはりそれに近く比較的重い刀剣で、さらに切刃が鋭く、ほかの刀剣とはちがってその切れ味も自慢でした。ときには身幅の広いものも見られますが、これはごく一部のものといえ、二センチメートル前後が標準です。

図はナポレオン時代の重騎兵がサーベルを構えて突撃するときのポーズです。このような戦法では直身で切先が槍状か疑似刃状のサーベルが用いられたことは今まで述べてきたとおりです。

フェンシングの流行で、サーベルも全ヨーロッパ、さらには全世界に広まっていきます。十八世紀末のナポレオンによるエジプト遠征の結果、剣身と外見がペルシア風になることもありましたが、そうした流行のような一時的な変化は別にして、その外見はおおよそ統一された状態で、二十世紀に至るまで騎兵部隊の主要刀剣として受け継がれていきました。

❖エピソード〈その起源とヒルトの発達〉

サーベルの起源はスラブ[*三]系のハンガリー人たちが用いた刀剣にあって、彼らはそれを中近東に見られた曲刀から学んだといわれています。しかし、アラブ人たちもまた、それを中央アジアからやって来た遊牧民族から取り入れたということで、その起源は九世紀にまでさかのぼることができるのです。この時代の片刃の刀剣といえばなんといっても、サクス（第二章参照）や「フォールション（別項）」などを思い浮かべますが、そうした刀剣類にも少なからずの影響があったと思われます。

スイスにおけるサーベルは、長くゆるやかに湾曲し、疑似刃形式のものが多かったのですが、同時期にドイツに浸透したサーベルは、その地で独特の発展を遂げました。ドイツにおけるサーベルの特長は長い棒状鍔とそれにつながるナックル・ボウ（弓形護拳）であり、さらに、十六世紀末には握りを保護できるほどに大型な籠《かご》状の護指が見られます。これは、とくにドイツを通してその近隣の北欧諸国にも広がりました。当時、こうした形状のサーベルは「シンクレアー・サーベル」[*四]というニックネームで呼ばれていました。そして、その形状は、スコットランド式と呼ばれた籠状ヒルトであり、ブロード・ソード（別項）のヒルトとしても有名です。

＊一　サーベル　たしかに、現在の英和辞書類ではセイバーと発音していることが多いのですが、ブリタニカなどの英英辞書類ではサーベルともしているのです。これはたぶん、フランス語の原語〝サーブル（sable）〟に近い発音を採用しているからで、ここでもそれに倣いました。

＊二　疑似刃　刃先が両刃になっていて、それが刀身全体の三分の一を占めるものを刀剣専門用語では「疑似刃」と呼んでいます。

＊三　スラブ系ハンガリー人　変ないい方ですが、ここでいいたいことはマジャール人たちが侵入してくる以前に、現在のハンガリア地方に住んでいた人々のことです。

＊四　シンクレアー・サーベル　シンクレアー（sinclair）とは、一六一二年にノルウェーにおいて活躍したスコットランドの傭兵隊の隊長の名前でした。

バックソードとパラッシュ (Baksword) (Pallasch)

威力 切断★ 突き★★　体力 ★★　練度 ★★★　価格 ★★（＋★★）

知名度 ★★（＋★）

❖外見

バックソードは軍用として、騎兵部隊に用いられた片刃刀剣で、西欧において広く知られています。一方、パラッシュはそれを一回り大きくした刀剣で、おもに東欧諸国で用いられました。バックソードの全長は六十～八十センチメートル、重量は一・三～一・五キログラムで、パラッシュは全長が七十～九十センチメートル、重量は一・二～一・五キログラムぐらいです。

両刃とも鋭い切刃と尖った切先をもっているところから、刺突戦闘に用いられたことがわかり、とくにポ[*1]ーランドの重騎兵である「ウイングド・ユサール」たちが用いていたことは有名です。

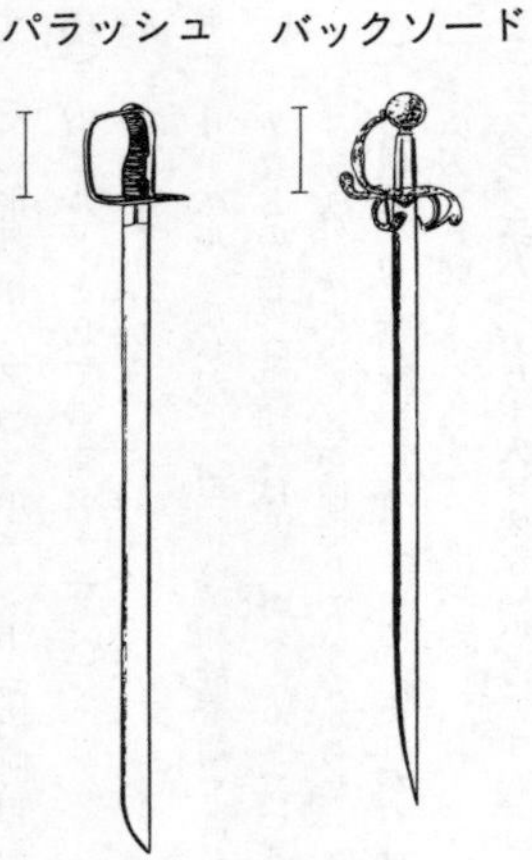

バックソードとパラッシュ

歴史と詳細

バックソードは軍事用重剣として知られ、サーベルのように鋭い切刃をもち、その切先は槍状に鋭く尖ったもので、とくに十七世紀から使われるようになった騎兵専用の刀剣です。片刃で切刃も備えていますが、切先の点から考えても断ち切り戦闘には向かず、刺突戦闘にのみ用いられました。細長い血溝と、まっすぐな棟、貝殻状か丸籠状のヒルトをもっていることがとくに目につきます。これには、同様の用途で使われたパラッシュと呼ぶドイツの刀剣があります。

パラッシュは十七世紀における騎兵用の広刃の直刀で、その語源はトルコ語の〝真直な〟を意味する〝パラー（pala）〟に由来します（パラッシュはドイツ語です）。バックソードを一回り大きくしたといったところですが、ヒルトは十字型をしたシンプルな形状です。東欧で広く用いられ、ポーランドでは「パラーズ（palasz）」、ハンガリーにおいては「パロッス（pallos）」と呼ばれています。とくにポーランドの重騎兵は、刺突用にこのパラッシュ（パラーズ）を馬の鞍に下げ、自身も腰に剣身の曲がったサーベルを下げていました。これは、彼らがサーベルとパラッシュを用途別に使い分けていた証拠ともいえます。

パラッシュは十七世紀から、今日にかけていまだ存在する刀剣で、その長い歴史の中ではさまざまな様式のものが生まれています。たとえば籠状ヒルトを付けたパラッシュは

「スラトッゲル（schlager）」と呼ばれ、パラッシュよりもさらに大型の重量剣として知られています。

❖エピソード〈刺突用刀剣のデビュー戦〉

十四世紀という年代は、そのほとんどの歳月が戦争に明け暮れたキナ臭い世紀でした。その結果、武器類の改革が進み、それまで戦場における花形だった騎兵たちの地位をぐらつかせる兆しが見えはじめていたのです。歩兵たちは騎兵から身を守るためパイク（第三章参照）を構え、騎士たちを地上に引きずり落とすためにハルベルト（第三章参照）を持ち、落ちてきた騎士たちを突き殺すため切先の尖った細くまっすぐな刀剣で待ち構えていました。またある者は鎧で身を固めた騎士たちを叩きのめすために両手剣を振り回すようになっていったのです。こうした変化の中で、もっとも目新しい武器として登場したのが刺突専用の刀剣でした。

では、それまで風変わりとされた刺突専用の刀剣がなぜ兵士たちの手に握られていったのでしょうか、それを知るには話を半世紀戻ることになります。

神聖ローマ帝国の大空位時代、多くの戦闘が起きましたが、そのなかで一二六六年のベネヴェントの戦いにおける勝者アンジュー伯シャルル（フランス王ルイ九世の末弟）につ

いての記録の中に、この戦いについての勝因として、

「たとえ大きな両手で使える切断用の剣でもドイツの騎兵を打ち負かすことはできないが、パイクであれば彼らを撃退することができる。さらに、鎧で重装した騎士には切先の尖った細身の剣が非常に有効であるようだ。彼らは、我々が使う短く細い剣より、大きな刀剣を持っていたのに、それを有効に使えなかった。」

という記述があります。これが刺突用刀剣のデビュー戦だったようです。

ポーランドの重騎兵「ウイングド・ユサール」

そして、これ以降、刺突用の刀剣について語られることが多くなっていきます。でも、そうした記録よりも、それより三十年経った、あるイタリア貴族の証言のほうが衝撃的だったといえるでしょう。彼は、イタリア戦争において自軍の兵士が用いた刀剣について次のような報告を書き残しているのです。

「刺突用の刀剣はチェイン・メイル・アーマーを着た兵士を攻撃する際に有用といえよう。なぜなら、そうした鎧を着た者にいくら切りつけても大した被害を与えることができないが、刺突用の剣は、チェイン・メイル・アーマーを貫通して見た目はさしたる傷ではないが、深々と突き刺されば致命傷となるのだ。」

こうした、意見からも考えると、チェイン・メイルなどのメイル状の鎧が流行している十三〜十四世紀においては、鎧を貫通することができる刺突用刀剣が、戦場において戦果をあげていたことをうかがうことができます。

＊一　ウイングド・ユサール　ユサール（Hussars）とはハンガリーを起源とする騎兵種です。ウイングド・ユサールは、その名の通り、背中に二本の羽根飾りをつけていたことから一般的な通り名としてこう呼ばれています。本来はコムラーデ（Comrade）と呼ばれます。

ハンガーとカットラス（Hanger）（Cutlass）

威力 切断★★★（＋★） 突き★ 体力 ★★ 練度 ★★★ 価格 ★★（＋★★）
知名度 ★★★

外見

サーベル（別項）は基本的に騎兵が用いた刀剣ですが、それと同じ形態をして、とくに断ち切り用に用いられた、歩兵用の刀剣をハンガーといいました。

ハンガーはとくに狩りなどに用いられた刀剣で、軍用というよりは、一般市民が用いたものです。その用途も戦闘よりは、日常的な役割に向いていたと考えられます。特長は、その切先にあります。だいたい刃先が両刃になっていて、それは刀身全体の三分の一を占めていました。これを刀剣専門用語では「疑似刃」と呼んでいます。

カットラスは、ハンガーと同じような経路で、おもに船乗りたちに使われた刀剣です。ですから、両者のちがいはそれほど大きくなく、存在価値からすればまったく同様のものであり、本書でたびたび、引合いにだしているサクス（第二章参照）に近いものと考えられます。ハンガーの全長は五十〜七十センチメートル、重量は一・二〜一・五キログラムで、カットラスの全長は五十〜六十センチメートル、重量は一・二〜一・四キログラムです。

✣歴史と詳細

ハンガーの語源はアラビア語の〝ナイフ〟にあたる言葉である〝ハンジャー(khanjar)〟に由来します。だいたい十六世紀頃から用いられ、十七~十八世紀にはナックル・ガードやキヨンを有するものが見られます。ハンガーなどの刀剣の特長でもある疑似刃は、サーベル類に見られたものと同様の役割をもっています。つまり、刺突戦法を行うために考えだされたものであるわけです。ハンガーとサーベル類のちがいは身幅が広いことで、これは騎兵が用いなかったことからも自然の成行きといえます。

ハンガーが軍用に使われたのはドイツとロシアにおいてで、それは十八~十九世紀中頃のことでした。ハンガーはドイツ

カットラス

においては「ドゥサック（dusack）」、ロシアでは「テサック（tessak）」と呼ばれていました。これらは、マスケット銃や銃剣を使えなくなった場合における二次的な武器として、全員がショルダーベルトに下げていました。そして、その使い勝手から段々と短くなり、最終的には短剣の部類として知られるようになります。

初期のハンガーと同じ形状をした刀剣として知られるものに、カットラスがあります。これは十八～十九世紀に船乗りが用いた刀剣で、ハンガーとはなんらちがいはありません。カットラスは十五世紀頃からその原型を見ることができるといわれていますが、それはちょうど、ブロード・ソード（別項）と重なる部分があるため、実際にそれほど古くから用いられていたとはいえないでしょう。

ハンガーは断ち切ることを目的とした刀剣ですが、ときには混戦で用いられたため刺突することもあり、そのため疑似刃を有するものも多く見ることができます。また、棟がノコギリ状になっているものもありました。カットラスもハンガー同様、断ち切ることをおもな使用法としており、船上で用いられたためか早期から短いものが見られます。しかし、身幅は広く激しい打ち込みにも十分耐えうるものでした。

ハンティング・ソード(Hunting Sword)

威力 切断★ 突き★★★ 体力 ★★ 練度 ★★ 価格 ★★(+★★★)
知名度 ★★

外見

ハンティング・ソードは狩猟用に貴族が用いた刀剣で、馬上から猪などの獣を突き刺すときに用いました。その特長は、切先が槍の矛先のようになっていることで、この形状からも、刺突専用の刀剣であることは明らかです。また、獣などに力まかせに突き刺したり、引き抜いたりしなければならないために、両手でも握れるよう柄がバスタード・ソー

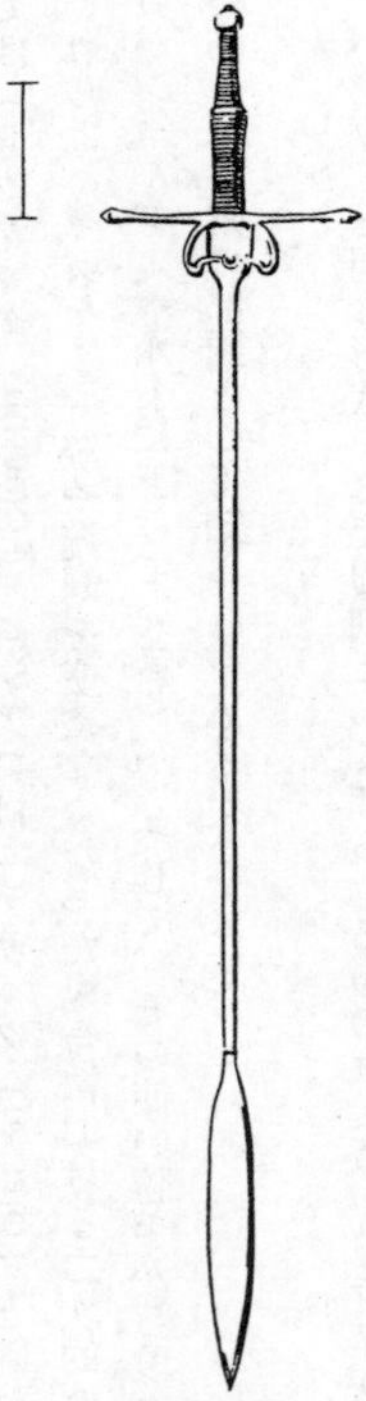

ボアソード

ド（別項）のように長くなっています。また、引き抜けなくなった場合のため、剣身は中間部分で分割できるようになっているものもありました。全長は一メートル前後、重量は一・六キログラムぐらいです。

歴史と詳細

図に示したハンティング・ソードは、別名として「ボアソード（boarsword）」、または、「ボア・スピアー・ソード（boar spear sword）」と呼ばれました。これはその形状が猪の牙に似ていたからです。十六世紀中頃にドイツで用いられ、しばしば、貴族たちの狩猟のともとして活躍しましたが、銃の発達と普及によってこのような刀剣で獣を突き刺すようなことはなくなっていきました。

ハンティング・ソードの使い方はしごく簡単なもので、相手を突き刺すことのみに用いています。しかし、柄は刀剣のようであったとしても、切先を下に向けて突き刺すことが多く、短剣のように逆手で握り、馬上から突き刺したりしました。

シャムシール(Shamshir)

威力　切断★★（＋★★）　体力★★（＋★★）　練度★★（＋★★）

価格★★（＋★★★）　知名度★★★★

外見

シャムシールとは日本語で〝三日月刀〟などと呼ばれるペルシアの湾刀です。ペルシアのもっとも代表的な刀剣のひとつで、西洋におけるサーベル（別項）の起源となった刀剣としても知られています。その特長は、ゆるやかに湾曲した刀身と、柄が刀身とは逆の方向に湾曲していることで、これは非常に切り合いに適した刀剣であるといえます。

全長は〇・八〜〇・九メートルで、大きいものでは一メートルを超えるものもあります。また、波刃状のものもあり、刃渡りは七十五〜九十センチメートルもあります。重量は一・五〜二キログラムで、ブロード・ソードと同様に、見た目の長さよりも重い刀剣であることがわかります。

歴史と詳細

シャムシールはラテン語で〝シミテラ（simiterra）〟、フランス語で〝シメテレー（cimeterre）〟、英語では〝シミター（scimitar）〟となりますが、原語であるペルシア語の意味は〝ライオンの尻尾〟というもので、そのシルエットはしばしば、イスラム圏の旗章として用いられています。これは、その名前が百獣の王ライオンの尻尾であり、実際にそれに似せて作られたという点から、王族をあらわすシンボルとして使われたのでしょう。

シャムシールはペルシアにおける刀剣の使いやすさの考慮から発展し誕生したもので、使い勝手を優先させた刀剣なのです。そもそも、シャムシールがなかった頃のペルシアの

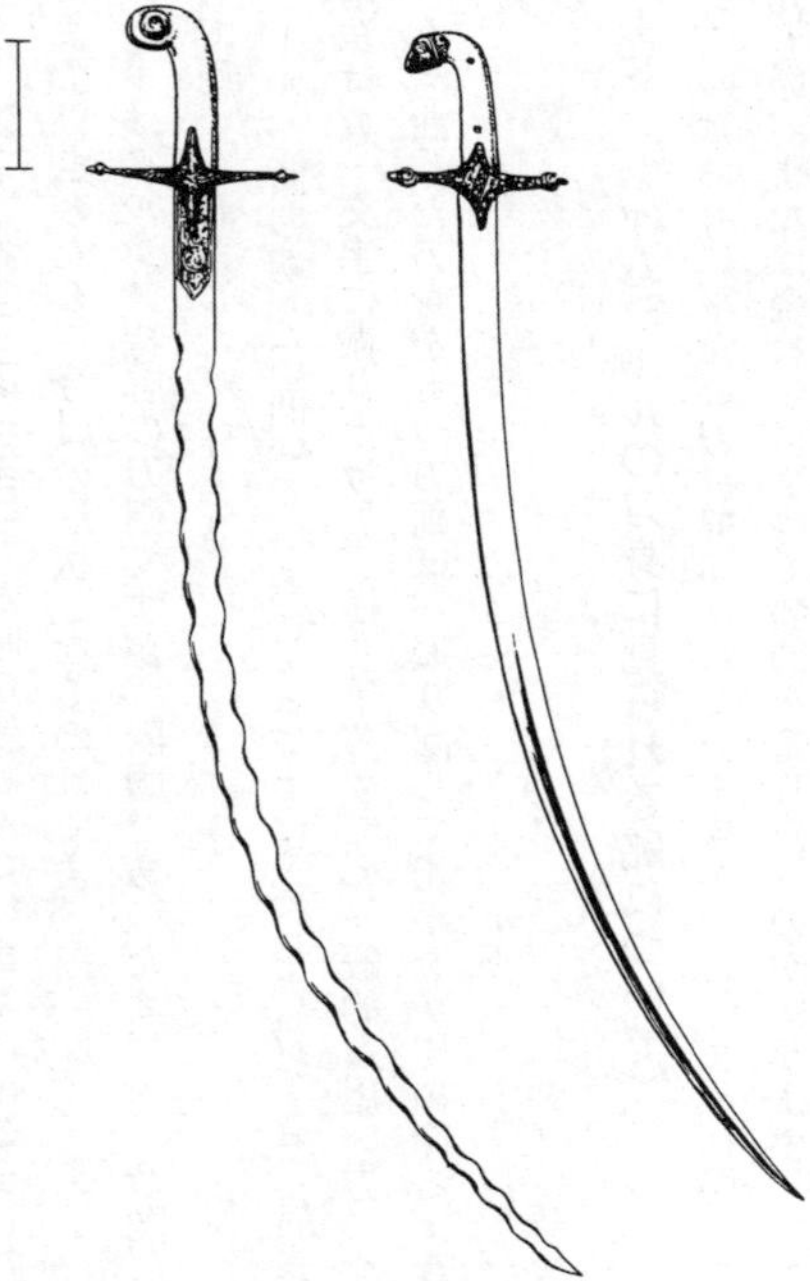

シャムシール

刀剣は、刀身がまっすぐにできており、現在のものとはかけ離れていました。しかし、彼らがおもに行う刀剣の使い方は、振り下ろして断ち切るものだったため、次第に形状が変化していき、現在の形状にまで発展しました。その形状は柄が小指に向かってゆるやかなカーブを描き、切刃側に湾曲しているもので、その先端は丸まって直角に突きでています。この変化についてはさながら日本の蕨手刀と同様のことを見いだすことができます。これを、「ライオンの頭（lion's head）」と呼び親しんでいました。こうした柄の変化は次第に刀身にまでいきわたり、今日の形状となるわけです。

シャムシールはペルシア特有の刀剣ですが、隣国であったオスマン帝国においても「キリジ」[*]の名で用いられました。

シャムシールが断ち切りに向いていることはここまでにあげてきた特長からも明らかで、その用法は真一文字に振り上げて、振り下ろすごく一般的な用い方ですが、シャムシールのような湾曲した刀身をもつ刀剣は、振り回して相手をかすめ切るような用法にも適しています。

❖エピソード〈シャムシールの刀身に見られる銘について〉

シャムシールはおもに平たい刀身で知られていますが、ごくまれに樋（フレール）や銘が刻まれたもの、または金などによって装飾を施したものがあります。シャムシールに刻まれた銘は初期においては、刀剣鍛冶師の名前がおもです。シャー・アッバースI世[*二]の時期よりアラーの神に祈願するものが多く見られるようになります。これはイスラム世界の刀剣ですからしごく当然といえるでしょう。そして、後期には金星をあらわす「バー、ダール、ハー、ワーウ（ba, dal, ha, waw）」という文字が刻まれるようになりました。それは金星は力と勇気をもたらし、精神的な苦痛から守ってくれる意味があるからです。

＊一　キリジ（kilij）　キリジはトルコ語の剣を意味する〝キリク（kilic）〟をその名の由来とする湾刀で、その形状はシャムシールと類似したものですが、なかには疑似刃をもったものもありました。

＊二　シャー・アッバースI世（Shah Abbas Ⅰ：一五七一〜一六二九）　イランのサファービー朝第五代の王で、同王朝の中興の英主とうたわれた人物。在位は一五八八〜一六二九年でした。彼は王直属の常備軍を創設し、オスマン帝国を破ってその版図を広げ、さらにヨーロッパの国々と外交、通商関係を築きました。

カラベラ (Karabela)

威力 切断★★★（＋★） 体力 ★★ 練度 ★★★ 価格 ★★（＋★★）
知名度 ★★★

外見

カラベラはトルコの湾刀として知られ、その特長は、さながら、鷲の頭部を横から見たように湾曲した握りにあります。湾刀のバリエーションのひとつとしてあげられるもので、のちに紹介するタルワーの伝統を受け継ぎ、より使いやすさを追求して発展した刀剣

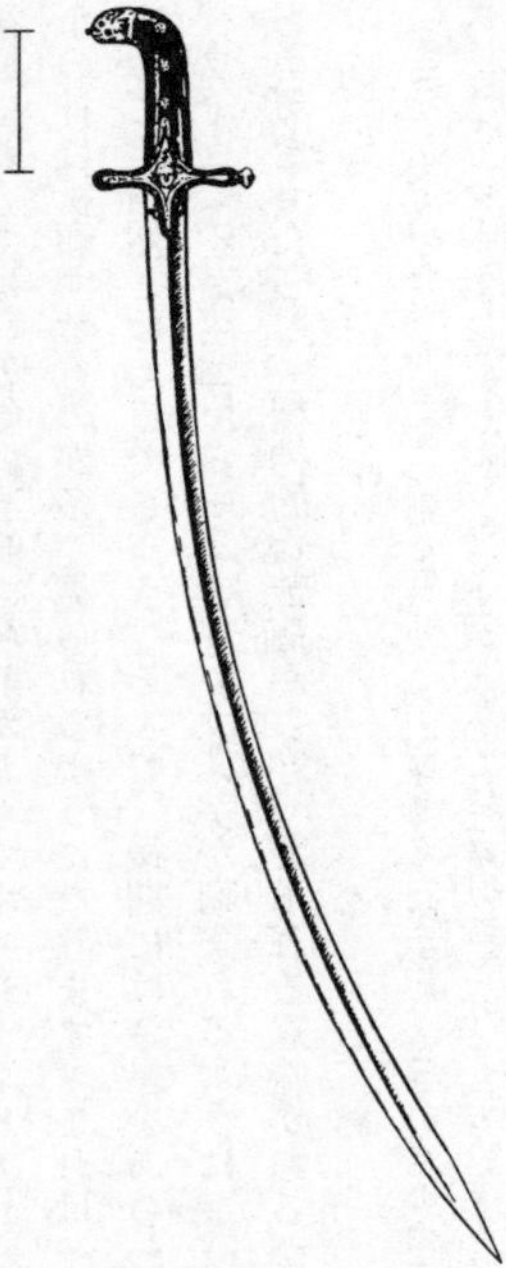

カラベラ

のひとつとなります。

全長は、〇・九～一メートルで、身幅は二～三センチメートル前後、重量〇・八～一キログラムと、湾刀のなかでは比較的重い刀剣です。

歴史と詳細

カラベラは、十七世紀にオスマン・トルコの兵士が用いた刀剣で、インド、ペルシアから影響を受け、こんどは逆に東欧諸国や、北アフリカに影響を与えた刀剣として知られています。湾刀のひとつの形式としてその地位を築いた理由は湾曲した柄にあって、手に馴染みやすいよう考慮された形状は、シャムシールなどにも見られる特長です。カラベラには、二つの顔があって、戦闘に用いられた武器本来の使命を果たしたものと、儀礼用に装飾されてヨーロッパで流行した、美術的価値の高いものがあります。

カラベラは、とくにポーランドに持ち込まれてからさまざまな変化を遂げ、十九世紀になってもポーランドの代表的な武器のひとつとして知られました。いわゆるナポレオン時代のヨーロッパにおいて騎兵たちが腰に下げていたのです。

タルワー(Talwar)

威力 切断★★　体力 ★　練度 ★★　価格 ★★　知名度 ★★★

外見

タルワーは十六世紀にインドで生まれたサーベルの一種で、片刃の湾刀として知られています。柄は十字型のキヨンを有し、ナックル・ガードを備えています。貴族や王族が用いたものは、刀身に象眼が施され、動物のレリーフなどが見られますが、その使いやすさのためか階級に関係なく各階層に広くいきわたって愛用されていました。

握りの中央部分は、膨らんでいて、握りやすくなっています。ポメルは、皿状になった独特のもので、これは、インドの刀剣類独特の特長にもなっています。ときおり、ポメルには、ライオンの頭をあしらった飾り風の物になっているのを多く見ることができます。皿状のポメルは、別項で紹介している直身の刀剣フィランギにも見られますから、その形状は、一種の流行的なものと考えられます。また、キヨンと握りは一体化したもので、そうした形式を「パンジャブ様式」とも呼んでいます。

全長は、〇・七～一メートルの間に収まる程度で、身幅は二センチメートル程度です。重量は一・四～一・八キログラムと軽量なものです。

歴史と詳細

インドで十六世紀中頃に誕生した刀剣で、ムガール帝国から、トルコ、ペルシア、モンゴルなどにも広まりました。有名な「ウーツ鋼」[*一]で作られ、そのために有名になった刀剣であり、なおかつ湾刀の祖型をなしたともいわれる刀剣です。

カーブした刀身は、モンゴル風とも呼ばれることがありますが、湾曲の度合が大きいタルワーは「テグハ（tegha）」と呼ばれ蔑視されていました。十七世紀になると極端に湾曲したタルワーは、インドとペルシアでしか見られないようになります。インドとペルシア

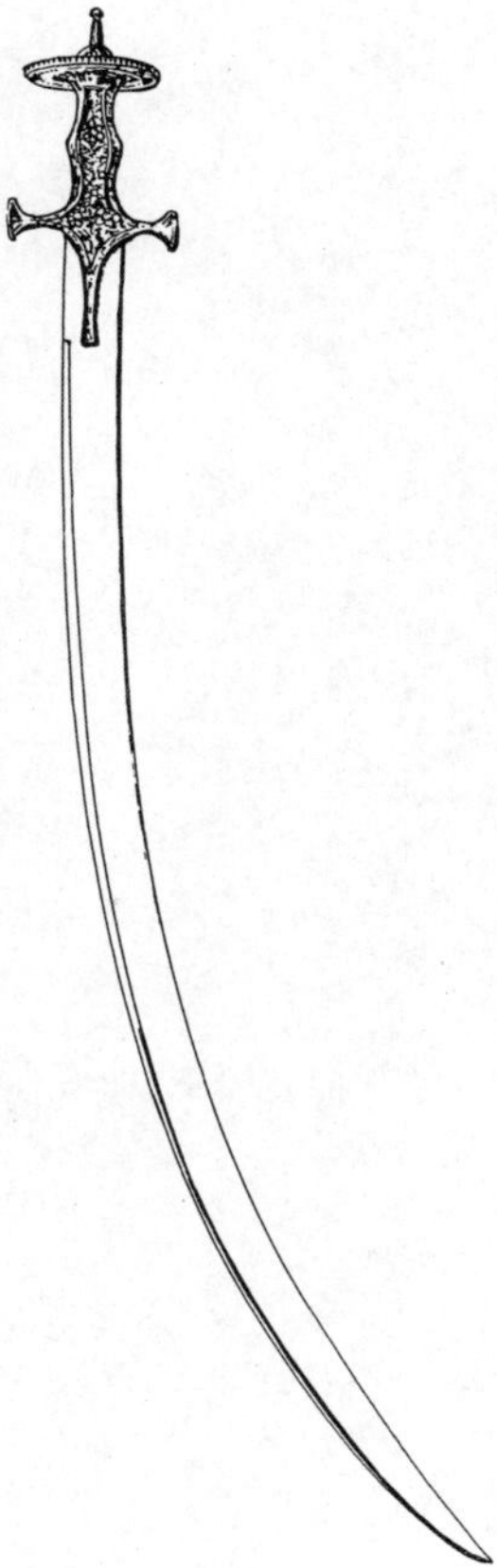

タルワー

の刀身のちがいは、インド風の刀身には、刃根元部分に刃先がないことで、いわゆるトゥ・ハンド・ソード（別項）のようなリカッソを備えている点です。

タルワーはヨーロッパにもたらされ、いろいろな影響を与えたことでも知られていますが、その湾曲した刀身は斬撃に用いられ、相手をかすめ切るような方法で用いられました。しかし、インドからほかの国へもたらされたタルワーの中には、切先が鋭くまっすぐに尖り、相手を突き刺すこともできるように改良されたものもありました。

＊一　ウーツ鋼（wootz）　インドで作られた刃物用の鉄鋼で、ダマスクス鋼とも呼ばれています。

パタ (Pata)

威力 切断★★★ 突き★★★★ 体力 ★★★ 練度 ★★★★★
価格 ★★★（＋★★） 知名度 ★★

外見

パタはインドの刀剣で、この剣特有のゴントレット（こて：gauntlet）状柄を有した一風変わった刀剣として知られ、両刃で、断ち切りや刺突に用いることができます。しかし、これを十分に使いこなすことは至難の技であるといわれています。

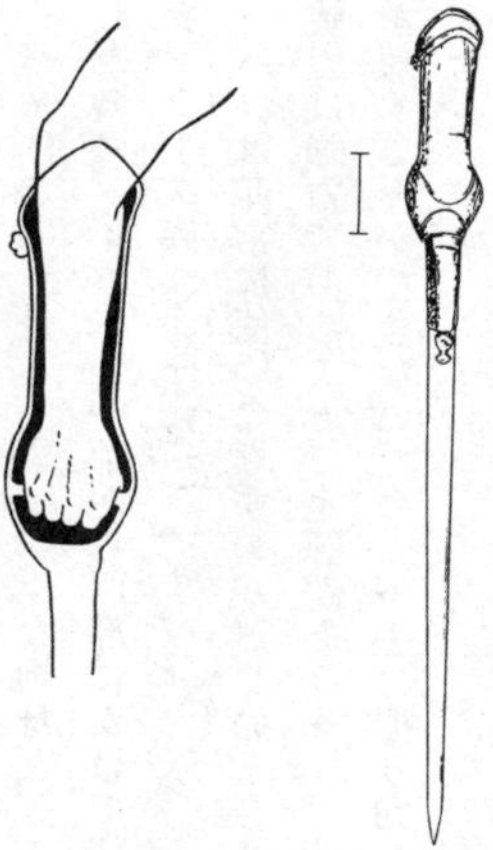

パタ

ゴントレットの表面にはときおり、象眼されたものがあって、そのモチーフは虎や獅子、そして鹿などが見られ、刃根元には装飾として飾り鋲（プラック）があります。全長は一・〇～一・二メートル、刃渡り七十～九十センチメートル、重量は二・一～二・五キログラムあります。

❖歴史と詳細

パタはとても長くてまっすぐな剣身と、こて状柄をもった独創的な刀剣で、これを創造したのは、インドの中部から西部にかけて住むヒンズー族の一支族であり、非常に好戦的なマラータ族（mahratta）です。

パタは非常に使いこなすのが難しいとされている武器のひとつで、その分、この武器の威力は強力であることで定評があります。使い方が難しいといわれる理由は、簡単にこれを離すことができないため、下手に振り回して攻撃に失敗すると自分の腕を痛めることにもなるのです。

ゴントレット状になっている柄の先端に直接剣身を止めてあり、このゴントレットには、手のひらが納まる部分に剣身と垂直な金属製ロープが張ってあって、それを握り締めるようにして操作します。

コラ (Kola)

威力 切断★★★　体力 ★★　練度 ★★　価格 ★★　知名度 ★★

外見

コラは異常に発達した切先が目につく刀剣で、湾曲した内側に鋭い切刃を有しています。この、片刃で威力のある刀剣は、インドのグルカ族が用いたものです。特長は図を見ていただければおわかりになると思いますが、そのユニークな形状と金属製の柄にあります。

切先の棟に近い部分に見える文様は、ブッダをあらわすもので、ときおり、棟部分をなぞるように樋が走っているものがあります。金属製の柄は円筒状の握りを二つの円盤で挟んだような質素なものですが、これは一体成形で作られた真ちゅう製で、この二つの円盤はガー

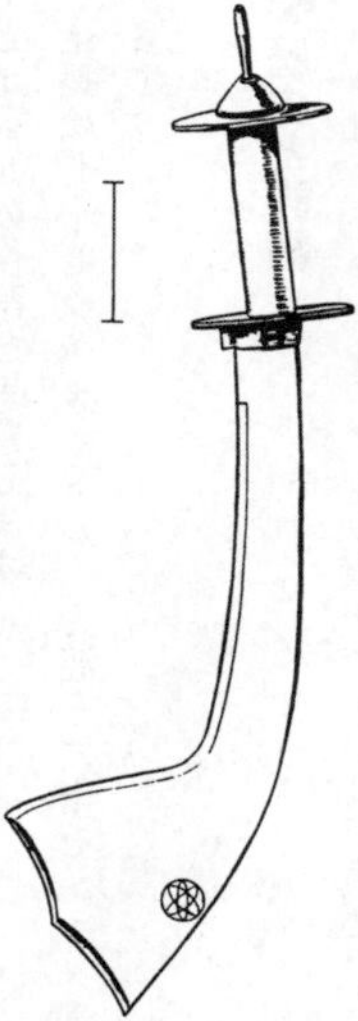

コラ

ドとポメルの役割を果たします。

全長は七十センチメートル、刃渡り六十センチメートルで、重量は一・四キログラムあります。

❖歴史と詳細

コラは、ネパールのグルカ族が九～十世紀頃に生みだしたもので、コピスの末えいと目されています。異常に発達した切先は振り下ろす際に反動を付けるための考慮であり、その威力は並外れたものでした。切先の二つのカーブにも切刃があり、さながら斧のような威力を発揮するように見えますが、突起があるだけのものもあるため、そのような目的があったとは考えられません。

コラのような刀身を持った刀剣の鞘は基本的に二種類のものがあり、まず、スリッパ状の皮製で先端に合わせた大きさの鞘が主流です。もうひとつのタイプはボタンでベルトに止めるものでしかありません。

第二章 短剣類

短剣の構造

「短剣（dagger）」の構造は、西洋における刀剣の発展とともに、その形状を変えていきます。短剣の形状変化がはじまるのは、人類が武器として短剣類を用いた十世紀以降のことです。しかし、その変化は一種の流行にすぎず、柄（ヒルト：hilt）と剣身（ブレイド：blade）からなる基本的な構成は現在に至るまで変わりません。「パリーイング・ダガー（二百四十六ページ）」などに見られるような、敵の攻撃をかわすための工夫を除けば、突き刺すことのみに重点がおかれ、剣身の種類の増加しか際だったことはないのです。

そこで、ここでは短剣の特長となるこの剣身についてだけを説明しています。短剣の各部名称については、刀剣のそれと同様と考えて間違いはないでしょうから、第一章の「刀剣の構造」でされている説明を参照してください。

各種剣身の形状と断面図

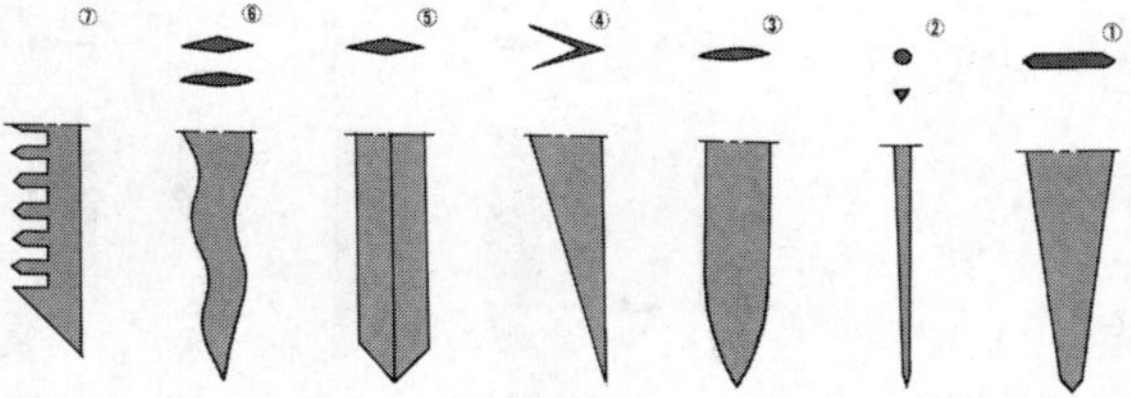

①広刃平形タイプ
金属がまだ十分な硬さをもたなかった時代の形状として知られるものですが、中にはイタリアで見られた「チンクエデア（二百二十二ページ）」のように硬度と関係ないものもあります。

②棒状タイプ
刺突することのみを前提としたもので、逆手に持って振り下ろすことによってその効果が発揮されるタイプでもあります。また、騎士全盛の時代には、鎧の隙間をぬってとどめを刺すことにも用いられました。

③直身平形タイプ
短剣の基本的な刃形のひとつ。両刃で、まっすぐな剣身です。

④直身アングルタイプ
突き刺すことを目的とし、刃をアングル状に折り曲げて強度をましたもの。

⑤断面ひし形タイプ
刃先を備えた短剣に見られる刃形で、両刃です。直身平形タイプ同様、これもまた短剣の剣身の基本的なタイプのひとつ。

⑥波刃タイプ
非対称に作られた剣身で、有名なものにマレーシアの短剣「クリス（二百三十八ページ）」があります。フランベルジェ（第一章参照）のようなフランボワヤン様式ではなく、マレーシア独得の形式です。

⑦櫛状刃形タイプ
あまり一般的ではなく、おもに敵の刀剣をこの櫛《くし》にからめて折ることを目的としています。

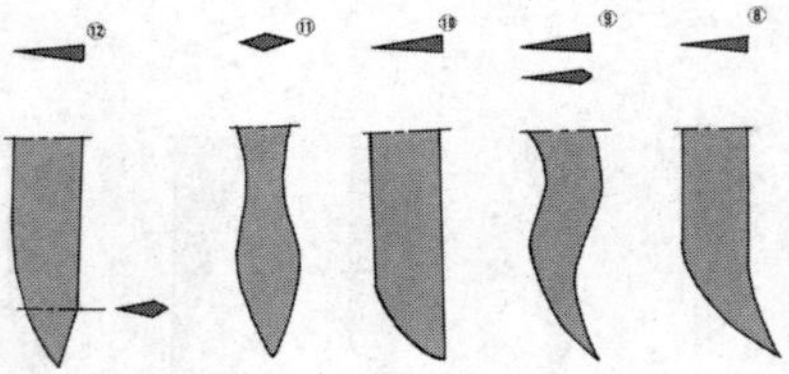

⑧アラビア形湾曲タイプ

中近東に見られる単純な湾曲形式で、「ジャンビーヤ（二百三十二ページ）」を代表するもので、両刃に作られています。

⑨S字状湾曲タイプ

ペルシア、インドを代表する刃形として知られています。

⑩片刃状平形

ゲルマン系の古刀である、「サクス（二百五十四ページ）」を代表する刃形。非常にシンプルな形状でもあります。

⑪葉状平形タイプ

この種の刃形も古くから存在し、やはり基本的な刃形のひとつです。非常に殺傷率が高い刃形としても知られています。

⑫ナイフ状片刃タイプ

片刃ですが、先端部分が疑似刃状になっており、今日ではノコギリ状の刃があるものもあります。

短剣とは

短剣について述べる前に、本書では短剣とはどのようなものを指すかを定義し、あらためて短剣に含まれる範囲を規定したいと思います。

文字どおりに述べれば、「短剣」は短い剣にしか解されませんが、これは、あくまでも日本語における問題です。英語で短剣をあらわす〝ダガー（dagger）〟という言葉には、〝短い剣〟という意味はありません。では、いったい、ダガーとはどんなものなのでしょうか？　ダガーと呼ばれだす以前の時代からみてみましょう。

「ダガー」と呼ばれる以前の存在意義

ダガーという言葉が生まれる十世紀以前の短剣、または原始における短剣は、ただ単に「長さ」によってその仲間が規定され、用法を度外視されていました。またその存在意義も、現在とは大きくちがいます。

金属、とくに鉄や銅が貴重だった時代の短剣は、その希少価値ゆえに貴族などの富裕階級だけが所持できるものでした。そのため権威の象徴として存在していました。ところが長い刀剣の誕生によって、懐《ふところ》に隠し持てる武器であることが着目され、隠し持てない武器である刀剣類に自然とその名誉ある地位を剥奪されていきます。いいかえるなら、短剣が権威の象徴であったと考えられる新石器時代から青銅器時代には、機能から生じるべき短剣の本来的な存在意義は考えられないのです。逆に、ダガーという言葉が登場するまでの世界では、その機能的な面も定まっていたとは考えがたいわけです。

では、まずダガーの語源から考察してみましょう。

❖「ダガー」の語源

そもそも、短剣という英語、〝ダガー（dagger）〟は中世英語の時代（一〇五〇〜一四五〇）から現在に至るまでの短剣の総称として使われている言葉ですが、その語源は古フランス語の〝ダグ（dague）〟に由来し、中世ラテン語の〝ダグア（dagua）〟、そしてラテン語の〝ダカエネシス（DACAENSIS）〟にさかのぼることができます。

〝ダカエネシス（DACAENSIS）〟の〝ダカ（DACA）〟とはダキアのことで、〝エネシス（ENSIS）〟とは〝…人の〟という意味です。このことから、ダガーとはダキア人の刀剣という意味があると考えられます。

そのほかダガーの起源が何であるかについては、まだいくつか考えられます。そのなかでもアラビア語を起源とする説もあります。これは、フランス語でダガーを意味する〝ダグエ（dague）〟をもとに考えられることです。このフランス語の起源は、スペイン語の〝ダガ（daga）〟であり、そのまた起源はアラビア語なのです。しかし、これについては、そうであるらしい、ということでしかないため、本書では、先のダキア人が使った刀剣ということから、ダガーの起源について裏付けを考えてみました。

「ダキア人の剣」

ダキア人はドナウ河北岸の湾曲地帯に居住した民族で、紀元前四世紀にケルト人の侵入によって鉄器文明に目覚めた一族でした。ケルト人がハルシュタット文明の担い手としてダキア人にその文化を伝えたと考えると、ダキア人の刀剣はケルト人のそれに近いものであったと考えられます。しかしこうした短剣は、多く遺物を残したケルト人の方がダキア人以上に有名ですから、わざわざダキア人の名をつける必要はないと思えます。

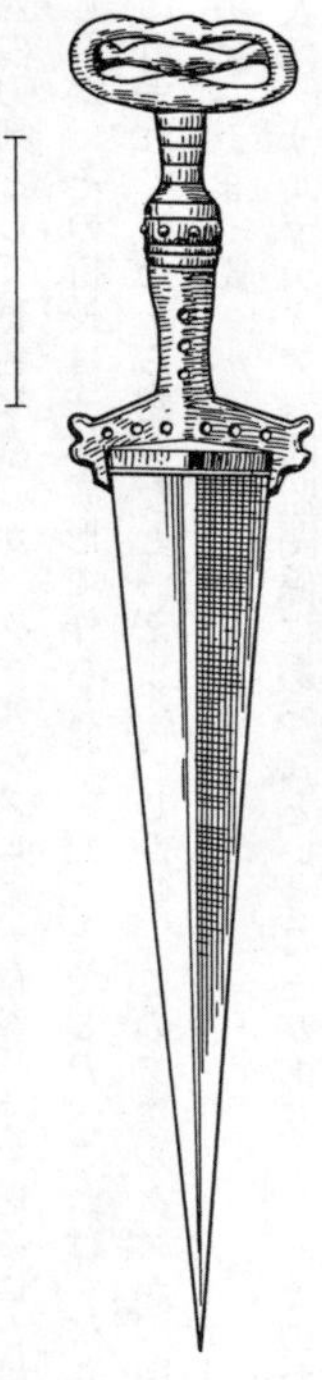

典型的なハルシュタット文明の短剣

ダキア人の刀剣として有名なものが、ファルクス（第一章参照）であることは前の章でも述べましたが、その特長は一体成形で作られていたことでした。これは、彼らが豊富な鉱山資源に恵まれていたからだったといえます。しかし、このファルクスが、短剣につながるとは考えられません。

ダキア人は、サルマティア*一と同盟関係にあったということがあります。そのため、彼らの優れた武器を受け継いでいたとも考えられます。つまり、サルマティア式と呼ばれる、まっすぐで、長短さまざまな種類の刀剣が彼らの間にも存在していたというわけです。

サルマティア式の刀剣類は、身幅が均一で、尖り、刃厚は薄く軽量化されたものでした。このことから、この種の刀剣類は刺突に向いた刀剣であったことが推察できます。また、これは、中世英語におけるダガーのイメージ、つまり「短くて刃先を備え、鋭く尖った切先で相手を突き刺すもの」ということにつながります。

サルマティア式刀剣

ダキア人はさまざまな国と古くから交易していましたが、彼らをもっとも恐れていたのはローマ人であり、そのことはローマが再三にわたりダキアへ侵攻を行ったことからもうかがえます。ドミティアヌス帝[*二]が西暦八六～八九年に行ったダキア遠征は失敗しましたが、トラヤヌス帝[*三]による二度の遠征の結果、ついにダキアを征服しました。トラヤヌス帝は一度目の遠征の失敗から、まず彼らの武器を研究し、おもにファルクスに対して自軍兵士の装備を整えたのです。おそらくこのときの研究と征服によって、「ダキア人の刀剣」という言葉が登場し、世界帝国を形成していったローマによって広まっていったのではないでしょうか。

＊一　サルマティア　ヴォルガ河流域の北カフカス周辺に居住したイラン語系の部族。野蛮な民族ではなく、文化的にも高い水準のものがあったといわれています。

＊二　ドミティアヌス帝（Titus Flavius Domitanus：西暦五一～九六）　ブリタニアおよびドナウ流域のダキア人を支配下においた。非常に厳格だったため、貴族たちから疎まれ、ついには暗殺されてしまいました。

＊三　トラヤヌス帝（Marcus Ulpius Trajanus：西暦五三～一一七）　ローマ帝国の歴史上、最大の版図を作りあげた皇帝です。彼は、西暦一〇一～一〇二年と西暦一〇五～一〇六年の二回に渡る遠征によってダキアを征服しました。

短剣の歴史
〈その形状と材料の歴史〉

❖長かった石器時代…日常道具として

人類がもっとも古くから用いていた武器である短剣は、日常に用いられる道具として登場したもので、石器時代を代表する遺物のひとつとしてあげられます。そもそもは、工具としての扱いで生まれたものですから、短く切刃を備えていました。

この頃、物品を作るために使用される短剣には大きく二種類がありました。一つは石材を石や骨、木などによって打ち欠いて作る打製石器、もう一つは砥石で石材を磨いて作る磨製石器です。人類がもっとも古くから用いていたのは打製石器で、磨製石器とはだいたい一万年の開きがあるといわれています。

短剣は打製で作られるものが多く、もっとも古い時代の打製石器の一種である「れき器（チョッパー、チョッピング・トゥール：choper, chopping tool）」が生まれたときより、その時代がはじまっているのです。

れき器とは、落ちている石片の中から形のよいもの（主観的な形なので統一性はありません）を選んでそれに切刃をつけた石器で、もっとも古くから作られたものとして知られ

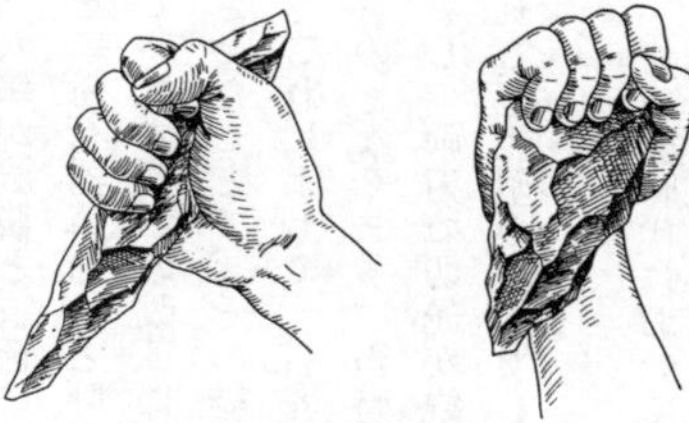

尖頭器と削器

ています。その用途はいまだはっきりとしていない点が多いのですが、植物の採集や動物類の解体などに利用される、生活に密着したものであったと思われています。一般的に片刃のものを「チョッパー・トゥール」、両刃を備えたものを「チョッピング・トゥール」と呼びます。れき器が使われていた最古の時代、人類はそれしか知らず、れき器が消滅するとともに、新しい時代の幕開けともなります。

ともあれ、中期旧石器時代（十万年前）、旧人であるネアンデルタール人の時代になると、「尖頭器」と「削器」と呼ばれる石器が誕生します。尖頭器とは、刺突に用いるための切先を備えたもので、削器とは切ることを主とした目的にする石器です。この、尖頭器こそが短剣の祖型であり、削器は石刀、つまり刀剣の祖先となるわけです。短剣としての祖型が次第に形作られていったこの時代を経て、やっと短剣らしいものが作りだされるには、これより六万年の歳月を必要としました。

後期旧石器時代に入って、やっと我々と同種である新人類が登場する四万年前、それまでの石器文化を引き継いで、人類はさまざまな形、材質の短剣を模索していきました。こうした石器が武器としての性格をもちはじめたのは、中石器時代を迎える紀元前八〇〇〇年頃においてです。理由は地球の温暖化によって、狩猟・漁労・採集を中心とした経済が誕生した結果だったといえます。

❖新石器時代と銅器誕生の時代…富と権力のシンボルへ

人類が農耕と牧畜によって今日の基盤を作りあげたのがこの時代でした。一般にはこれを「新石器革命」と呼び、近代における産業革命と同様の、技術および経済改革と目されています。この改革によって人類が成しえたことは、階級社会の成立と、都市文明を誕生させたことで、その結果、人々がそれぞれの専門業をもつようになったことです。

これによって、石器は次第に手の込んだ優れた形状となり、我々が見ても短剣と分かるものとなります。当時の短剣はだいたい、全長三十センチメートル程度で、木の葉状の形をし、両刃で切先が鋭く尖り、しばしば、棒状の木材に縛りつけて槍の穂先としても使われる万能型の短剣でした。

新石器時代において注目すべき点は、その後期において、いよいよ金属製、つまり「銅剣」が登場したことです。その結果、鋭い切れ味をもった短剣が登場します。しかし、金

新石器時代の短剣

属採取の方法が広く知られておらず、一般的に行えなかったことと、硬度が石材に及ばなかったことから、ただ単に貴重品として王族や貴族の間で用いられただけでした。つまり、まだ金属製の短剣は実用的な役割を与えられていなかったのです（正しくは役割をもちえる状態でなかったのでしょう）。

こうした事実は、文明が早くに起こったメソポタミアにおいて見られます。それぞれの地方の権力者たちは、その権力の象徴として金属製短剣を携帯しはじめましたが、彼らの持った短剣の長さは、十～二十センチメートルの長さしかなく、武器としては限界があるものでした。

青銅器の時代…隠し持つ武器

銅が容易に取りだせるようになると、人類は、硬度を増すための技術を考えだしました。そのなかで生まれた金属が青銅です。しかし、硬度を増すために考えだされた青銅が、武器としての実用的な短剣を生みだしたわけではありません。なぜならこの時代には、硬さに加え長くもある武器が武器の主流となっていったからです。また、斬撃を専門とした湾刀なども現れてきていました。

こうした刀剣の登場によって、武器としての意味をなくした短剣は、先の時代とはうって変わって、その必要性が薄れていきます。もちろん、儀礼用や日常の道具としての短剣はそのまま残されていましたが、それは、一般工具としてよく使われるか、神器として滅多に使われないかのどちらかだったのです。武器として使われるとすれば、もっぱら護身用であり、あるいは懐中に隠し持てる懐刀として、第三者を不当に傷つけるために用いられはじめたのです。そのために、短剣は権威を失い、代わって隠し持てない刀剣がその地位を受け継ぎます。

❖鉄の登場、そして中世暗黒時代へ…多目的用途をもつ武器

青銅を作るために必要な錫《すず》が、「海の民」などによって、交易路を絶たれてしまうと、人類は代用の金属を見つけだす必要に迫られることになりました。こうして登場するのが「鉄」なのです。

鉄が短剣の材料として使用されるようになっても、しばらくの間は鉄製である必要のない柄部分などには青銅が用いられていました。そして、製造方法が鋳造[*一]方式から鍛造[*二]方式へと転換するにつれて、タング（中子）をもった剣身が構造上の主流となっていきます。

利用法としては、青銅時代から武器としてよりも、もっと一般的な日常雑貨としての価値をもっていたために、武器と道具の両用がなされていきます。ローマ軍は、各兵士に短剣を装備させていましたが、それは軍事的な価値ばかりではなく、日常で使うものとしても使われていました。つまり、ローマ軍は今日の軍隊が携帯するような軍用ナイフの原点を作りだしたといえそうです。

西欧短剣史において、その後に登場するのが「サクス（二百五十四ページ）」やファルカタ（第一章参照）です。そのうちファルカタは、コピスやマカエラ（第一章参照）などを起源とした刀剣類として知られますが、その当初の目的には武器以外のことにもあったのです。日常雑貨が武器となる例は、さらに多くの国々で見ることができますから、そうした現象は、古くからあったものと考えられます。前者のサクスは北欧において発展したもので、とくに日常雑貨と武器の間に立っている短剣として、もっとも西欧文化に浸透した短剣だといえます。

中世からルネサンスにかけて…武器としての再生

中世暗黒時代にサクスが登場すると、短剣がもつ武器としての可能性が見直されはじめます。しかし、サクスを大型化してスクラマサクスを作るなど、長さ上の改良が加えられます。この時代には、すでに刀剣が兵士の主要な武器として一般的であったため、「長いもの」でしか武器の価値を認められなかったのです。

こうした考えが変わるのは、防具の発達と騎士の登場によってです。つまり、鎧《よろい》が発達したために、剣で切りつけたぐらいでは相手を倒せなくなり、打撃によって戦闘力を奪うようになります。そのため、戦闘によって瀕死の重傷を負った相手への慈悲として、とどめを刺す（文字どおり刺突する）ための短剣の常備化が起こります。これは、一種の流行ととれる点があったにしても、そのための短剣の改革は次第に広まっていったのです。

こうして、短剣本来の攻撃手段である刺突攻撃を重視した棒状剣身の短剣の登場によって、刺突力が増し、ちょっとした鎧なら貫通できるようになったのです。「ボロック・ナイフ（二百十三ページ）」や「キドニー・ダガー（二百十三ページ）」「ラウンデル・ダガー（二百五十二ページ）」がこの時代に登場したわけです。

一方、鎧の継ぎ目からとどめを刺す手段は、継ぎ目をめがけて攻撃する方法へと発展しました。これが、どの程度有効であったかはわかりません。なぜなら、火薬の登場と銃器の発達も次いではじまり、重装備の鎧が廃れはじめたからです。むしろ短剣は、防御的な手段に用いられることが多くなったといえます。それは、いち早く変化を遂げていくキヨンの形状がそのすべてを物語っています。これは、相手の一撃を受け止めやすいように、キヨンが長く伸びて切先に向かって湾曲していったのです。

鎧が廃れはじめた、西欧ルネサンスの時代以降には、軽量で細身の刺突用刀剣類、つまりレイピア（第一章参照）やスモールソード（第一章参照）が一般的な刀剣の地位を確保していきます。そして、フェンシングという概念が登場し、これが貴族たちの決闘手段として広まると、さまざまな流派が誕生しました。とくにイタリアやスペインにおける流派は、右手にソード、左手にダガーを持つといった剣術で、その近隣諸国にも採用されていきました。しかし、十七世紀中頃には廃れはじめ、せいぜいスペインや南イタリア、さらには新大陸などにおいてその名残を見ることができるだけとなりました。

近世以降の短剣類…軍用ナイフへ

十七世紀中頃から十八世紀にかけて、ヨーロッパ各国では、軍隊をひとつの外観に統一しはじめ、各兵士の衣類や武器などの装備品に規格が設けられると、刀剣類は、サーベルという東欧から伝来したものに様変わりをはじめます。

フランス王ルイ十四世が、はじめてサーベルを軍用刀剣として採用すると、それに準じて短剣もサーベル状の刀身をもった、片刃状のものが現れます。サーベルは、そもそもは騎兵の武器として使われていたのですが、歩兵も銃器に変わる二次的な武器としてサーベルを装備していました。しかし、さらに銃器の発展と、「バイオネット（銃剣：二百十九ページ）」の登場によって、歩兵の武器としてのサーベルは無用の長物と化していきます。同時に、サーベルのような大型のもの以外に、戦闘のみならず日常の作業用のものとして両立できる短剣を腰に装備するようになり、これが、軍用ナイフとして定着していったのです。

＊一　**鋳造方式**《ちゅうぞう》　鋳造とは、溶かした金属や合金を鋳型《いがた》に流し込み造形することをいいます。

＊二　**鍛造方式**《たんぞう》　鍛造とは、加熱させた金属をハンマーなどでたたき、強化するとともに造形することをいいます。

短剣類能力早見表

威力

短剣とナイフ類のなかでそれぞれを比較する目的で、この値を設けてあります。刀剣同様に、この★一つがもつ意味は、この章（つまり短剣類）のみに限って考えたもので、ほかの章での武器とは比較できません。短剣のみを比べる際に限り目安となります。もし刀剣類と威力を比べるとすれば、刀剣の評価は二倍にもなりますが、格闘時や、不意打ちなどによって短剣が有利となる状況も考えておく必要があります。

刃型

序文「短剣の構造」であげた十二種類の刃型のうちの、どれであるかを記しています。

用途

短剣には、相手を攻撃するだけでなく、刀剣と組み合わせておもに防御に用いたり、単なる儀礼用に持っていただけなど、攻撃する以外の別の用途があります。そこで、ここではそうした用途をあげてみました。また攻撃用のものには、おもな攻撃手段をあげてみました。

❖価格

刀剣同様、売買における価格の目安を記しました。刀剣と比較するとすれば、刀剣の約二分の一くらいとなるでしょう。

❖知名度

刀剣同様の基準で決められた値です。刀剣と同じ値として、比較できます。

❖長さと重量

刀剣同様、著者が求めた長さと重量を記しています。重量を求める際の条件は、刀剣と同じ値を使っています。

番号	名称	威力	刃型	用途 攻撃 斬撃	用途 攻撃 刺突	用途 攻撃 投擲	用途 防御	用途 一般	用途 儀礼	価格	知名度	全長（cm）	身幅（cm）	重量（kg）
①	アンテニー・ダガー (Antennae Dagger) リング・ダガー (Ring Dagger) 	★	直身平形	○	−	−	−	○	−	★★	★★	30	2	0.25
②	ボロック・ナイフ (Ballock Knife) 	★（+★）	直身平形 アングル形	−	○	−	−	−	○	★★	★★★★	30	2	0.3
③	バゼラード (Baselard or Basilard) 	★★（+★）	直身平形	○	○	−	−	○	−	★★	★★	30〜50	3〜4（広い部分）	0.4〜0.6
④	バイオネット (Bayonet) 	★★★	種類多数 多くが直身	−	○	−	○	−	−	★★★	★★★★	30〜40 最大60	1〜2（6〜10）	0.4
⑤	チンクエデア (Cinquedea) 	★★★★	広刃形	○	○	−	−	−	−	★★★（+★★）	★★★	40〜60	8〜10	0.6〜0.9
⑥	ダーク (Dirk) 	★（+★★）	ナイフ状片刃 直身平形	○	○	○	−	−	○	★★	★★（+★★）	15〜20	2	0.25〜0.4

番号	名称	威力	刃型	用途：攻撃：斬撃	用途：攻撃：刺突	用途：攻撃：投擲	用途：防御	用途：一般	用途：儀礼	価格	知名度	全長（cm）	身幅（cm）	重量（kg）
⑦	イアード・ダガー (Eared Dagger) 	★★（+★）	直身平形	—	○	—	—	—	—	★★★	★★★★	20〜30	1〜3	0.25〜0.4
⑧	ハンティング・ナイフ (Hunting Knife) ナイフ (Knife) 	★（+★）	片刃	○	○	—	—	○	—	★★（+★★）	★★★★★	30以下（ただし現用除く）	3以下	0.3以下
⑨	ジャンビーヤ (Jambiya) 	★★（+★）	アラビア形湾曲 S字形湾曲	○	○	—	—	—	○	★★（+★★★）	★★★★★	20〜30	4〜7	0.2〜0.3
⑩	カタール (Katar or Kutar) 	★★★★（+★）	広刃形 断面ひし形	—	○	—	○	—	—	★★★（+★?）	★★★★★	15〜70	2〜6	0.2〜0.5
⑪	クリス (Kris) 	★★（+★★★）	波刃 直身平形	○	—	—	—	—	○	★★（+★★★）	★★★★★	40〜60	2〜5	0.5〜0.7
⑫	ククリ (Kukri) 	★★（+★）	片刃状平形	○	—	○	—	—	○	★★（+★）	★★★★★	45〜50	3（狭部） 6（広部）	0.6

⑬		パリーイング・ダガー (Parrying Dagger)	★★(+★★)	直身平形 櫛状刃形 断面ひし形	○	○	—	○	—	—	★★(+★)	★★★★★	30～50	1～3	0.3～0.5
⑭		ポニャード・ダガー (Poniard Dagger)	★★(+★★)	棒状形	—	○	—	—	—	—	★★★	★★★	20～30	1以下	0.3
⑮		ラウンデル・ダガー (Roundel Dagger) ロンデル・ダガー (Rondel Dagger)	★★★	直身平形 アングル形	○	○	○	—	—	○	★★	★★★★	30	2	0.3
⑯		サクス (Sax) スクラマサクス (Scramsax)	★(+★★)	片刃状平形	— / ○	— / —	— / —	—	○	—	★★(+★★★)	★★★★	30～40 / 85～100	2～5	0.4～1.4
⑰		シカ (Sica) パスガノン (Phasganon)	★★★	直身平形 アングル形	○ / ○	— / ○	— / —	—	—	—	★★(+★★?)	★★★★	30	3	0.4
⑱		スティレット (Stiletto, Stylet)	★★(+★)	棒状	—	○	—	—	○	—	★★	★★★	30～40	1以下	0.4

アンテニー・ダガー／リング・ダガー (Antennae Dagger) (Ring Dagger)

威力 ★　刃型 直身平形　用途 攻撃（斬撃）、一般　価格 ★★　知名度 ★★

外見

「アンテニー」とは〝カタツムリの触覚〟を意味しています。これは、そのポメルの形状がまさにそのものであったからです。剣身は薄い平形で、片刃のものと両刃のものがあることから、武器としてよりも一般的な日常生活にも用いられたと考えられます。そして、アンテニー・ダガーには、その発展型といわれるリング・ダガーがあります。リングの名称は、紐を通す穴をつけたことからきています。これは、ダガーに紐をつけることに

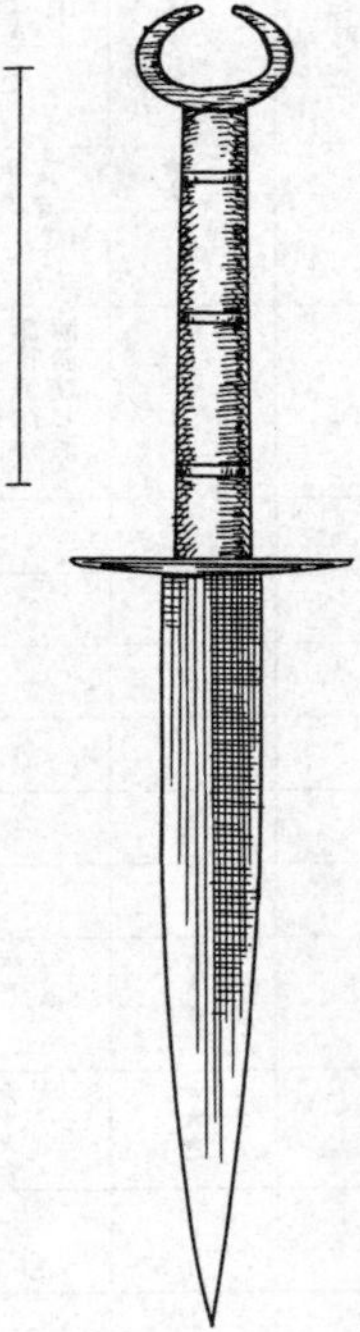

アンテニー・ダガー

よって、手放してもすぐに拾うことができるよう工夫されたものでした。

両者の全長は三十センチメートル程度、身幅は二センチメートル、重量は〇・二五キログラムといったところです。

歴史と詳細

アンテニー・ダガーは、十三世紀中頃から十四世紀までの間にもっとも一般的な短剣として西ヨーロッパで用いられたものです。その柄頭が、さながらカタツムリの触覚、または、完全に閉じていない輪のようになっていることから、〝アンテニー（触覚）〟という名で呼ばれました。

〝アンテナ〟という言葉はラテン語の〝輪〟を意味する〝アヌルス（ANULUS）〟に由来することから、輪状のポンメルという意味もあったようです。

両刃の剣身はやや緩やかにカーブした刃先で薄い刃厚をしています。また、片刃の物も存在することから、もっぱら切ることを目的に使われていたと考えられます。握りは細長く、比較的軽量の仕上がりになっています。ガードはまっすぐになった控え目なもので、実戦では飾り程度の役割しか果たせないでしょう。ポメルの形状は何かの象徴であったと考えられている以外、特別な役割はなかったようです。この短剣は、武器としてよりも、一般的に多目的な形で用いられたようで、ごくありふれた部類の物です。

一方、リング・ダガーの原型は、ラ・テーヌ文明よりその形が見られ、遠く中国にもポメルに輪穴のついた刀剣が存在しますが、その影響がどれだけ、中世に用いられたものに及んだかは定かでありません。そのため、一般的には、アンテニー・ダガーの発展した形として知られ、十四世紀の中葉から登場しています。しかし、その世紀の終わりにはもう姿を消していますので、寿命は短かったと考えられます。当時の戦士たちはこのダガーのために特別の鎖を作らせ、鎧につないでおきました。これは、戦闘の最中にダガーを落としてもすぐに拾えるように考えだされたものです。見方を変えるなら、それだけ戦闘が激しくなっていたことを語る証人ともいえるでしょう。

ボロック・ナイフ／キドニー・ダガー (Ballock Knife) (Kidney Dagger)

威力 ★（＋★） 刃型 直身平形、アングル形 用途 攻撃（刺突）、儀礼 価格 ★★
知名度 ★★★★

外見

ボロックとは〝こう丸〟のことで、この名の由来は、球状になった鍔《つば》のために、さながら男根のように見えることからです。中世においては、男子専用の短剣として騎士たちの間で用いられました。

おもに刺突用に用いられたため、直身で、切先の尖った短剣でした。また、剣身を強化し、刺突力を増すための工夫として、アングル形状の剣身をもったものもありました。全

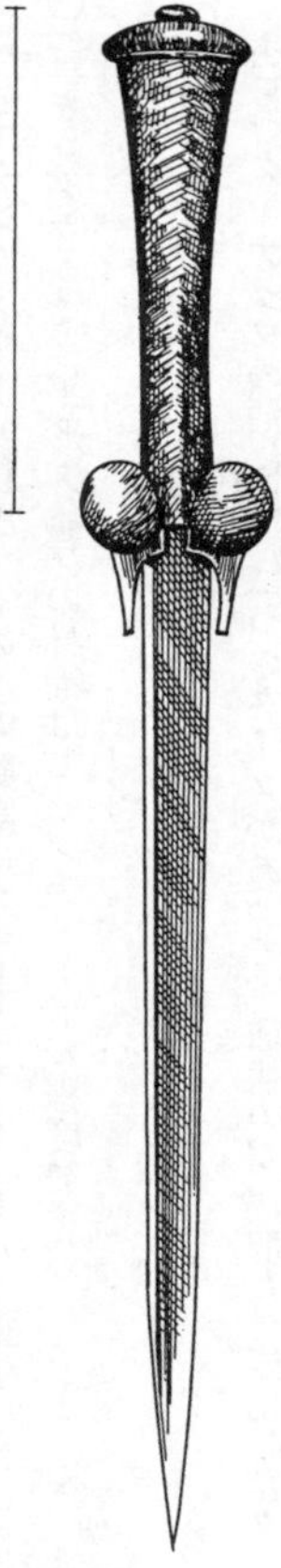

ボロック・ナイフ

長は三十センチメートル程度、そのうち剣身は二十センチメートル、重量はだいたい、〇・三キログラムで、平形タイプの身幅は二センチメートル程度です。

❖歴史と詳細

ボロック・ナイフの柄には、二つのタイプがあって、球状の鍔が柄と一体化したタイプ（おもに柄は木製）と、金属製の円盤を柄先端の両側に接合したタイプがあります。時代的には後者タイプのほうが古く、十二～十三世紀頃にその存在を確かめることができます。なぜこのような、突起がついたかといえば、当初は引き抜く際の手がかりとするため、または鍔同様に敵の一撃を受け止めるためのものでした。また、のちには象徴としての意味ももつようになり、実用的な意味以外でもその形状をとどめたようです。しかし鍔と柄が一体化したあとは、受け止める役割はなくなったといえます。

十四世紀になると、その名は「キドニー・ダガー（Kidney Dagger）」と呼ばれ騎士たちの間で用いられました。〝キドニー〟とは、〝親切に〟という意味がありますが、これは、戦争などで瀕死の重傷を負った敵や味方を速やかに、楽にさせる際に用いられたことからつけられたものです。そのことから、のちには、相手を傷つけるような目的では用いられず、ある意味で儀礼的な役割をもったといえます。

ボロック・ナイフ、または、キドニー・ダガーの用法とは、おもに刺突することで、もっぱら鎧の継ぎ目を狙って突き刺すことのみに使用されました。しかし、初期には剣身がアングル状になっているものがあって、刺突力を増すように工夫してあるものもあります。そうした、アングル状の剣身であれば、チェイン・メイルぐらいは簡単に貫通させることができました。

＊一　突き刺す際には、剣身に対して曲げ応力が発生するため、アングル状の剣身であると、それに耐えることができ、平型と比べれば折れずに鎧を貫通することができます。そのため、刺突力が増すと考えられます。しかしその反面、切断力は減少します。

バゼラード (Baselard or Basilard)

威力 ★★（＋★） 刃型 直身平形 用途 攻撃（斬撃、刺突）、一般 価格 ★★
知名度 ★★

外見

カテゴリーとしては刀剣の一種とも考えられていますが、短剣として有名なバゼラードは、棒状に発達したポメルを有し、ガードと平行しており、その柄の形状はI型でそれが特長として知られています。剣身の外観はくさび型をした両刃で、刃厚は薄く平形ですから斬撃にも向いているといえます。

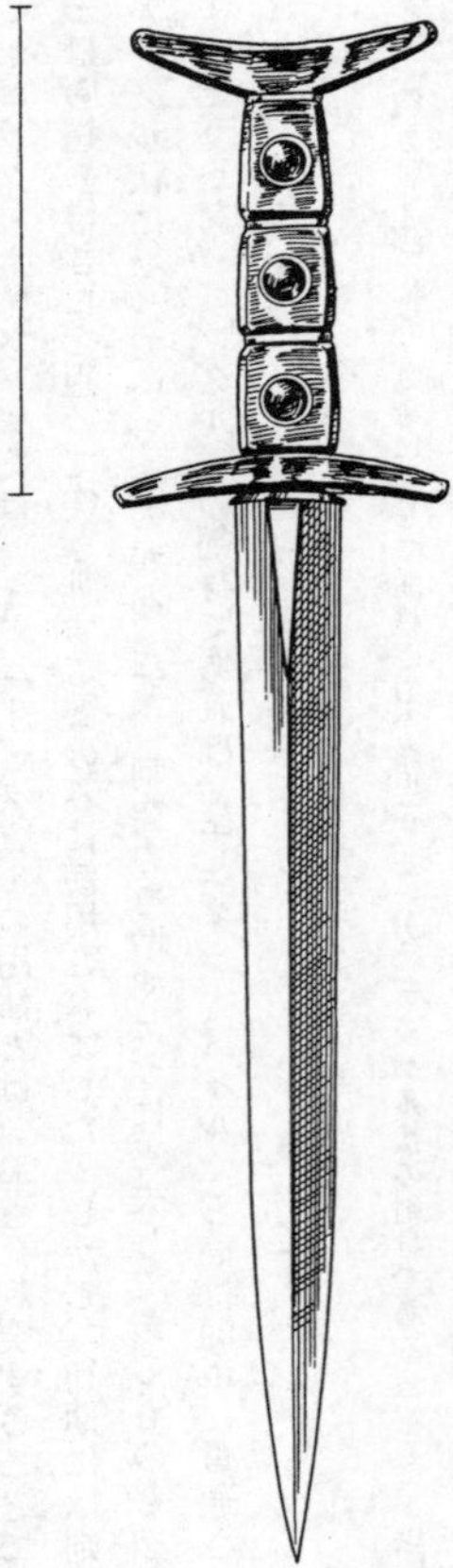

バゼラード

全長は三十～五十センチメートル、身幅は広いところで三～四センチメートル、重量は〇・四～〇・六キログラムといったところです。

❖歴史と詳細

バゼラードは十三～十五世紀にヨーロッパ各地で用いられた短剣で、ショート・ソード（第一章参照）の一種としても知られています。ヨーロッパで広く用いられたため、場所によってはその形状が若干異なり、大きく三つの種類に分類することができます。

もっとも一般的で、ヨーロッパ諸国において用いられたものは、ガードが切先に向かって湾曲しているものと、ガードが切先、ポメルがその逆に、お互い反発して湾曲しているものでした。しかし、イタリアにおいて用いられたバゼラードはガードとポメルがまっすぐで、お互い平行になっており、ほかの国々とちがう独特の形状を保っています。

バゼラードの起源は、スイスのバーゼル[*1]（Basel）という町であるといわれています。しかし、有力な別説によると、ドイツの有名な刀剣鍛冶の町ゾーリンゲン（Solingen）で作りだされたともいわれています。それは、おりしもゾーリンゲンが全盛しはじめた頃のことだからでしょうか？　バーゼルという名から、バゼラードが作られたということを証明するにはやはり難があるようです。ですが、そんなことはよそに、このバゼラードは「スイス風短剣」と呼ばれる形式の祖型であったということで、高く評価されています。

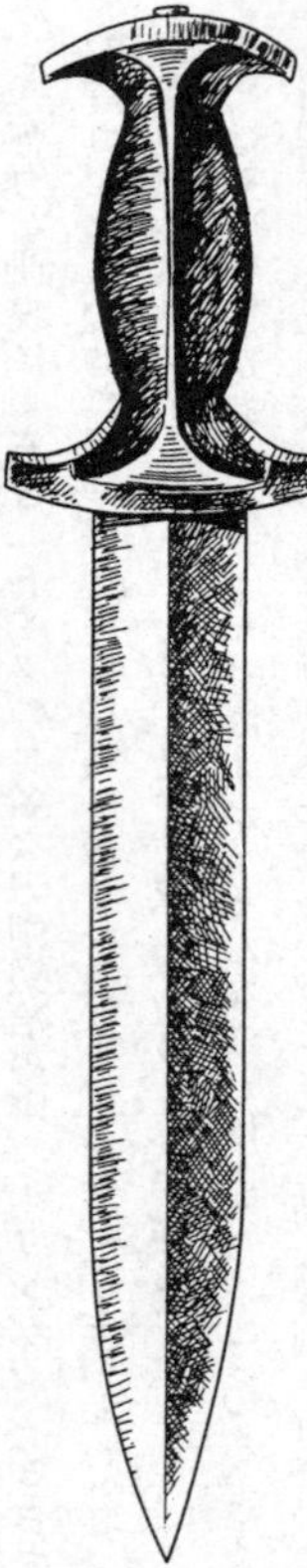
スイス風短剣

スイス風短剣とは、のちの十六世紀に全盛し、第二次大戦時においては、ヒトラーがドイツ軍用の短剣として採用したものです。また、先にも述べたように、短剣として広く用いられただけでなく、ショート・ソードとして扱われるものもありました。そうした刀剣として扱われたバゼラードはストータ式（storta）と呼ばれています。

バゼラードの用い方はおもに短剣としての刺突攻撃、そのほか工具としても有用で刃厚が薄く切れ味がよいことから、戦士が戦場において食事をする際にも用いられたようです。どちらかといえば万能の短剣といえるでしょう。

＊一　**バーゼル**　スイスの北西に位置し、ライン河畔にある町で、旧名はバゼラ（Basle）とも呼ばれました。

バイオネット（Bayonet）

威力 ★★★　刃型 いろいろな種類がありますが、ほとんどが直身
用途 攻撃（刺突）、防御　価格 ★★★　知名度 ★★★★

外見

バイオネットとは銃剣のことで、単発式の銃を持つ兵士が、接近戦のときに身を守るために考えだされた武器です。一般的に銃の銃口付近に装着して突いたりして使用します。本書で登場する武器としては一番新しい位置にある武器です。

各種タイプがあるためその形状を具体的に表現することは困難ですが、だいたい三十〜四十センチメートルの長さで、長いもので六十センチメートル程度です。重量は四百グラム前後といったところです。身幅は、初期のもので、六〜十センチメートルを超えるものもありましたが、一般的には、一〜二センチメートル前後でした。

歴史と詳細

バイオネットとは、フランスの都市バイヨンヌ（Bayonne）に由来します。これは、バイオネットが最初に生産された町の名です。だいたい十七世紀頃から見られ、最初の銃剣は、銃口に直接差し込む「差込み式」のものでした。ところが、それでは、ただ槍のよう

に用いるだけのものにすぎず、本来の目的である弾を再装てんする際の防御には用いることができません。さらに銃身に差し込んでも緩かったり、逆に抜けなくなるなど多くの問題があったため、取りつけ方法は次第に変化していきました。

こうして登場したのが「ソケット式」の銃剣です。おおよそ十八世紀に入ってからのもので、[*一]ブラウン・ベス・マスケット銃用のものが有名です。

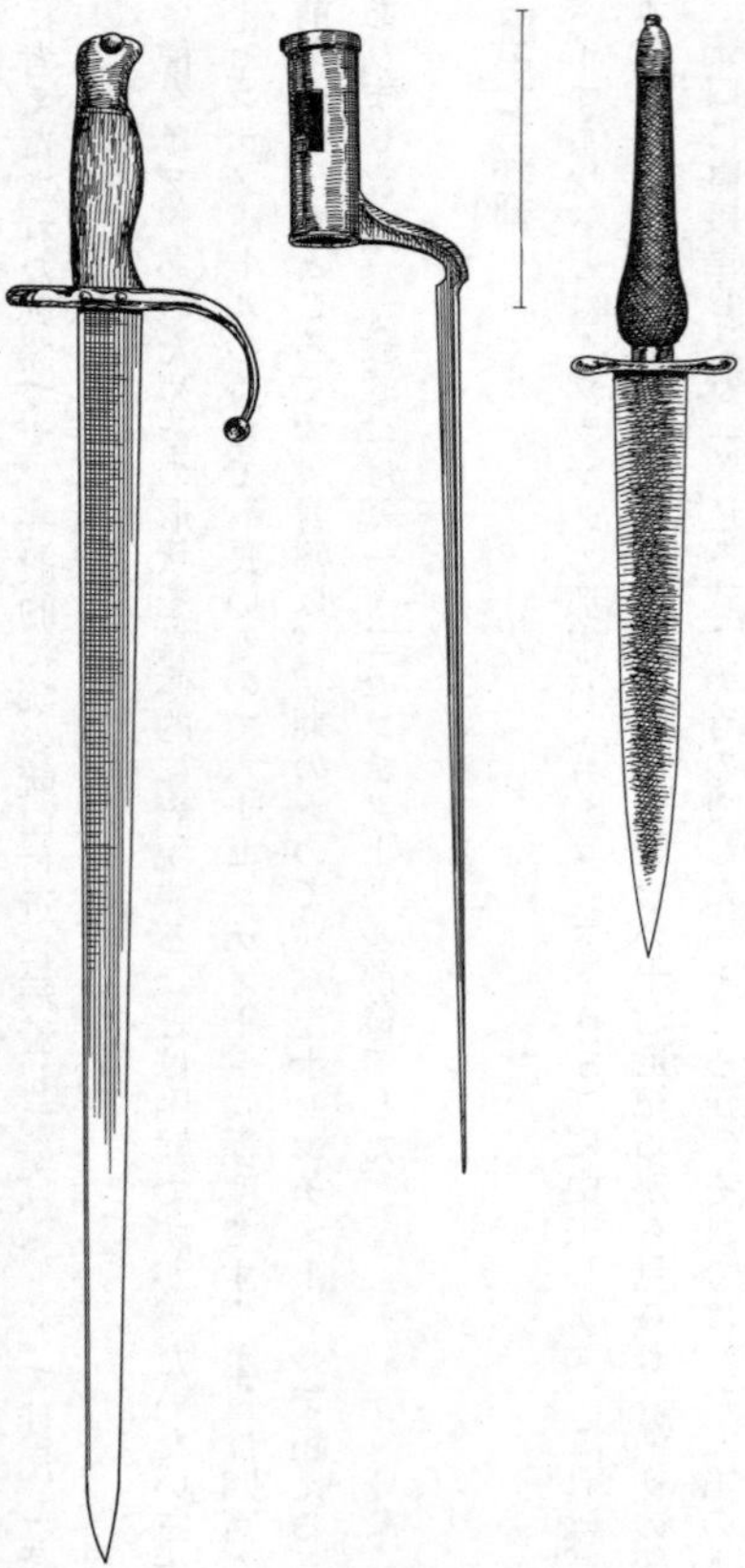

バイオネット

当時の銃剣の特長は、剣自身が銃口の向かって右側になるようになっていることです。これは、前装式銃の場合、銃身の下には弾を込めるためと銃口を掃除するための装置があり、銃口の上では照準の邪魔になったからです。また、銃剣を取りつけたままで弾込め作業を行えるようにするためでもありました。この当時用いられた銃剣の多くは「エルボー式」と呼ばれます。これは、ソケット本体の横から突きだした剣身が、銃口側に折り曲げられて、さながら肘（エルボー）のような形となっているものです。

時代が進み、十九世紀になってから後装式の銃が開発されると、銃剣は銃身の下に設けられるようになり、さらには、銃剣と一体化したものも見られるようになりました。そして、軍用に携帯するナイフもアタッチメントを使用して取りつけられるようになり、この「アタッチメント式」が現在の軍隊においても使用されています。

銃剣の使用法は、それを銃口に取りつけることによって銃に槍のような性格をもたせ、敵を突き刺すことです。よく腰だめに構えて突撃する兵士を見ることができますが、そうした格好が銃剣をつけた際の兵士のお決まりの使用法でしょう。

＊一　ブラウン・ベス・マスケット銃　イギリスにおいて作られたマスケット銃で、一七二〇年から一八四〇年までの主力兵器だったもの。最終的に、その最大射程は七百メートルにまで達していました。

チンクエデア (Cinquedea)

威力 ★★★★　刃型 広刃形　用途 攻撃（斬撃、刺突）　価格 ★★★（+★★）
知名度 ★★★

外見

チンクエデアは、〝五本の指〟という意味をもつイタリア語の〝チンクエ・ディータ(cinque dita)〟が、なまったものがその名前の由来とされています。

特長は、この名称が示すとおり、指五本分に相当する幅広い身幅にあります。そして柄は短く、握りやすいように大きな波型をしていて、真ん中あたりにいくつか穴が穿たれています。この穴に紐を通すこともできるのです。鞘は革(cuir bouilli)で作られていて、その表面には、さまざまな装飾が施されていることは有名です。

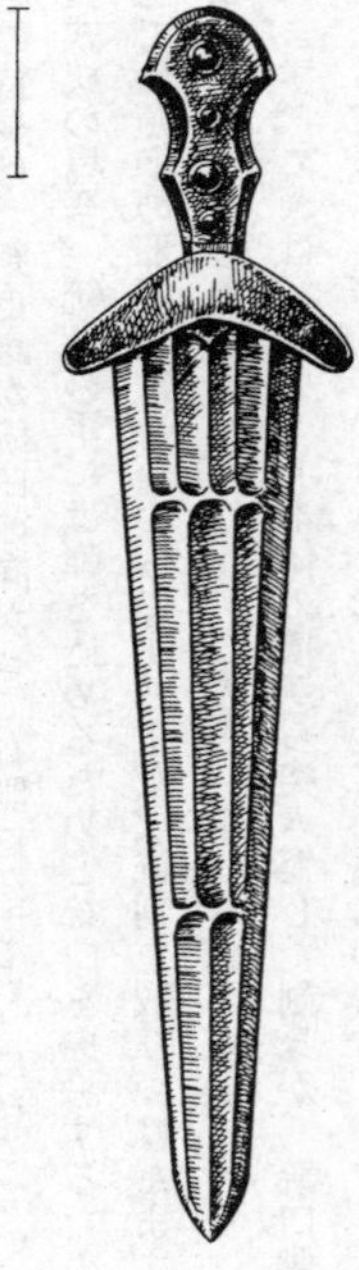
チンクエデア

長さからすると、ショート・ソード（第一章参照）ほどの大きさをしたものもありますが、だいたいは四十～六十センチメートルで、身幅は八～十センチメートルを超えるものもあり、重さは〇・六～〇・九キログラムです。

歴史と詳細

チンクエデアはヴェネツィアが起源とされています。エミーリアやヴェネトといった地域で開発され、またたくまにイタリア全土に広まりました。ときあたかもルネサンスの真っただ中でした。そうした時代の流れは、この短剣を育て、さらには有名にしました。

チンクエデアの長さは短剣とショート・ソードの中間で、幅広の刃には装飾的な溝が彫ってあり、さらに象眼、金箔、銅メッキなどのさまざまな装飾がなされています。その上に聖書から引用した金言が刻まれていたり、古代の英雄の肖像や立ち姿が（ときには裸体で）施されていることもあります。つまり、実用ばかりでなく、装飾としての効用にも気を使った短剣といえます。

その刃は左右対称の両刃で、さらに切先は先端に向って段々と細くなり、三角形の形状になります。また急に細く尖っていることもあります。そのグリップには動物の骨や象牙がかぶせられることが多く、その両端に薔薇の透し彫りが配されていたりしました。そして、キヨンは太目に作られ、鍔元から刃先に向ってゆるやかにカーブしています。

そして、刃に施された溝の形状によって二つの種類があることがわかります。まず、刃の部分が鍔元から刃先に向って三つに分けられ、それぞれ四本、三本、二本と溝が刻まれたものと、このような三区分がなくなって、溝が鍔元から刃先まで一貫して二本になったものとにです。

チンクエデアの名を不動のものとした人物に、ルネサンス時代の申し子といわれるチェーザレ・ボルジアがいます。そのチンクエデアはローマのカーザ・ガエターニに今日も残っています。また、ロンドンのヴィクトリア・アンド・アルバート博物館には、それの対となる、美しい装飾を施した革製の鞘が所蔵されています。このチンクエデアは、のちにウィーンに残るフェリペ美公の剣や、ウェストミンスター寺院が所有するヘンリー五世の剣などに影響を与えたと考えられています。

チンクエデアのなかでも有名なものは、その作者の名前が残っています。フェラーラのエルコーレ・グランディやエルコーレ・デイ・フェデーリといった者たちが、それにあたりますが、そのほかにも、トスカナ地方やボローニャ、フェラーラなどに有名な刀剣鍛冶が集っていて、チンクエデアは彼らの主要な作品を残し、それぞれの銘が象眼されているのです。こうした刀剣鍛冶師がいた地名からもおわかりのように、チンクエデアはルネサンスの主要な都市国家と深いつながりがありました。そのためか、ほとんど美術工芸品とみまごうばかりに豪華な装飾を施されたものが多数残っています。

ダーク（Dirk）

威力 ★（＋★★）　刃型 ナイフ状片刃、直身平形　用途 攻撃（斬撃、刺突、投擲）、儀礼
価格 ★★　知名度 ★★（＋★★）

外見

ダークはスコットランドに固有の短剣です。刃は片刃で、切先部分の背に短い刃がつけてあることもあります。おもに、日常一般用のナイフとして用いられ、必要とあれば武器ともなりました。また、十八世紀においてはイギリス海軍の正式短剣として用いられました。

全長は十五～二十五センチメートル、身幅は二センチメートル程度、重量は〇・二五～〇・四キログラムです。

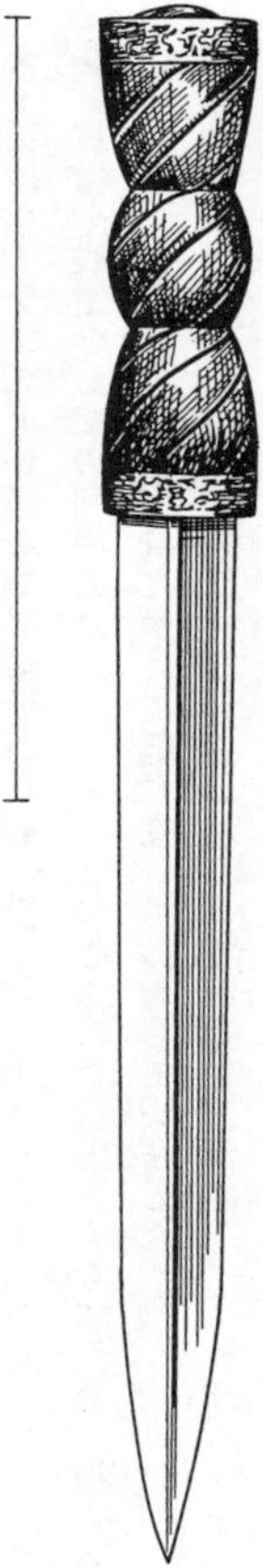

ダーク

❖歴史と詳細

ダークはハイランダーが好んで持ち歩いたもので、ボロック・ナイフの流れをくんでいます。日常一般用としての利用のほかに、とっさのときには武器ともなるため、彼らハイランダーは、ダークを一生、身につけて離さないものとしていました。

刀身の背の上の部分には、装飾的な刻み目がついていることがあり、これはハンティング・ナイフ（別項）同様、刃先のような意味もありました。さらに、両刃のものも存在しています。

ダークの柄は、ボロック・ナイフ（別項）の形に近いのですが、革や蔦《つた》の根、象牙などで作られ、ケルト的な文様が施されているのが特長的といえます。ポメルは丸く平で真ちゅうや銀でできており、ときには柄全体を真ちゅうで覆うということもありました。また、十八世紀の終わり頃には、ハイランダーの伝統的な衣裳が復活したため、装飾なども豪華なものとなり、ポメルは銀ばかりでなく金も使うようになります。

ダークは本来、スコットランドに土着の武器でしたが、スコットランドの大英帝国編入にともない、少し形を変えて（しかしオリジナルのよさを残しながら）大英帝国正規軍の武器として利用されるようになりました。その結果、多くの国で海軍用短剣として親しまれました。さらに、地位の象徴として装備する国もありました。

イアード・ダガー (Eared Dagger)

威力 ★★（＋★）
刃型 直身平形
用途 攻撃（刺突）
価格 ★★★
知名度 ★★★★

外見

イアード・ダガーという名称は、その柄頭に二つの〝耳（イヤー：ears）〟のような形をしたものがついていることから生まれました。剣身は両刃ですが、左右対称ではなく、鍔元の部分で片刃がもう一方より幅広に作られています。柄は細く、鍔元には小振りの円盤がついていて、そのまわりには深い溝が彫られています。

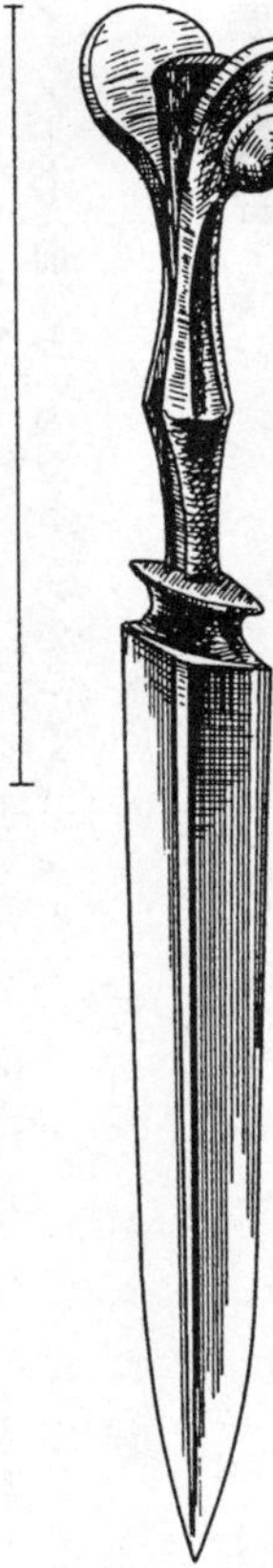

イアード・ダガー

全長は二十～三十センチメートル、重量は〇・二五～〇・四キログラムで、身幅は一～三センチメートル前後といったところでしょう。

❖歴史と詳細

イアード・ダガーは、もともとは東方起源のものとして知られていましたが、十二世紀にはじまる十字軍の時代より盛んとなったイスラム世界との交流によって、半島の南部分をイスラム国家によって支配されていたスペインや、とくにコンスタンティノープルの市場に進出していたイタリア商人らの手によってヨーロッパに伝わりました。そして、十四世紀を迎える頃にはヨーロッパの各地に広まっていました。

イアード・ダガーは、突き刺すための短剣として、中世騎士たちに愛用されました。この耳の部分に親指をかけて逆手に持って振り下ろすことで、通常以上の貫通力を得ることができました。文献によると、このような用法で用いれば、鎧を貫通することもできたと語られています。

ハンティング・ナイフとナイフ
(Hunting Knife & Knife)

威力 ★（＋★） 刃型 片刃 用途 攻撃（斬撃、刺突）、一般 価格 ★★（＋★★）
知名度 ★★★★★

外見

ナイフは、まっすぐな片刃と、刃の軸に対して非対称な柄という形状をした、さまざまな用途に幅広く用いられるもっとも普遍的な短剣です。小振りなものは家庭で使われ、大きなものが狩猟や野戦で用いられます。

ハンティング・ナイフ

歴史と詳細

ナイフという名前は、石器時代には、一つないし二つの鋭利な刃をもつ石刃（フリント）に当てられていました。しかし、本来的な意味でナイフという名にふさわしいものは、青銅時代に入って作られた柄と刃が一体の鋳造型のものといえるでしょう。これらのナイフは刃が、まっすぐであったり湾曲していたりとさまざまです。なかには三日月形のものもあります。しかし、なんといってもその最高峰といえるべきナイフは、ヴィラノヴァ[*一]文化（紀元前一〇〇〇〜紀元前六〇〇）に見られる剃刀といえるでしょう。

こうした一体成型のナイフは、長い年月を経て家庭用ナイフに発展しました。鉄が使用されるようになると、柄と刃を別に作るようになり、柄の部分には動物の角や硬い木、鉄とは別の金属を用いるようになります。

ゲルマン民族の大移動の時期になると、さまざまな民族の、さまざまな用途のナイフが登場します（あの、有名なサクス－別項－などが、その最たる例といえるでしょう）。そのなかで、ハンティング・ナイフとして発展したものは、日常一般に用い、なおかつ護身用として使うために身につけられました。なかには、刀剣の鞘に入るようになっているものもありました。それをよく「ハンティング・セット」と呼んでいます。

中世において、こうした、日常一般用のナイフの携帯は、権力当局にとっては頭の痛い問題でした。なんといっても、ナイフを持っていれば、カッとなったときには、そのまま死傷事件へとつながる可能性があったからです。そんなわけで、ナイフの携帯を禁ずる公布が何度もだされましたが、なかなか守られなかったことは、今日でも手元に残されたナイフ類を考えれば明らかです。

ナイフは柄の部分の素材や装飾に凝ることがあります。象牙や動物の骨、硬い木材、銀などの高価な金属に、象眼、七宝、透かしなど、さまざまな技法でさまざまな絵柄を彫っています。刃にも溝を彫ったり、唐草模様などを刻みつけたりすることがあります。こうした装飾は、時代が下り人々が裕福になり、素材が増えて手工芸の技術が進化するにつれてますます華美になりました。

近代におけるもっとも有名なナイフは、「ボウィー・ナイフ（Bowie Knife）」でしょう。これは、がっしりした片刃の鋭い短剣で、一対一の戦闘に用いるためにデザインされたものです。アメリカ西部の罠猟師や狩人が好んで使いました。このデザインのナイフを完成させたのが、アルカンサスの開拓者、そしてアラモの砦で死んだジェイムズ・ボウィー大佐です。そこで、彼の名前をとって、ボウィー・ナイフと呼ばれるようになったのです。

＊一　**ヴィラノヴァ文化（Villanova）**　イタリアのボローニャ近郊に残る初期鉄器時代の遺跡をもとに、その近辺に広がる鉄器文化をいう。その盛期は紀元前十一世紀頃にはじまり紀元前四世紀にガリアに滅ぼされるまでつづきました。

ジャンビーヤ（Jambiya）

威力 ★★（＋★）　刃型 アラビア形湾曲、S字形湾曲　用途 攻撃（斬撃、刺突）、儀礼

価格 ★★（＋★★★）　知名度 ★★★★★

外見

ジャンビーヤは、アラビアによく見られる湾曲した短剣です。典型的なジャンビーヤは両刃で、刃の中央に溝が彫ってあります。柄と鞘にはさまざまな形があって、時代や国、それどころか地域によってそれぞれ独自の様式をもっています。全長は二十～三十センチメートルで、重量は〇・二～〇・三キログラムです。身幅は広く、四～七センチメートル近くあるものもあります。

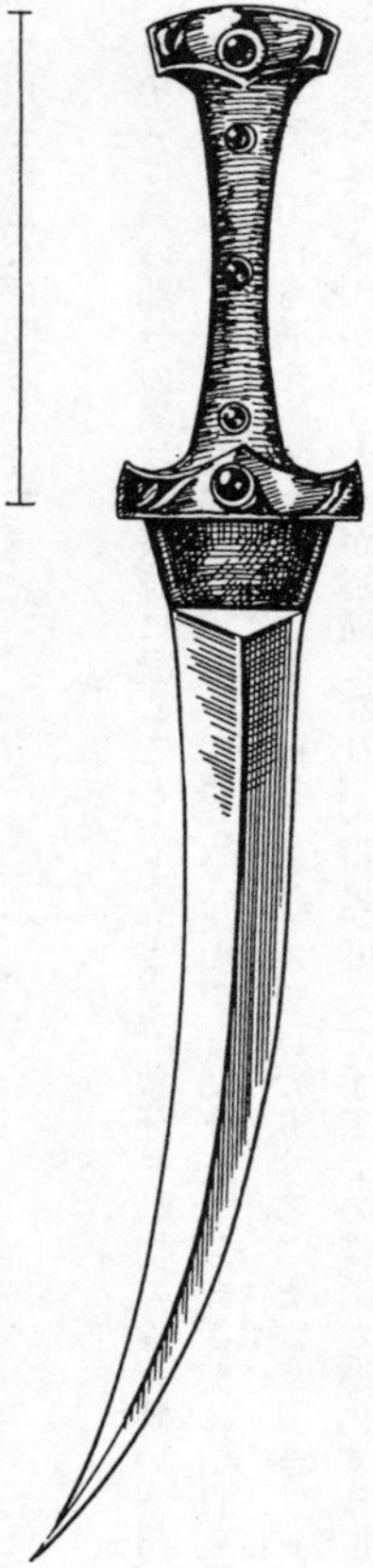

ジャンビーヤ

歴史と詳細

ジャンビーヤは、アラビアを起源とし、オスマン・トルコからペルシア、インドまで広く使われた短剣です。十七〜十八世紀頃とくに顕著に現れ、戦闘のためだけでなく、宗教的な儀式にも使用されました。アラビア半島の諸国では割礼や結婚といった儀式の際にも身につけているべきものとされます。また、ジャンビーヤを所有していることが自由人としての誇りであり、これを没収されることは名誉剥奪の刑に相当するのです。あの有名な、アラビアのロレンスがアラブ民族に受け入れられたとき、彼はジャンビーヤを与えられたといいます。これは、アラブの民が彼を仲間と認めたという意味で、とても名誉なことだったのです。

ジャンビーヤは、刃が湾曲しているので、鞘は刃が抜きだしやすいように、刃よりも十分に長く、また刃と同様に反っています。その先端には団子のような小さな飾りがついていますが、こうした鞘の装飾は、イスラム工芸の結晶ともいえるもので、金銀の透かしや色石をあしらい、芸術的にも優れたものといえるでしょう。その柄は動物の角を用いることが多く、とりわけキリンの角が好まれました。キリンの角の黄色が、似合うと思われたからです。また、アラビアのものにはU字形の鞘もありますが、これは変形といった方がよいでしょう。

モロッコではジャンビーヤの刃身はまっすぐで、柄から刃身の中間あたりまでは片刃で、その下からは両刃になっています。また、平らなポメルがついていて、その大きな形から「孔雀の尾（peacock's tail）」というあだ名で呼ばれています。トルコでは、ジャンビーヤの刃はわずかにカーブしているだけで、溝もついていたり、なかったりと、さまざまなタイプがあります。また、鞘の先は、アラビアで見られる鞘とちがって丸まっていません。

もっとも美しいジャンビーヤは、インドやペルシアのものといえます。そして、ダマスカス鋼を用いた、美しい[*一]波形模様の刃には、金の打出し模様や象眼が施され、柄には象牙や翡翠が用いられるといったものや、ときには貴石のような高価なものがはめ込まれているものがあります。このように、インドやペルシアでは、非常に豪華な造りをしたものが存在していました。そして、ポメルは、カーブして馬の頭の形をしていることもあります。鞘は銀製や木製で、細工した革やシルクのブロケードが巻きつけてあります。とくに豪華なジャンビーヤは、それを吊す革のベルトにも見事な装飾を施し、これが、剣と一対となっていることがありました。

＊一　これは、ダマスクス鋼の特長として有名です。

カタール(Katar or Kutar)

威力 ★★★★(+★) 刃型 広刃形、断面ひし形 用途 攻撃(刺突)、防御
価格 ★★★(+★?) 知名度 ★★★★★

外見

カタールは、インドのイスラム教徒に固有の突く短剣で、インド地域以外で見られることはめったにありません。そのかわり、ヨーロッパの短剣がこれに影響を与えていると考えられる節はあります。その特長は、なんといっても特異なその柄で、二本の平行するバーと、その間に渡された、握りとなる一、二本の横木とからなっています。

刃は、三十~七十センチメートルと長さもまちまちで、剣身が、まっすぐなもの、湾曲しているものなど、さまざまです。重量は、だいたい〇・五キログラム前後ですが、小型のものでは、全長十五センチメートル足らずで、重さもせいぜい〇・二キログラムといったものがあります。身幅は、四~六センチメートルですが、小振りなものは二センチメートルくらいでした。

歴史と詳細

カタールのように、これほどはっきりと柄と握りが完全に分かれて存在している短剣は

珍しいといえます。握りが刃先に対して直角になっているため、ただ手をまっすぐ突きだすだけで、相手に致命的な一打を与えることができます。つまり、ボクシングのグローブをはめる要領で、カタールは扱われるわけです。

カタールの一番典型的なものは、刃渡りが三十センチメートルで、まっすぐな両刃と、

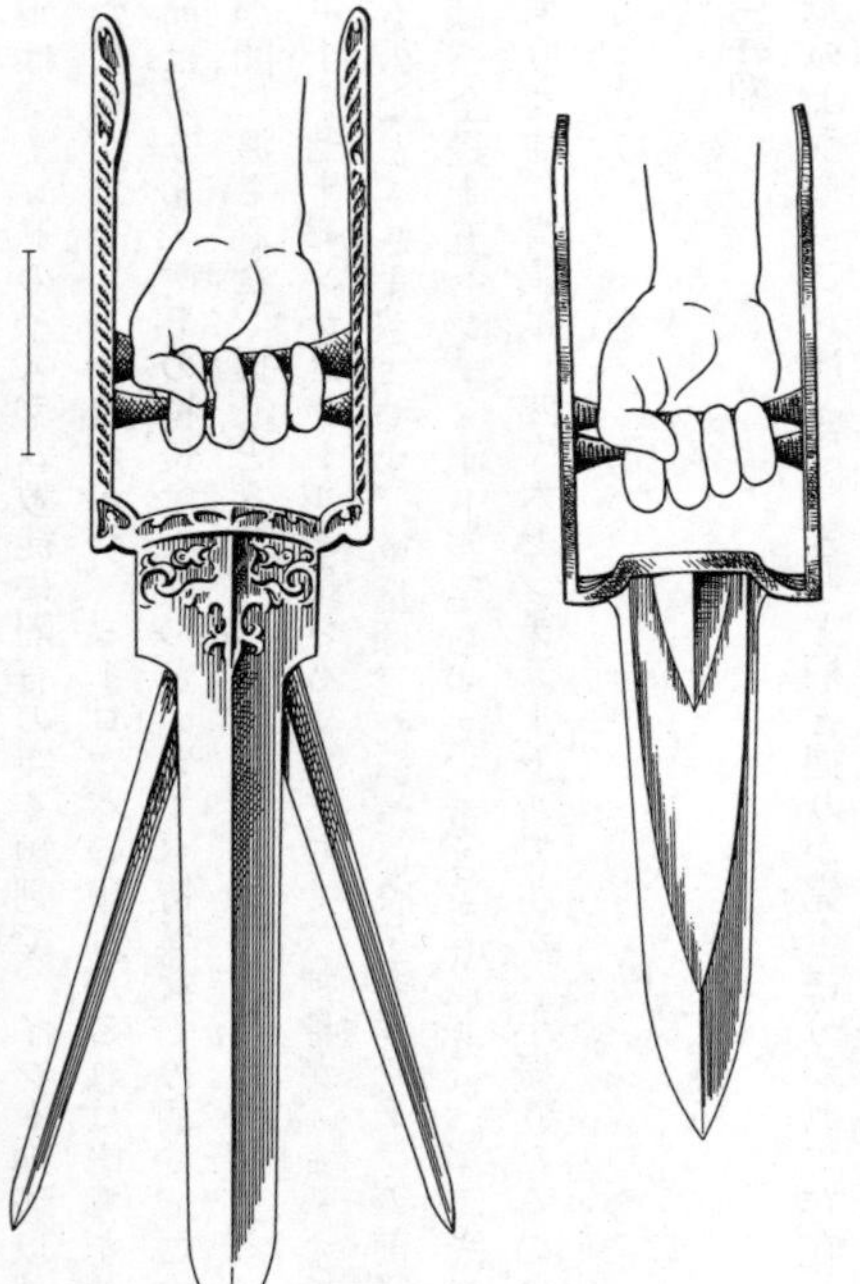

カタール

その剣身には、丸溝やうね模様が彫られたものです。しかし、その一方でS形や湾曲形、それに二股のカタールも有名です。また、刃そのものがうねっているスカラップ形もあります。さらにパリーイング・ダガー（別項）のように刃が三本になっていて、握りのボタンを押して三股に変形するものもあります。

形状であげる以外に、カタールには、インドの技術工芸の粋ともいうべき、「カタール・セット」というものがあります。これは大小に分かれることができるもので、その構造は小さい方のカタールが大きい方のカタールの中にすっぽり入ってしまうようになっているのです。このカタールは、数種類のカタールのなかで一番優れたできといえます。なぜなら、大きい方のカタールは、中が空洞になっていて、小さいカタールを収納できるようになっているわけだからです。そのようなものが作れたということは、高い技術力を必要としたと思えます。また、このようなカタールを作れるということは、技術力のみならず、インド人の想像力をも賛美することができます。

カタールの鞘は革でできており、貴金属や木彫がはめ込まれていることもあります。さらにベルベットを巻いてあることもあります。このカタールから、マラータの刀剣、パタ（第一章参照）が生まれたことは、先で記したとおりです。

クリス（Kris）

威力 ★★（+★★★）
価格 ★★（+★★★）
刃型 波刃、直身平形
知名度 ★★★★★
用途 攻撃（斬撃）、儀礼

外見

クリスは、マレー民族に固有の短剣で、世界中でもっとも洗練された武器のひとつとされています。長い歴史のうちに練りあげられたその形は、構造、装飾ともに複雑な特長をもち、それぞれに神秘的な象徴がこめられています。

刃形は大きく分けると、波刃のものと平刃の直身の二種類に分けられます。また、クリスは刀剣の一種として紹介されることがあります。鞘は木製で、金属の箔をかぶせてあることもあり、美しい彫金が施されています。全長は四十～六十センチメートルで、重量は〇・五～〇・七キログラム、身幅は二～五センチメートルです。

歴史と詳細

クリスは、〝Keris〟とも綴られ、その意味はマレイ語で、ずばり〝短剣〟を意味しています。伝承によると、クリスはジャワ起源で、十四世紀のジャンゴロ王イナクト・パーリの発明によるものだそうです。しかし、少なくともヒンドゥー諸王朝の発展した八世紀に

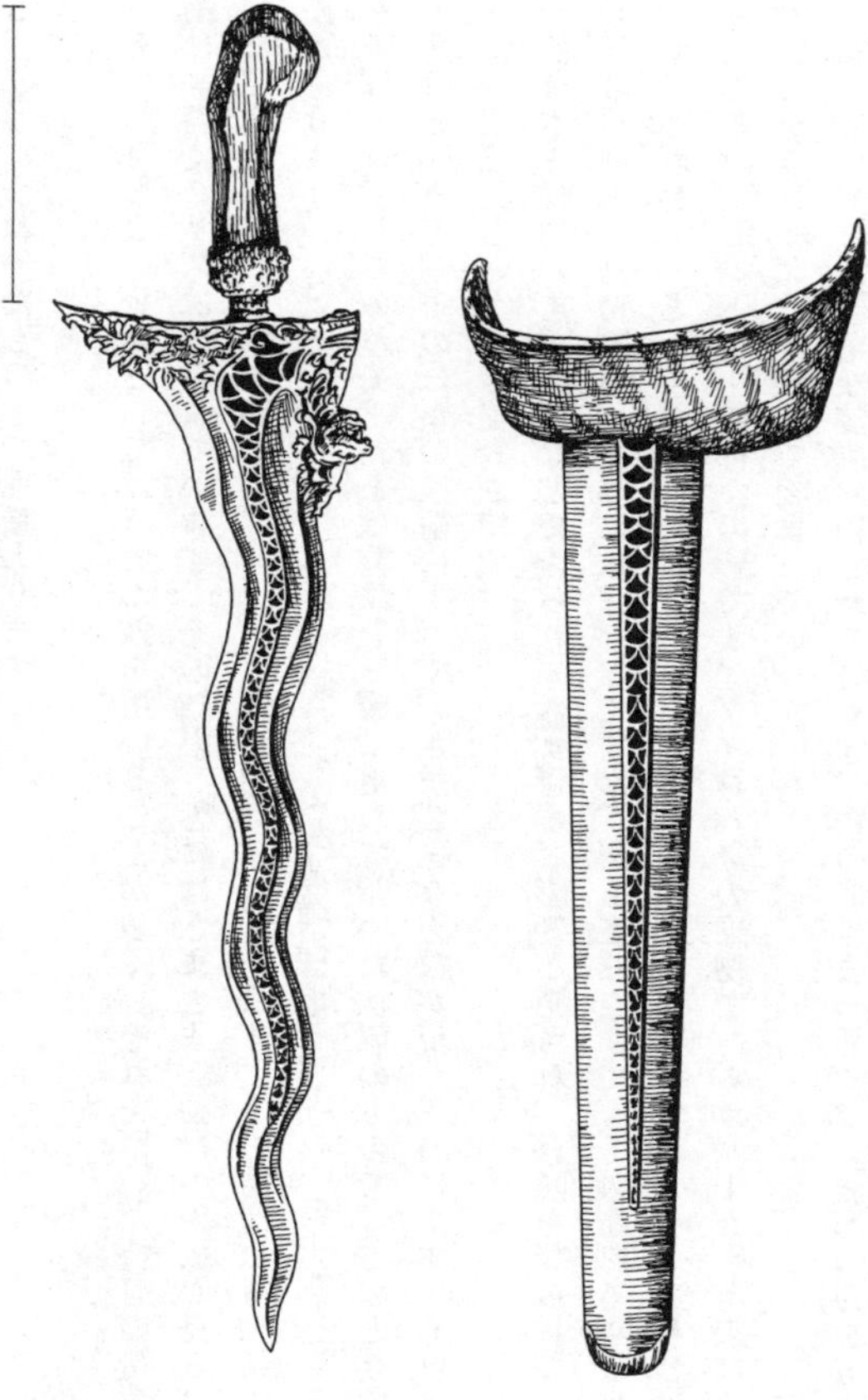

クリス

は、その存在が認められています。その刃は両刃で切先が鋭く、刀身がまっすぐなものと、波形にうねったものと二種類あります。

その剣身となる金属としては、いん鉄を用いることが多く、それを用いた特有の鋳造技術によってクリスは作られています。その結果、刃にはさまざまな独自の刃紋が見られました。今日ではいん鉄にかわってニッケル鋼[*一]が用いられています。その鋳造にも独特の技術があります。いん鉄、またはニッケル鋼はその製造過程において、パモール（pamor）と呼ばれます。このパモールとは軟鉄を三層に重ねて叩いた状態のもので、このときの鉄の配分と叩き方、そのほかの技術によって、さまざまな刃紋が現れるわけです。それはまさに百花繚乱というべき美しさです。

柄は木や動物の角、象牙などで作られ、さまざまな彫刻が施され、意匠を凝らしています。素材は木や動物の角、それに象牙などですが、形もさまざまで、その彫刻もさまざまです。どれひとつとして同じものはない、といっても過言ではないでしょう。とりわけ好まれるのは、ヒンドゥーの神々の形です。ヴィシュヌの乗物であるガルーダや本来は悪鬼であるラクシャなどが好んで刻まれています。

鞘も柄に劣らず豪華な装飾が施されています。鞘の形はまっすぐで、波形の刃をもつクリスのためには太い鞘が用意されています。木製のもの、木の上に金属の箔を重ねて彫金を施したもの、さらに金銀細工を施したものなどさまざまで、刃や柄の装飾に合わせていることも多いのです。

クリスの中でもっとも美しいのは「クリス・ナーガ」といえるでしょう。これは刃の根元に龍の頭をあしらっているところから、この名称で呼ばれています。刀身は流れるような波形で、波の形に合せて刃の中心に金の象眼が施されています。この象眼は根元の龍からつながっていて、龍の尾をあらわしています。刀身には美しい花模様がその独特の鋳造技術によって浮きでているのです。そしてその柄は、いく種類もあるため一定のものとはいえません。そうしたなかで、とくに豪華なものには宝石をちりばめたものもあります。

クリスは武器であるだけでなく、王室伝来の宝物であり、それにはさまざまな意味が込められていました。つまり、その一本一本が独自の意味をもっていたと見なされているのです。これはある種の個性とはいえ、クリスの数だけその種類があると考えることができるでしょう。こうしたことは、マレイ民族の神話や秘儀、それに神秘主義と関わりがあります。クリスは、その所有者の身を守り、邪悪の力を避けるタリスマンとして信じられています。そのためクリスは、ときとして一家の家宝ともなったのです。ですから、マレイの結婚式で正装する際に新郎がクリスを身にまとうことがあります。マレイでは神話的世界に題材をとった舞踊において、出演者がクリスを身にまとうことがあります。彼らにとっては、舞踊もまた呪術の一表現なのです。

❖エピソード〈バロン・ダンスとクリス〉

クリスがマレイの神話においてもっとも大きな意味をもつのは、バロン・ダンスにおける観衆の熱狂です。バロンとランダに関しては本シリーズ『幻想世界の住人たちⅡ』を参照してもらうとして、このバロン劇における最大の特徴が、善と悪の霊の戦いであり、観衆がその戦いに自ら参加する、という点にあることを述べなくてはなりません。この善悪の戦いにおいて、ガムランの調べにのった観衆は完全なトランス状態になり、クリスで自分の身体を刺すのです。このクリスの切先がとても鋭いことは、先に述べました。しかし、この自滅的行為は、トランスのなせる技であって、トランス状態の観衆がバロンに触れることによって正気に戻ると、なんと一切傷は負っていないのだそうです（ただし、なかには正気に戻れない人間もいるそうですが）。

＊一　**ニッケル鋼**　いん鉄はそもそもが、ニッケルの含有量が多い金属として知られています。したがって滅多に手に入らないいん鉄よりも、自ら造りだせるニッケル鋼を用いるようになったことは当然の過程といえます。ある意味でニッケル鋼は、人工のいん鉄といっても過言ではないでしょう。

ククリ（Kukri）

威力 ★★（＋★）　刃型 片刃状平形　用途 攻撃（斬撃、投擲）、儀礼　価格 ★★（＋★）
知名度 ★★★★★

外見

ククリは、ネパールのグルカ族に固有のナイフです。その形状はギリシア起源といわれています。片刃で湾曲しており、鍔元に小さなくぼみがあります。このくぼみは女性性器の象徴であり、刃の威力を「増す」ものと考えられています。

ククリの柄は硬い木か象牙でできていて、まっすぐであり、鍔がないこともあります。さらに、円形のポメルと鍔があって中ほどに輪状の装飾があることもあります。この形状は、柄に鉄の輪をはめていた古い形を踏襲しているのです。全長は、四十五〜五十センチメートルで、重量は〇・六キログラムくらいでしょう。身幅は広い部分で六センチメートルを超えるものもあります。幅広の部分と狭いくびれた部分との差は、三センチメートル前後あります。

歴史と詳細

ククリは、アレクサンドロス大王によって東方にもたらされた、ギリシアの古刀、マカエラやコピス（第一章参照）にたいへんよく似ています。トルコの「ヤタガン」[*一]や、それをもとにしたといわれる、インドの「ソースン・パタ」[*二]にも似ています。

ククリは、密林に分け入る際に、草木をなぎはらうのにたいへん便利なようにできていますが、同時に殺傷性も高く、そのときにあまり筋力を必要としません。それというのも、刃の重みが刃先にくるように計算されているからです。ネパールの社会においては、ククリは大変尊重されています。その材質や装飾で所有者の繁栄がうかがわれるほどです。

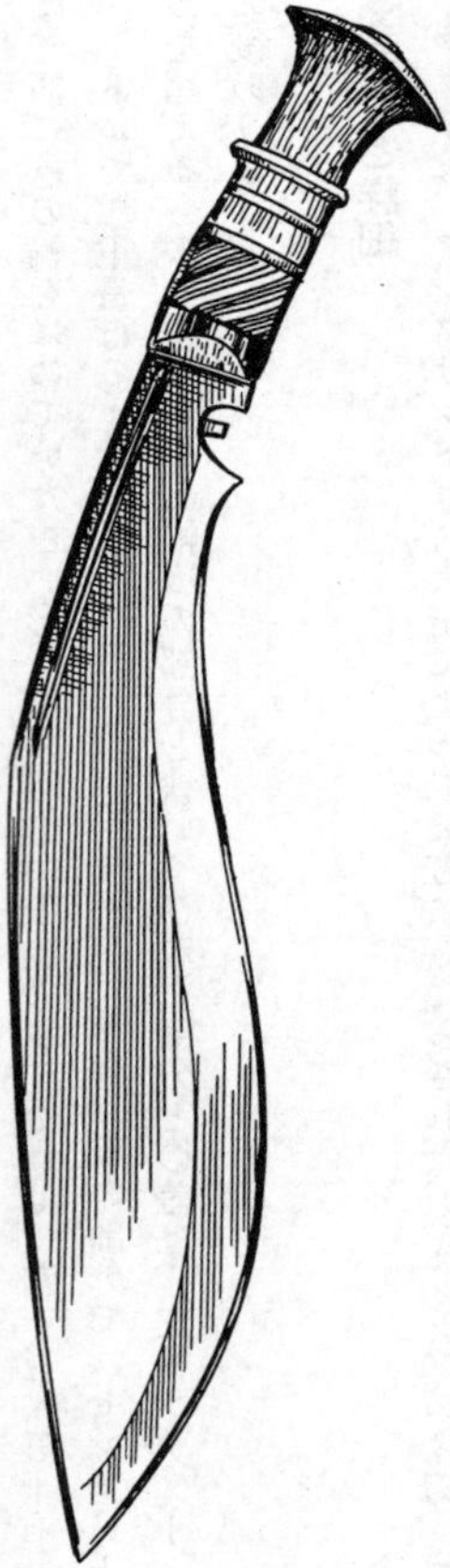

ククリ

ククリは腰帯のついた鞘とともに持ち歩かれます。腰帯と鞘の装飾は一体であることが多いようです。鞘は木製でベルベットで覆われ、とりわけ金銀の細工を施すことが好まれます。鞘の口はククリの柄に比べて広く、一本ないし二本の小型ナイフと燧石を一緒に入れることができます。

＊一　ヤタガン（Yatagan）　トルコの片刃の刀剣で、直身であり、斬撃と刺突に向いているといわれ十七世紀頃に全盛しました。マカエラをその起源としていますが、ヤタガンは、とくに刺突戦闘にも用いることができたものでした。

＊二　ソースン・パタ（Sosun Pattah）　北インドに伝わる刀剣で、ヤタガンとコピス両方の性質をもっています。ソースン・パタには「ゆりの葉」というあだ名があります。

パリーイング・ダガー／マン・ゴーシュ (Parrying Dagger) (main gauche)

威力 ★★（＋★★） 刃型 直身平形、櫛状刃形、断面ひし形
用途 攻撃（刺突、斬撃）、防御 価格 ★★（＋★） 知名度 ★★★★

外見

刀剣とともに用いられる短剣で、スペインやイタリアのフェンシングの流派で用いられました。硬い刀身をもち、しばしば刀剣と構造的装飾的に統一がとれています。パリーイング・ダガーは刀剣が吊られているのと反対側に携帯するのが常でした（ポニャード・ダガー参照）。フランスでは、これをマン・ゴーシュ（main gauche）と呼んでいたことは周知のことかも知れません。ちなみにこの意味は、フランス語で〝左手用短剣〟というものです。

全長は三十～五十センチメートル、〇・三～〇・五キログラムといったところで、その種類も多いため、重量と全長の比率はちがいます。身幅は一～三センチメートル程度で、細身の剣を受けるもので、なおかつ左手で用いるために比較的軽量に作られ、長さとは関係なく細身のものが多かったといえます。

歴史と詳細

パリーイング・ダガーは十五世紀の終わりに姿を現し、とくに防御用武器として相手の

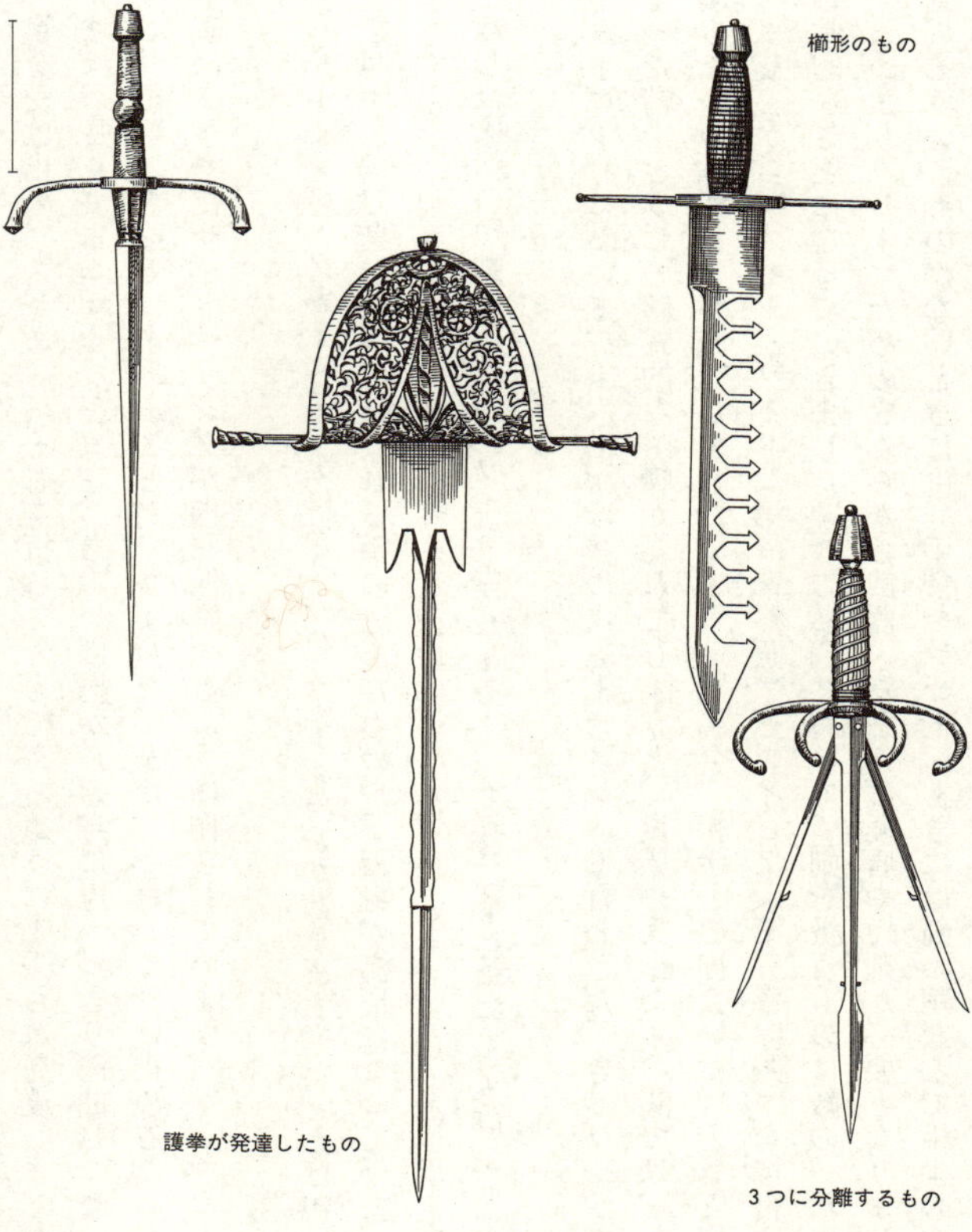

パリーイング・ダガー

一撃を受け止め、スキあらばそれを折ることもできるように工夫され発達しました。防御方法は、長くてまっすぐなキヨン、あるいは柄から刀身に思いっきり湾曲したキヨンによって、相手の剣を受け止めることができました。また、キヨンで受け止めるため、柄から垂直に突きでたサイド・リングが指を保護するように作られています。

パリーイング・ダガーには、実に多くのバリエーションがあります。たとえば親指でボタンを押すと、刀身が三つに分かれる手の込んだものや、刀身が櫛形になっていて、それによって相手の剣をからめとり、おりあらば折ってしまうこともできるものまであります。こうした櫛状の短剣は、別名「ソード・ブレイカー（sword-breaker）」とも呼ばれています。

ヨーロッパにおいて、十六世紀はじめにトーナメントで行われた、きらびやかな鎧をまとった騎士どうしの儀式的な喧嘩が廃れてしまうと、貴族や兵士たちの間では、争いを決するための「私闘」が流行しました。こういう場合、相手との出会いは、ときと場所を選べませんから、スモールソード（第一章参照）とレイピア（第一章参照）を携帯するのは日常的なことになっていきました。この私闘において、剣を扱うものは敵の一撃を受け流す（つまりパリー）ためのなんらかの武器、たとえば丸盾や短剣が必要となりました。また、そういうものがないときには、手袋やマント、ときには剣の鞘などで相手の突きを避け、利き腕の反対側を守るために使いました。しかし、なんといっても短剣がもっともさまになり一応武器ともなりますから、自然と右手に剣、左手に短剣というスタイルが決闘の主流となっていきました。そうして、左手用の短剣、つまりは、防御を目的としたことを考慮した短剣、パリーイング・ダガーが登場することとなります。

十七世紀のスペインにおいて見られたパリーイング・ダガーは、その独特の固有の形として、カップ・ガードをもったもので知られます。これは同じカップ・ガードの刀剣と対になっているのが普通でした。この種のパリーイング・ダガーは、キヨンが長く、腕を保護するための凸状の鍔がついて、鍔には相手の剣身を避けるための縁がついていました。また、この形状で刀身が三本のものもあります。このような、スペイン風のカップ・ガードの刀剣と短剣は、イタリアや一部のドイツでも作られました。とくに鍔には彫刻や透かしなどのさまざまな装飾が見られ、刀剣職人の腕の見せどころでもあったのです。

しかし、十七世紀には、パリーイング・ダガーは、両手による剣術が廃れはじめたことによって、段々とはやらないものになっていきました。しかし、十七世紀半ばを過ぎても、スペインや南イタリア、それに、スペインの影響を受けた新大陸では十八世紀後半までパリーイング・ダガーを使った剣術が残っていました。また、陸軍士官学校の生徒の装備としてパリーイング・ダガーが採用されたため、トレドでは、十九世紀前半までこの古典的な短剣を作っていたのです。

ポニャード・ダガー(Poniard Dagger)

威力 ★★(+★★)　刃型 棒状形　用途 攻撃(刺突)　価格 ★★★　知名度 ★★★

外見

ポニャード・ダガーはレイピア(第一章参照)と組み合わせて使われる、刺すことに力点の置かれた短剣です。細身の刀身の断面は真四角で、切先は強化されていて、雫のような形をしています。レイピアとポニャード・ダガーをセットで使用するため、この二つを合わせて吊る腰帯や柄および鞘のすべての装飾を統一するのが流行でした。全長は三十セ

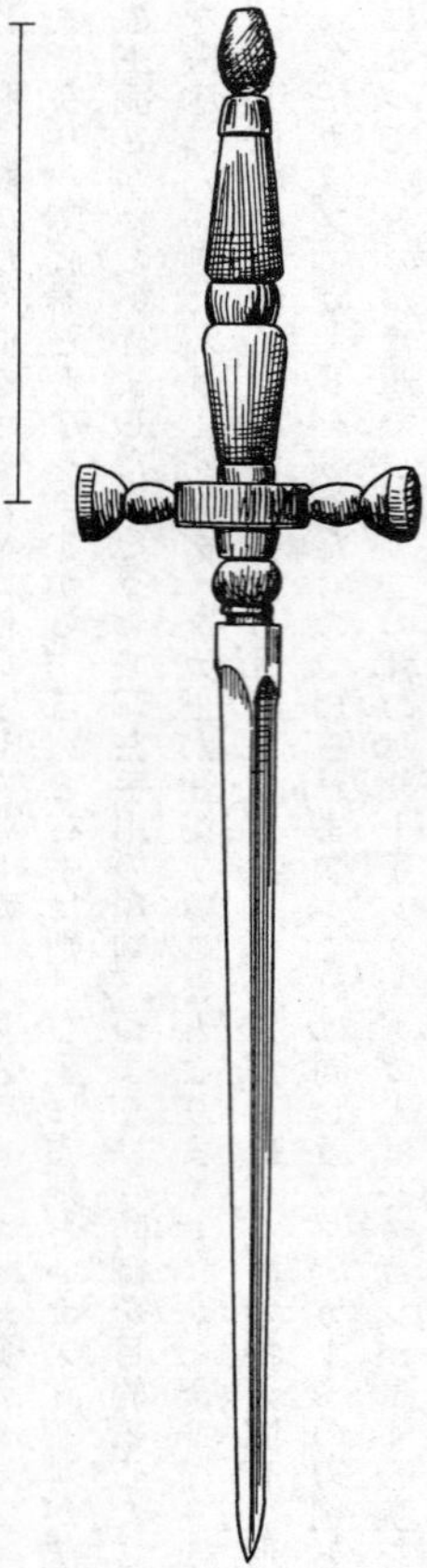

ポニャード・ダガー

ンチメートル、重量は〇・三キログラムくらいです。棒状形の刃型ですから、その身幅は当然狭く、一センチメートルを超えることはありません。

歴史と詳細

ポニャード・ダガーの語源は、〝匕首《あいくち》〟を意味するフランス語のポワニャール(poignard)です。十六世紀頃にイギリスにおいて名づけられ、小振りの短剣としての意味をもつようになりました。刀身に溝を彫ったり畦《あぜ》をつけたりして強化してあり、レイピアとともに決闘などに用いられる、殺傷能力の高い武器です。機能面だけに限っていえば、マン・ゴーシュ(左手用剣)ということができるでしょう。

その盛んであった十六世紀から十七世紀半ばにかけて、ポニャード・ダガーは腰帯の利き腕の側に水平に差していました。位置としては、腰のくびれたあたりです。これは利き腕でレイピアを、反対の腕でポニャード・ダガーを瞬時に抜くための合理的な位置といえるでしょう。十七世紀の半ばになると、パリーイング・ダガー(別項)同様、ポニャード・ダガーも、南欧(スペインとイタリア)を除いて、刀剣と短剣による剣術は徐々に廃れていったため、その寿命を縮めていきました。そして、ついには「ポニャード」という言葉そのものも忘れ去られてしまいました。

ラウンデル（ロンデル）・ダガー（Roundel Dagger, Rondel Dagger）

威力 ★★★　刃型 直身平形、アングル形　用途 攻撃、儀礼　価格 ★★
知名度 ★★★★

外見

ラウンデル（ロンデル）・ダガーの特長は、握りの両端についている円盤の形状をした「ラウンデル（ロンデル）」です。これは、コインを大きくしたような薄い円盤で、握りに対して垂直に取りつけられています。この、円盤は、手から短剣がスベリ落ちないように考案されたものでした。

全長は、だいたい三十センチメートルで、重量は〇・三キログラム、身幅は二センチメートルといったところでしょう。

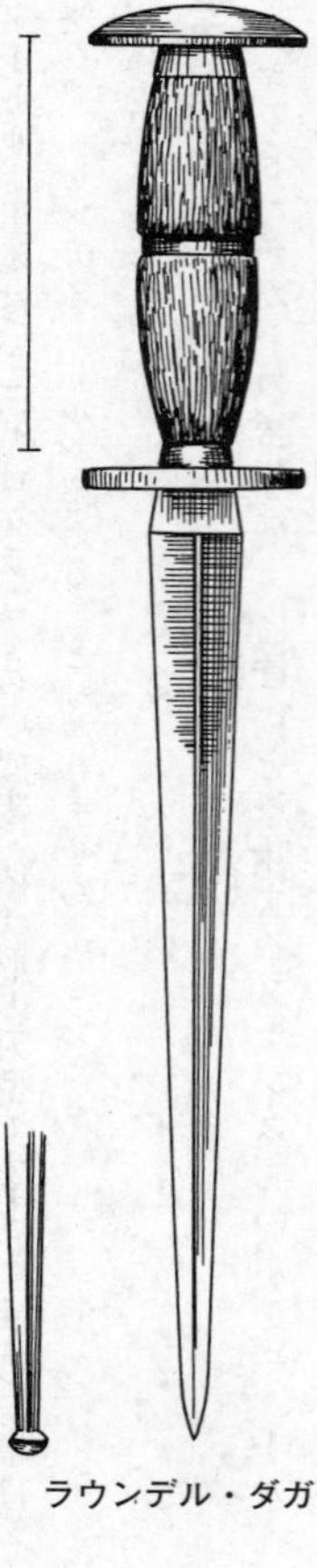

ラウンデル・ダガー

歴史と詳細

もともとこの形状の短剣は、青銅器時代から存在します。古いタイプのものは握りが円筒状で、ポメルやキヨンもないため、押えのためにラウンデルが用いられたのです。その後、次第に握りは長くなり、握りの先端のラウンデルに向って幅広になっていく一方、刀身との境のラウンデルは小さくなっていきます。

ラウンデルのようなタイプのポメルは、それほどふくらみがないため、むしろ握り（グリップ）の一部分とも考えられるかもしれません。しかし、このラウンデルには、手に持った短剣がすべり落ちるのを防ぐ効果がありました。ときには、凸レンズの形状をしているものも見られます。ラウンデルが握りと刀身の間にある場合は、日本刀でいう鍔に相当すると考えられます。刀身は本来、片刃でしたが、のちには、剣先が丸まっているものがありました。

十四世紀に現れたラウンデル・ダガーは、ラウンデルや刀身の形状を次第に変化させます。剣先が丸まったタイプは十五～十六世紀のもので、ドイツでよく見られます。こうした形状のラウンデル・ダガーは、一言でいって「メイル・ブレイカー（mail breaker：鎧通し）」であり、実用に重きを置いていますから、時代と土地によってさまざまなバリエーションが見られます。

サクスとスクラマサクス (Sax & Scramsax)

威力 ★（＋★★）　刃型 片刃状平形　用途 一般、攻撃（斬撃：スクラマサクスの場合）
価格 ★★（＋★★★）　知名度 ★★★★

外見

サクスは大きめの戦闘用ナイフで、鋭い片刃にまっすぐな峰、とても鋭利な刃先が特長です。握りは峰側についていて、刃側に向って湾曲しているのが一般的です。

サクスの刃身の長さはさまざまで、ダガーとされる三十～四十センチメートルのものや、ロング・ソード（第一章参照）となる八十五～百センチメートルのものまであります。

こうしたもののなかでとくに後者の長刀[*一]をスクラマサクスと呼びます。この、スクラマサクスは、サクスのなかで、とくに戦闘用に用いられたものを指しているようです。

サクスの全長は、先にも述べたとおりですが、その重量の目安として、だいたい、〇・三メートルのスクラマサクスが〇・四キログラムくらい、身幅は二～五センチメートルでした。

歴史と詳細

サクスは、青銅器時代からハルシュタット文明（紀元前九〇〇～紀元前五〇〇）にかけて、すでにその原型が現れています。これがラ・テーヌ文明（紀元前五〇〇〜紀元前後）になると、鉄の登場とともに、その姿を確固たるものにします。サクスはサクソン民族固有の武器で、四〜六世紀の民族大移動の時期から中世初期に至るまで、左腰に長剣とともに携帯されました。これらの実際の例は、ゲルマン民族のさまざまな部族の戦士の墓から、副葬品として出土しています。

騎士道の到来とともに、大型のサクスは姿を消し、家庭用の道具へと変化していきましたが、そのなかで小型のサクスは、ナイフとして長剣と投げ槍とセットになって野戦における騎士の装備として用いられました。サクスはまた、中世を通じて、ハンティング・ナイフ（別項）として生き残ったのです。異教時代にはじまって、キリスト教の時代になっても、その伝統は受け継がれていったのです。

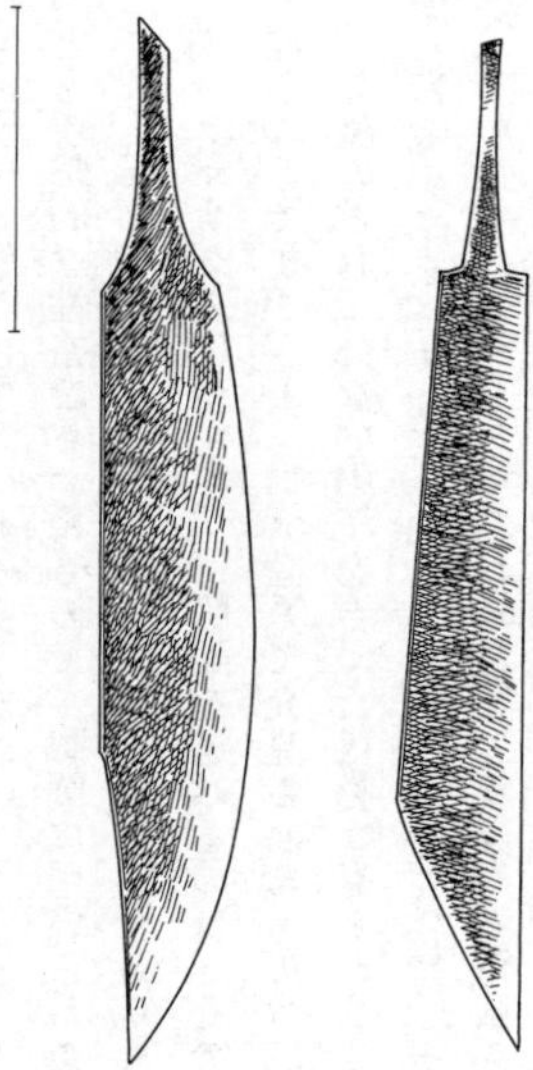

サクス

サクスの一種である、長刀のスクラマサクスという言葉の意味は、〃スクラマ

(scarama）→傷つける〟、〝サクス（sax）→ナイフ〟で、このことから類推するなら、もっとも攻撃的な性格をもったもので、戦闘に用いられたものであったと考えられます。また、スクラマが〝短い〟でサクスが剣という説もあります。

スクラマサクスについて、一般論を述べるのは、その種類、つまり出土例から考えると無理なことですが、とくに大陸系で発見されるものは四十センチメートル前後のものが多く、均整のとれていない中子をもった代物が見られます。一方、イギリスで発見されるものには大小さまざまなものがあります。たとえば六十センチメートルのスクラマサクスが、三十五センチメートルのものと混じり合って発見されることが、よくあるのです。スクラマサクスを携帯する場合は、太股のあたりに、腰から革製のベルトを通した鎖で吊してある鞘に入れて持ちました。

六世紀の有名な歴史叙述家であるトゥールのグレゴリウスが、その著作である『フランク史』の中で西暦五七五年に、フランクのシギベルト王を殺害したものとして次のように語っています。

「そのとき、王妃フレデグンドに虐待された2人の召使いが、一般にスクラマサクスと呼ばれる強力な小刀で毒をぬってあるのを持って、何か別の用事があるようなふりをして、王の両脇腹を突き刺した。（東海大学出版局・兼岩正夫訳）」

この言及以外にも、西ゴート族の法典には、兵士に支給されるべき武器リストにスクラマサクスが含まれているのです。

＊一　アングロ＝サクソン文化の著名な研究家である、David・M・Wilson 氏によれば、スクラマサクスは、七・五センチメートルから七十五センチメートルまであるようです。

シカとパスガノン (Sica & Phasganon)

威力 ★★★　刃型 直身平形、アングル形　用途 攻撃（シカ：斬撃、パスガノン：斬撃、刺突）
価格 ★★（＋★★?）　知名度 ★★★★

外見

シカは、ギリシア・ローマにおける片刃の鋭利な短剣の総称です。シカの特長は、刃が「く」の字状に極端に湾曲していることで、そのため、握りが刃に対して直角になっています。一方、パスガノンは、まっすぐな刀剣の総称で、サクスのように、その意味はソードや、ダガー、ナイフなどに当てはめられることができるものとして知られています。

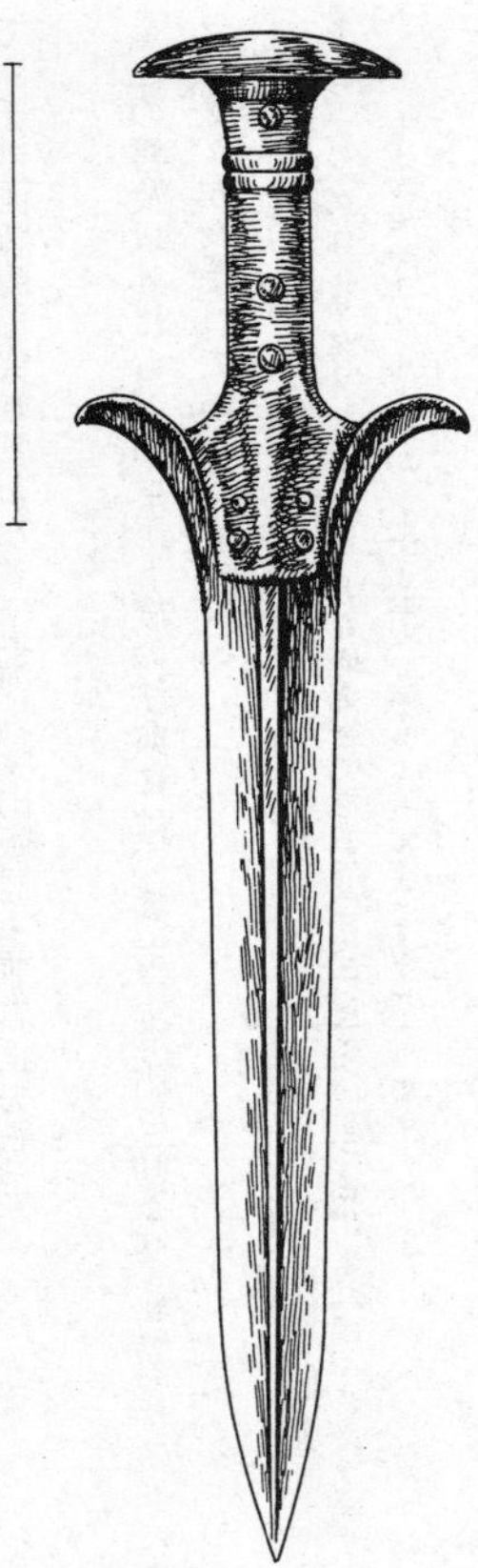

パスガノン

歴史と詳細

シカの起源は、トラキア[*一]からイリリア地方辺りといわれます。エトルリア人やリグレス人[*二]も好んでこのタイプの短剣を用いました。そしてライン川やドナウ川を越えた地域の人々もこのタイプの短剣を知っていました。

地中海世界における紀元前六〜紀元前四世紀において、ギリシア人は湾曲した刃をもつあらゆる剣をマカエラないしはコピス（第一章参照）と呼んでいます。ヘレニズム時代になると、トラキア人やイリリア人の兵士が行った残虐非道な行為への言及に関連して、シカという言葉が使われるようになります。

紀元前一世紀になって、シカが使われるようになったのは、アドリア海の沿岸を荒らし回るイリリア海賊とか、プロの殺人者によって行われた犯罪についての記述でした。つまり、ギリシア人はとくに自分たち以外の蛮族が使った湾刀をシカと呼んだのです。いずれにしても、文明国である（と彼ら自身思っていた）ギリシア人にとっては、シカは野蛮な武器であることに変わりはなかったのです。

直身の短剣として知られるパスガノンは、古くは古代ミケーネの時代より名高い武器として知られています。パスガノンは、古代クレタ文明においては、「サイポス（xiphos）」と呼ばれました。これは、ミケーネ語として有名な、線文字Bに見られる古い言葉です。

パスガノンは、ギリシアの叙事詩に見られる用語で、長剣、短剣、ナイフを指し、まっすぐで両刃をもった先の尖った剣のことでした。それを証明するものは、紀元前一五〇〇年頃のミケーネ語の文献で、それによって、これらの言葉が東地中海地方に固有の鋭利な武器につけられたものとわかります。そして、しばらくの間、ギリシア世界では短剣をパスガノンと呼んでいました。ホメロスの残した文献にもパスガノンという言葉が見いだせますが、彼[*三](?)は、むしろ短剣よりも長剣として使っているようです。

＊一　トラキア（Thracia）とイリリア（Illyris）地方　トラキアは、現在でいえば、バルカン半島の東南地域で、イリリアは同じくバルカン半島のアドリア海沿岸の地域。

＊二　リグレス人　印欧語族の侵入以前に南フランスや北西イタリア地方に住んでいた種族で、紀元前三世紀にローマによって征服され、イタリアの一地域として現在にまで至ります。

＊三　ホメロスは、ギリシア最古の物語である『イリーアス』や『オデッセウス』の作者として有名ですが、その素性はまったく知られておらず、女性とする説すらあります。

スティレット(Stiletto, Stylet)

威力 ★★(+★)　刃型 棒状　用途 攻撃(刺突)、一般　価格 ★★　知名度 ★★★

外見

スティレットとは、剣身が細く鋭い、錐状の短剣をいいます。この剣身は横に切断すると、切り口が三角ないし四角形です。柄には小さな球形の、ときには少し平たいポメルがついています。また、パイン形のポメルであることもあります。小振りのキヨンがついていて、その両端にはポメルと同じものがついていることもあります。

全長は三十〜四十センチメートルで、身幅は一センチメートル程度、重量は〇・三〜〇・四キログラムです。十七〜十八世紀のスティレットはこれより一回り大きい程度でしょう。

歴史と詳細

スティレットの名称は、蝋板に文字や形を書きつける道具である〝ステュルス(stylus)〟からきています。この短剣は、簡単に持ち運びできて、突き刺すことを目的に作られているため、都市の平和を脅かすものとしてしばしば携帯を禁じられました。

それにもかかわらずスティレットが広範囲に使われるようになったのは、身体を防御するためにメールやレザーが市民生活でも使われるようになったためです。この細く鋭い剣先ならば、新手の鎧に対して、極めて有効に突き刺すことができるからです。

十七～十八世紀のイタリアにおいては、スティレットは、まったくちがった用途で使われました。それは、砲兵部隊[*一]の兵士たちによって使われたことです。その剣身の断面は、まったくの円形で、彼らは砲口や砲弾の大きさを計測するために用いたため剣身にはメモリがついていたのです。

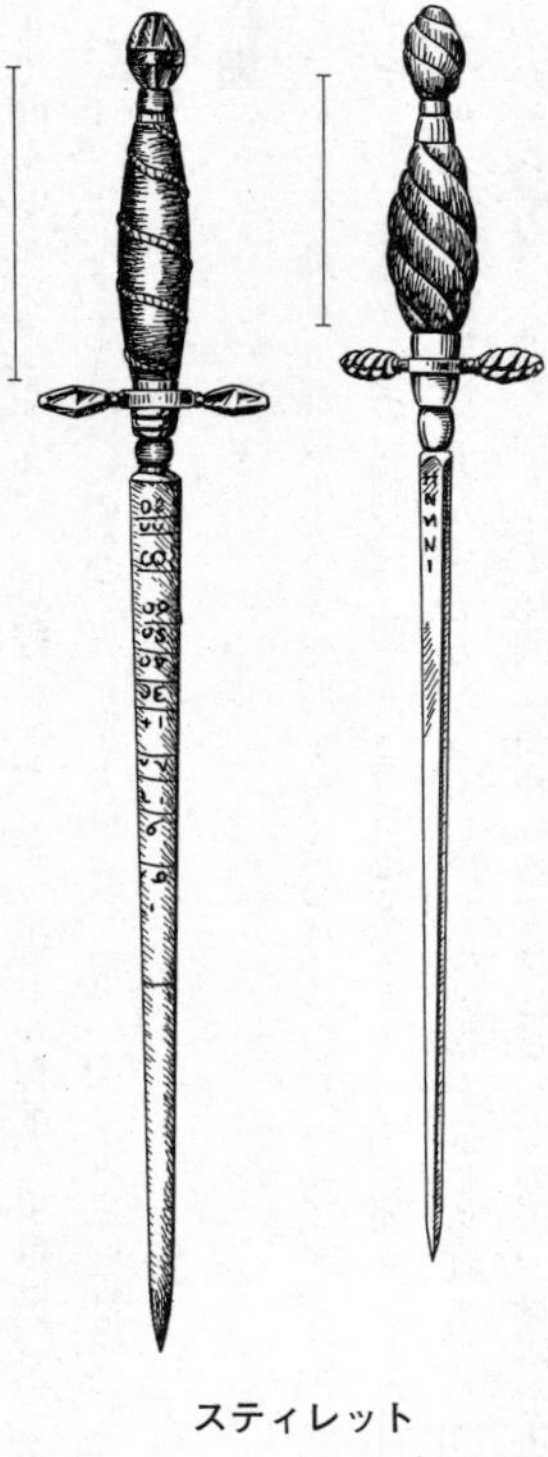

スティレット

＊一　**砲兵部隊**　大砲を専門に扱う部隊。

第三章

長柄武器類

長柄武器の形状

長柄武器の種類

長柄武器とは長い柄をもち、先端につけられた穂先をもった武器です。簡単にいうならば「穂先」と「柄」を組み合わせただけのもので構造は単純です。本章ではそのなかの鋭い穂先をもったものを紹介しています。

鋭い穂先とは、「切先」または「刃先」を備えたもので、刺突、斬撃などに用いられたものです。その形状と用法から考えると、大きく二種類に分けることができます。それは、「スピアー（spear）」類と、「ポールアーム（pole arm）」類です。

スピアー類とは刺突のみを考えたものです。もっとも簡単で古くから存在し、柄をもった武器の原点に位置するものといえます。

一方、ポールアーム類とは〝長い〟という特性を生かして、刺突以外の用法でも使える長柄武器の総称です。時代的には中世に発達した武器類のことをいい、スピアー類に比べるとその寿命は短かったと考えられます。

では、ここで、両者をさらに種類わけし、その形状の特長と用法のちがいについて見てみましょう。

スピアー類の種類

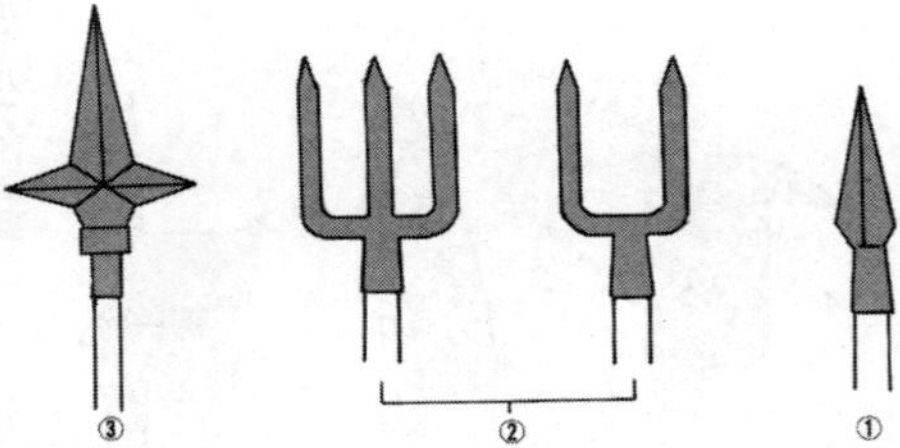

①槍状長柄武器

槍状長柄武器の一種であるスピアーは、構造が単純で、そのうえ徒歩の兵士でも騎兵でも使えるデザインをしています。また、接近戦用としても遠距離戦用としても有効であったためにたいへん普及し、接近戦用が「スピアー」であれば、遠距離戦用は「パイク」としてその名を残しています。銃器が一般化するまでの間で、槍状長柄武器は世界中でもっとも多く作られ、また使われた武器といえるでしょう。

②多叉状長柄武器

多叉状長柄武器を代表する二叉および三叉の長柄武器は、一般道具から生まれた「フォーク」や、「トライデント」があります。こうした武器が正式武器として西ヨーロッパに取り入れられたことはあまりありませんでしたが、民衆の蜂起などには用いられ、その威力を示しました。

③翼付き長柄武器

穂先が、左右にも伸びているもので、通常、「ウィングド・スピアー」と呼ばれています。その起源は中世暗黒時代にまでさかのぼることができます。翼付き長柄武器は、当初は相手に深々と突き刺さらないようにするための工夫でしたが、のちに「パルチザン」のようなものが登場すると、その効用は相手のダメージを増したり武器を受け止めたりするようになります。

ポールアーム類

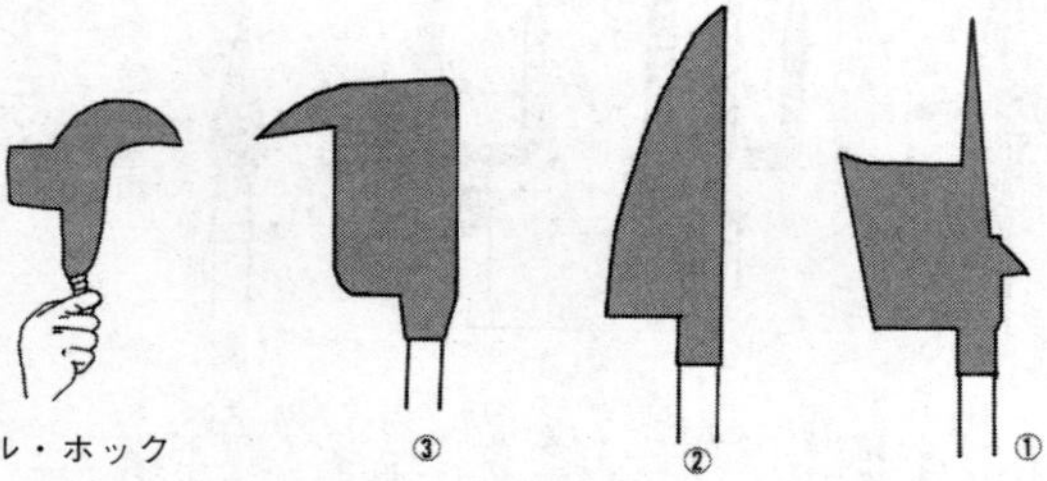

①斧状長柄武器

長い柄をもった斧は、イギリスでは「ポール・アックス」、大陸では「ハルベルト」と呼ばれ、中世を代表する武器として知られています。斧を武器とすることは、古代ギリシア・ローマ人を除けば、斧が登場したときよりはじまっています。この種の武器は槍状のものとはちがい、打ち切ることを目的としていました。

②長刀状長柄武器

身幅の長い片刃の穂先を備えた長柄武器類で、斬撃に用いることをその目的としています。斧状長柄武器とちがう点は、この種の武器の起源が刀剣にあることで、振り回すことによって相手をかすめきることを目的とした点です。

③鍵爪状長柄武器

木の枝を引っかけて切り落とす「ビル・ホック」という工具から発達したものです。中世において、騎乗した兵士や重い鎧を着た兵士を引きずり降ろしたり、引き倒すために考えだされたものです。

各部名称

ここではさらに個々の形状を切り離して、長柄武器全体を見たときの各部分ごとの名称をあげ簡単に説明しましょう。

長柄武器の各部名称

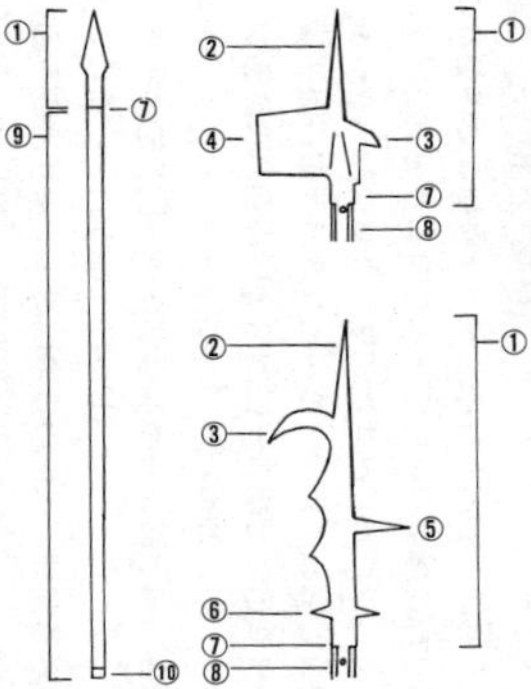

①スピアーヘッド（穂先、鎬《しのぎ》：spearheads）

スピアーヘッドには刃先をもった平形と、刃先のない棒状のものがあります。平形は正式武器として使われていた長柄武器の特長で、棒状は一般の道具を武器とした長柄武器によく見られます。しかし、刺突することのみや、敵を威嚇することのみであれば、棒状であっても十分といえ、パイクなどはそれにあたります。ちなみに日本においては穂先の先端部分は「鋒」とも呼んでいます。

②スパイク（刺先：spike）

ポールアーム類を刺突に用いられるようにつけ加えられたもので、前方に向かって突きだせる位置にあります。

③フルーク（錨爪：fluke）

何かに引っかけたり、引き倒したりするために考えだされたもので、これは、引っかけて切るといった農具類の特長を武器に取り入れたものです。

④アックス・ブレード（斧刃：ax blade）

長柄武器は、斧状武器のような斧頭に、スパイクやフルークを取りつけたものにも似ています。そのため、このような斧刃がありました。

⑤ピーン（刺端：peen）

ピーンは、ポールアーム類にある独特な部分で、振り回した際にも突き刺せるように取りつけられたものです。

⑥ラグ（突端：lugs）

槍状長柄武器であれば、ダメージを増すためや深々と刺さらないようにする機能をもちますが、ポールアーム類においてはピーン同様振り回して突き刺す機能があったと考えられます。また、受けとめることを重点にしたラングは、別名「クロス・ガード（cross guard）」とも呼ばれました。

⑦ソケット（口金：socket）

柄に穂先を差し込む部分のことで、筒状になったものを「ソケット」といいます。

⑧ランゲット（柄舌：langet）

穂先を柄に固定する手助けをする箇所で、通常は左右両面にあり鋲などを打ち込んで固定しています。

⑨ポール、シャフト（柄：pole, shaft）

長柄武器の構成部分で刃以上に重要なのがポールです。これは古くから木製でした。攻撃による衝撃はこの柄を通して使用者に伝わるわけですが、それを考慮した丈夫で弾力性に富んだ材質である必要がありました。そのため、昔からイチイやトネリコなどが使われていました。

また、ポールは使いやすいように先端に近づくにしたがって細くなったり、握りやすいように布や皮をグリップの部分に巻きつけるなどしていたようです。

⑩バット（石突：butt）

カップ状の金具を取りつけたものがありますが、基本的には穂先の反対側をこう呼びます。地面に突き刺すタイプのものには、ここに短い穂先状のものを取りつけてあることがあります。

長柄武器の歴史

登場までの背景

長い棒の先に尖った木、石、または金属をくくりつけた武器を総称して長柄武器といいます。長柄武器はその柄の長さや、穂先の形状によってさまざまな種類があり、それぞれに異なった名称が与えられています。その起源は原始時代の狩猟用武器から発達したもので、その目的は相手を刺突することです。そして、長柄武器は組織的な軍隊に使用されてはじめて、武器としての地位が確立したのです。

長柄武器の使用法が確立し、今日にまで伝わっているのは、やはりギリシア時代からということになります。当時はこれを「アメントゥーム（amentum）」と呼び遠近両用の万能武器として、ギリシア・ローマ時代を通じて使用されていました。歩兵用の長柄武器には、アレクサンドロス大王の時代に、彼が率いたマケドニア軍のファランクス（密集隊形）を構成する重要な武器として使われた五メートルもの長さをもつ「サリッサ（sarisa）」が有名です。またローマ人の「ハスタ（hasuta）」、ケルト人の用いた「ランシア「(lancea)」、投擲に便利な「ピルム(第七章参照)」なども当時を代表する長柄武器として知られています。

❖全盛期までの背景

ローマ時代が終わり、歴史が地中海から西ヨーロッパに移りはじめた四〜九世紀のことです。当時の大国フランク王国では、それまで鋭角的だった槍の頭部に代わって、突くだけでなく切ったりもできるような木の葉型になったものが使われはじめました。さらに、頭部と柄の接続部分のあたりに小さな突起がついたものが出現したのもこの頃です。これは「ウィングド・スピアー（Winged spear）」と呼ばれ、相手に与えるダメージや距離を向上させ、さらに相手の攻撃を受け止めることもできるようになっていました。また、このウィングには相手に深々と突き刺さることを防止する働きもありました。

のちにこのウィングが、十二〜十四世紀にかけて発展して、「ランデベヴェ（langdebeve）」と呼ばれる広刃の槍と合体して、ルネサンス期にいたり「パルチザン（二百九十八ページ）」という形で完成します。また、これは、部隊の騎兵化にともなって、騎兵の武器として発展した「ランス（第五章参照）」の登場までの中継ぎとしての役割もありました。これは現在でも使用されています。

❖全盛期を経て

長柄武器の全盛期は、部隊の騎兵化にともなって起った歩兵の対騎馬戦術の発展によってはじまりました。ときは十一世紀頃、その素材は農耕具や、一般工具から見いだされていきました。こうして、斧や鎌、フォークから発展した「ハルベルト（二百七十九ページ）」や、「ヴォウジェ（二百八十三ページ）」「ビル（二百八十八ページ）」となるわけです。しかし、使いやすさと、使うことに主眼をおいたこうした武器は、ルネサンスという文化と改革の影響、流行によって、膨れあがり、肥大して本来の目的のみならず、さまざまな用途に向けて改良されていったのです。ルネサンスは、ヨーロッパ人の文化のルネサンスであるだけでなく、兵器のルネサンスでもあったのです。

十四〜十七世紀のイタリアでは前述のパルチザンをはじめ「コルセスカ（三百六ページ）」「[*一]ボアー・スピアー（bore spear）」「パイク（三百一ページ）」などが相次いで発明されました。ボアー・スピアーは非常に大きな木の葉型の刃がついた狩猟用の槍で、やはり小さな突起がついていました。また十六世紀に、同じくイタリアで発明された「[*二]フォールディング・スピアー（folding spear）」という武器は、頭部の刃の部分がほかの槍の何倍もある大きなもので、まっすぐな刃の両側にはこれまた大きな曲がったウイングがついていました。このウイングが持ち運びに便利なように折り畳んで頭部に収められる形のものもありましたが、これはたいへんに高価な武器で、通常の軍隊ではなく、貴族たちにしか使用されなかったようです。そのため、フォールディング・スピアーには見事な装飾をしたものが多く見受けられました。

十六世紀に火薬を使った個人用兵器、つまりマスケット銃が軍隊で使用されるようになってからは、長柄武器はそれまでのように歩兵用武器の王様ではなくなっていきます。しかし当時の銃は弾薬の装填《そうてん》に時間がかかるという欠点があったため、長柄武器がまったく使用されなくなるということにはなりませんでした。さらに、銃の先にくりつけるなどして使われつづけ、現在に残る「バイオネット（第一章参照）」の原型ともなりました。また、歩兵用以外では、乗馬用の槍として、中世のトーナメントに使われた「ランス」が有名ですし、手投げ用の槍は「ジャヴェリン（第七章参照）」という形で現在まで残っています。

武器としての長柄武器がその役目を終えたあとも、一部は過去の栄光によって兵士たちに象徴として好まれ、今世紀まで生き残ったものもあります。儀式用の「グレイヴ（二百八十五ページ）」、「ハルベルト」、そして「スポントゥーン」「ハーフ・パイク」などです。

＊一　ボアー・スピアー　穂先が木の葉状の形をしたスピアー。

＊二　フォールディング・スピアー　穂先がまっすぐ伸びて、三日月状に反り返ったウィングを左右にもつスピアー。

長柄武器類能力早見表

表中の★の数は、前章同様の制限と基準により決定しています。

番号	名称	威力 刺突	威力 切断	威力 殴打	威力 引き倒し	体力	練度	価格	知名度	全長（m）	重量（kg）
①	スピアー（Spear）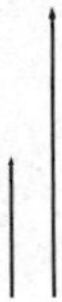	★★（+★★）	–	–	–	★（+★★）	★（+★★）	★（+★★★）	★★★★★	2～3（ロング・スピアー） 1.2～（ショート・スピアー）	1.5～3.5（ロング・スピアー） 0.8～2（ショート・スピアー）
②	ハルベルト（Halbert）	★★（+★）	★★（+★）	（★★）	–	★★（+★）	★★（+★★）	★★★（+★★）	★★★★★	2～3	2.5～3.5
③	ヴォウジェ（Vouge）	★（+★）	★★★	–	★★	★（+★★）	★（+★★）	★（+★★★）	★★★	2～3	2～3

④	グレイヴ（Glaive）	★（+★）	★★★（+★）	–	（★）	★★（+★★★）	★★（+★★）	★★★（+★★）	★★★★★	2〜2.5	2〜2.5
⑤	ビル（Bill）	★★（+★）	★★（+★）	–	★★★★	★★（+★）	★★★（+★★）	★★（+★★）	★★★★★	2〜2.5	2.5〜3
⑥	トライデント（Trident）	★★★★（+★）	–	–	–	★★	★★	★★（+★★）	★★★★	1.5〜1.8	2〜2.5
⑦	フォーク（Fork）	★★★	–	–	–	★（+★）	★（+★）	★（+★★）	★★★★★	2〜2.5	2.2〜2.5
⑧	パルチザン（Partisan）	★★★★	–	–	–	★★	★★	★★★（+★★）	★★★	1.5〜2	2.2〜3
⑨	パイク（Pike）	★★（+★★★）	–	–	–	★★★	★★★	★★★	★★★★★	5〜7	3.5〜5
⑩	コルセスカ（Corsesca）	★★★★	–	–	★★	★★（+★）	★★（+★★）	★★★	★★★	2.2〜2.5	2.2〜2.5

スピアー（Spear）

威力　刺突★★（＋★★）　体力　★（＋★★）　練度　★（＋★★）　価格　★（＋★★★）
知名度　★★★★★

外見

スピアーは、穂先の刃の部分のちがいを除けば、切先をもった穂先と柄を組み合せただけの単純なつくりをしています。しかし、その長さのちがいと用法によって、二種類に分けて考えられています。それが、「ロング・スピアー」と「ショート・スピアー」です。

ロング・スピアーは、歩兵が敵よりも有利な位置にたって攻撃するためのもので、普通二メートル前後のものです。これは威嚇に用いるのではなく、純然たる刺突攻撃のための武器です。

ショート・スピアーは、もっと多目的に用いられたもので、ときには投擲することも行いました。さらに、馬上で用いたスピアーの多くはこの種類に入ります。この二つの攻撃方法を目安として、ロング・スピアーとショート・スピアーを見分けることができます。

ロング・スピアーは、長さが二～三メートル、重量が一・五～三・五キログラムぐらいのもので、ショート・スピアーは、それより短く、最短のものなら一・二メートル程度で、重量は〇・八～二キログラムといったところです。

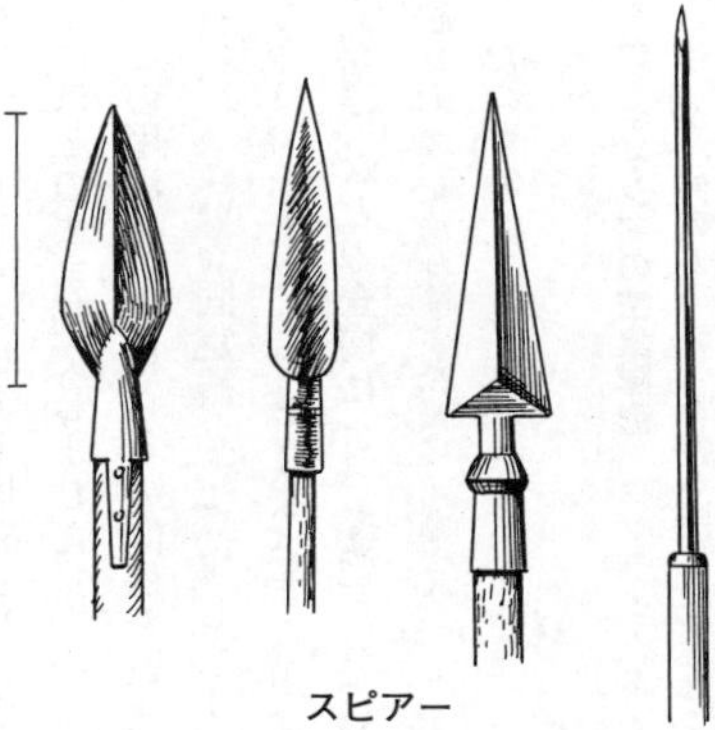

スピアー

歴史と詳細

長柄武器として、もっとも単純な形をしているのがスピアーです。単純な構造の上、徒歩の兵士でも騎兵でも使えるデザインであり、また接近戦用としても遠距離戦用としても有効であったことからたいへん普及しました。銃器が一般化するまでの間で、世界中でもっとも多く作られ、また使われた武器であったといえます。

ショート・スピアーは、原始における狩猟生活の発展によって、狩猟道具として登場したものです。ただし道具と武器の明確な境界線は、そうした時代からあとの、軍隊が成立した時期によって決定されるとするのが妥当でしょう。

古代における当初の戦闘は、盾を持ちショート・スピアーを持って刺突し合うという接近戦でした。しかし、古代メソポタミア文明でのヒッタイトを代表とするこうした集団戦術は、サルゴン王が導入した戦車と飛翔武器によってくつがえされてしまいます。ところがここで、スピアーを長くして、相手の兵士をいち早く攻撃するという概念と、騎兵を威嚇するという考えが起こり、ロング・スピアーが登場することになりました。これが、有名なギリシアの密集隊形戦術[*一]につながります。

スピアーの長さによる用法のちがいがはじまると、それを扱う兵士たちの用法にも変化が起こります。たとえば、ロング・スピアーは腰だめに構え、敵に襲いかかりました。一方、ショート・スピアーは肩ごしに構えて敵を威嚇しながら接近し、ときには投擲し、ときにはそのまま刺突しました。

この用法は、しばらくの間保たれますが、弓類の普及が広まりはじめると、スピアーは〝長い〟という固定観念が登場します。こうして、その全盛期を迎えるわけですが、その寿命は、中世におけるさまざまな用途に用いることができる、ハルベルト（別項）、ビル（別項）などの登場によって絶たれ、刺突し、威嚇することは、パイク（別項）へと受け継がれていきました。こうして、ロング・スピアーは、中世の長柄武器類の礎となっていったのです。

＊一　ギリシアの密集隊形　ファランクスと呼ばれるもので、肩と肩が触れ合うほど横一列に並んだ兵士が、何列かの縦列を作る隊形で兵士は手に盾と槍を構えた。

ハルベルト（Halbert）

威力 刺突★★（＋★） 切断★★（＋★） （殴打★★） 体力 ★★（＋★）
練度 ★★（＋★★） 価格 ★★★（＋★★） 知名度 ★★★★★

外見

白兵戦武器の黄金時代であるルネサンス。その頃もっともポピュラーだった武器が、このハルベルトです。この複雑な形状をした武器は、それひとつで、「切る」「突く」「鉤爪で引っかける」「鉤爪で叩く」といった四つの機能をもっていました。その頭部は三十〜五十センチメートル位で、それに二〜三メートルある柄の先に取りつけられており、全長は二〜三メートル、重量は二・五〜三・五キログラムといったところでした。

歴史と詳細

ハルベルトという名前はドイツ語の〝棒〟をあらわす言葉〝ハルム Halm〟と、斧を意味する〝ベルテ Barte〟を合わせたもので、日本語では「斧槍」、または「鉾槍」と呼んでいます。その形は、槍状の頭部に斧のような形をした広い刃がつき、その反対側には小さな鉤状の突起がついているというものでした。

ハルベルトのもとになった武器は、六〜九世紀に北欧の戦士が使っていたスクラマサク

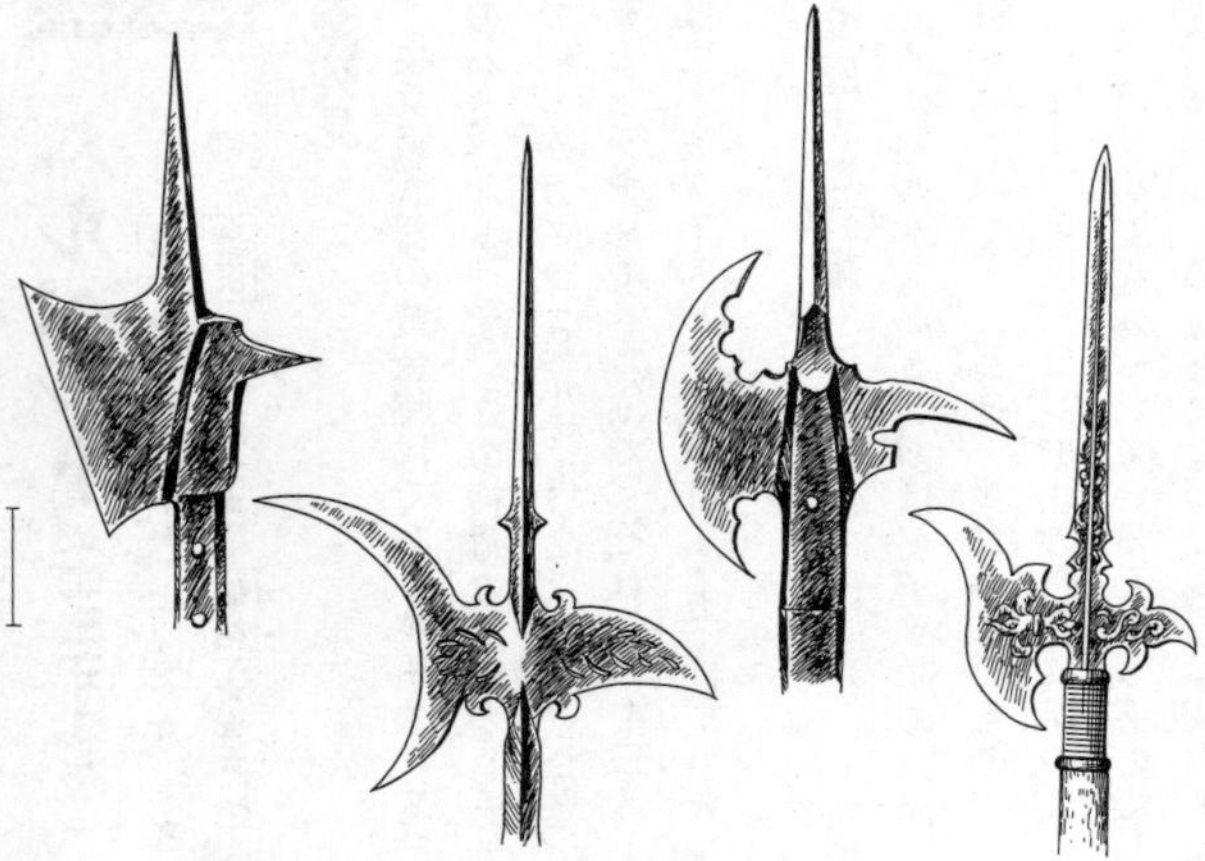

ハルベルト

ス（第二章参照）という広刃の剣を長い棒の先に取りつけたもので、十三世紀頃スイスで使われていました。この武器がより強力なものに改良されていき、十五世紀の終わり頃、三つ目の特徴である鉤爪が取りつけられ、ほぼ最終的にハルベルトとして完成しました。

ハルベルトは斧の部分のおかげで、それまでのスピアー（別項）に比べて威力が大きく、鎧をつけた騎兵相手に遅れをとっていた槍兵の能力を向上させました。斧の部分の使用法には、相手の頭上から振り降ろしたり、真横から振り回したり、あるいは相手の背後から足を払ったり、さらに馬上の敵を馬から引きずり降ろしたりと、実に多様な使用法がありました。

またハルベルトの鉤爪部分は、頭部を保護しているヘルメットを壊し、敵に致命傷を与えるために取りつけられていました。

十五～十六世紀にかけて、歩兵たちはこのハルベルトを装備しつづけ、ヨーロッパでハルベルトかそれに近い武器を装備していなかった国はありませんでした。

ハルベルトの歴史が終わりに近づく第一歩はパイク（別項）の登場です。パイクはアレクサンドロス大王時代の「サリッサ」のように五メートルもの長い柄をもった槍です。この武器を採用した十五世紀のスイス軍が、パイク戦術と呼ばれる斜形陣を使いはじめたとき（詳しくはパイクの項参照）、ハルベルトを装備していたスイスの敵国はあえなく敗れ去っています。パイクに敗れはしましたが、ルネサンス時代にパイクを装備していたのはスイス兵だけだったので、ハルベルトはまだ各国の軍隊で使用されつづけます。この武器が最終的に戦場から姿を消すのは、ほかの白兵戦武器と同じように「マスケット銃」*が発明されたときでした。しかし結局ハルベルトはその原型が作られた十三世紀から、マスケット銃に取って代わられる十六世紀の終わりまで、実に三百年間にわたってヨーロッパの花形兵器でありつづけたのです。

ハルベルトやヴォウジェ（別項）は、その最盛期であった十六世紀の中頃から、戦場から姿を消すその世紀の終わりまでの五十年間に、最後の進化のときを迎えました。斧の部分は以前よりもより大きくなり、軽量化のために面積を減らし斧というよりも三日月型の鎌に近い形になりました。さらに鉾先は細く、長くなり、鉤爪には美しい装飾が施されていったのです。これはハルベルトの目的が実用的なものから君主の軍隊のパレードや儀式用に変わっていったためです。ハルベルトはこの形のまま、戦場から消えたあとも十九世紀まで使われつづけたのです。

＊一　マスケット銃　近世における小銃の一種で、前装式小銃の一般的な名称。

ヴォウジェ（Vouge）

威力　刺突★（＋★）　切断★★★　引き倒し★★　体力　★（＋★★）　練度　★（＋★★）
価格　★（＋★★★）　知名度　★★★

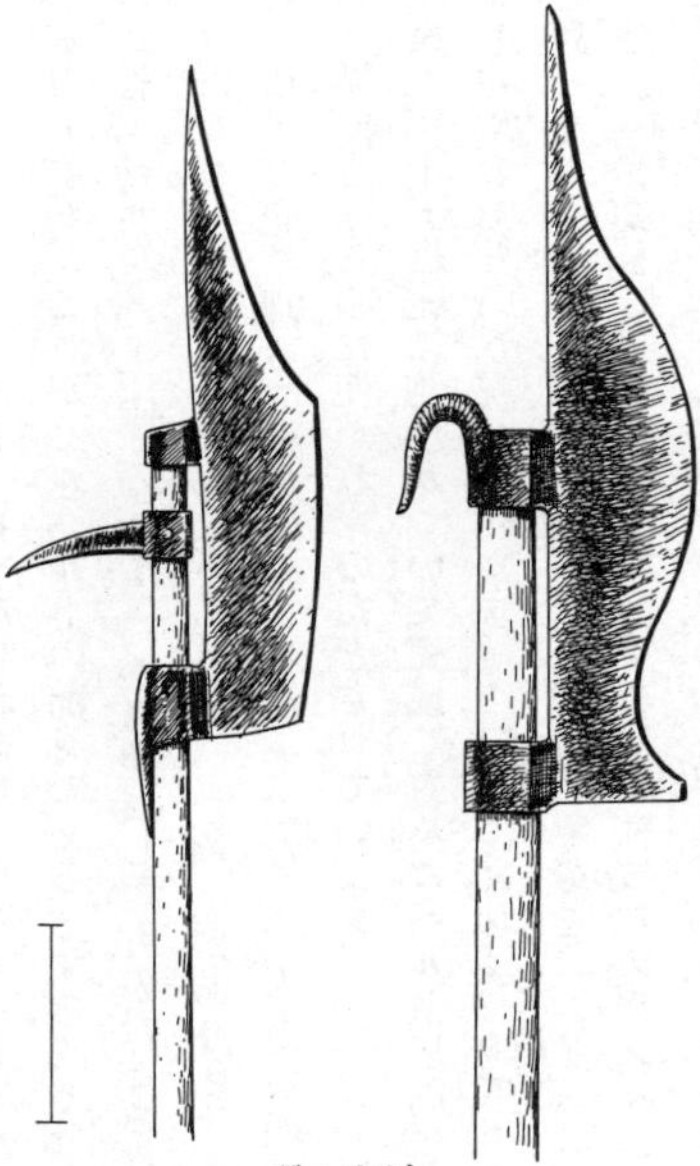

ヴォウジェ

外見

ヴォウジェはハルベルト（別項）に似た形状をもつ、スイスやフランスで使われた武器の総称です。ハルベルトと同じように槍の頭部に斧のような形をした刃をつけ、小さな鉤爪もついています。全長は二〜三メートル、重量は二〜三キログラムでした。

❖歴史と詳細

フランスのハルベルトとして知られたヴォウジェは農耕器具から発展したのだとする説が有力ですが、これがハルベルトの前身であるとする説では、小さな突起のついた長刀状の武器「ギサルメー[*一](guisarme)」から発展したものだとされているようです。

ヴォウジェにもハルベルトについていた鉤爪がありますが、これはハルベルトのように、相手の兜を割るのが目的だったのではなく、本当に鉤の形をしており、攻城戦の際に、城壁を登るのに使われたのだとされています。

また、十五世紀に鉤爪がついて完成したハルベルト以前に使われていたものをヴォウジェと呼ぶのだという説もあります。この説によれば、鉤爪のついたハルベルトが誕生したとき、それまでハルベルトと呼ばれていたものを「スイス式ヴォウジェ」と呼ぶようになったということになります。また、これに対してフランスなどで使われていた同じような形の武器を「フランス式ヴォウジェ」と呼んだりもしています。

＊一　ギサルメー　グレイヴやビルの原型ともなった鎌状のポールアーム。

グレイヴ (Glaive)

威力 刺突★（＋★） 切断★★★（＋★）（引き倒し★） 体力 ★★（＋★★★）
練度 ★★（＋★★） 価格 ★★★（＋★★） 知名度 ★★★★★

外見

ローマ軍の使っていた剣の名であるグラディウス（第一章参照）を語源にもつグレイヴは、フォールション（第一章参照）と呼ばれる円月刀によく似た形の刃をもつポールアームで、類似する武器のなかではもっとも大きな刃をもっています。大きなもので七十センチメートルにも達する頭部は、片刃で三日月型に大きく反り返っています。柄の長さは約二メートルから二メートル五十センチぐらいで、ものによって刃の反対側に小さな鉤爪がついていたりもします。全長は二～二・五メートル、重量は二～二・五キログラムでした。

歴史と詳細

グレイヴの原型となったのは、メソポタミア文明の頃から武器として使われていた農業器具の大鎌だとされていますが、北欧の民族が使っていたフォールションに柄をつけたものだとする説もあります。だいたい十三世紀頃その形を整え、各国の軍隊でおもに宮廷の近衛兵用武器として使用されました。一説によればグレイヴが使われるようになったのは

グレイヴ

十二世紀であるといわれていますが、その頃それらしきものを使っていたイタリアでは、軍用大鎌もグレイヴもともにフォールションと呼ばれており、それがグレイヴのはじまりだと断言することはできません。グレイヴと大鎌から発展したプロトタイプとの大きなちがいは、グレイヴだけが刃の先が尖っていて突くこともできるという点です。グレイヴはこのように突くこともできましたが、その広い刃を一杯に使って振り回すのが通常の使い方でした。

グレイヴはその後も進化をつ

づけます。使用目的が実際の戦争に使われる以上に、儀式用だったり近衛兵用の飾りだったりするため、時代が下れば下るほどその刃は大きくなり装飾も大げさになっていきます。しかし、実用的な進化もなかったわけではありません。十五世紀頃、戦いの際に相手の武器を自分の武器で押さえられるかということが問題となって以来、グレイヴにもほかの長柄武器と同様に、刃の反対側に鉤爪がつけられるようになりました。

グレイヴは、戦場からは十六世紀の終わり頃見あたらなくなりますが、イタリアを中心とした宮廷では十七世紀の終わりまで、近衛兵のパレードなどに使用されつづけました。ドイツでは、このように使われたグレイヴのことを「クーゼ（couse または kuse）」と呼んでいました。また日本でも、平安朝の頃から同じような形の武器である薙刀《なぎなた》が江戸時代まで使用されていました。これも直接のつながりこそありませんが、グレイヴの一種といえないこともないでしょう。

ビル（Bill）

威力 引き倒し★★★★ 刺突★★（＋★） 切断★★（＋★） 体力 ★★（＋★）
練度 ★★★（＋★★） 価格 ★★（＋★★） 知名度 ★★★★★

外見

ビルはグレイヴ（別項）と同じように、長い柄の先に刃のゆるやかにカーブした頭部がついた武器ですが、グレイヴとちがう点は、グレイヴが相手を突くこともできるように先端が尖っていたのに対し、ビルは相手を引っ掛けることができるように先端が鉤状になっていて、さらに両刃であることです。数あるポールアームのなかでも相手を突くことをせず、引っ掛けることだけを考えてデザインされたのはビルだけです。歩兵が頑丈なプレート・アーマーを身につけてからは、突くよりも引っ掛けて倒してから攻撃したほうが効果的だったため、数多く普及しました。全長は二～二・五メートル、重量は二・五～三キログラムでした。

歴史と詳細

ビルもほかのポールアームと同じように、もとはといえば農耕器具から発展したものでした。「ビルホック（billhook）」、あるいは「シックル（sickle）」と呼ばれる円形の鎌がそ

ビル

の原型です。この武器が、いつ頃から使用されるようになったかは正確にはわかりませんが、十三世紀のイタリアで「ロンコ（ronco）」「ロンコーネ(roncone)」などと呼ばれていたものがその最初であるといえそうです。

十三世紀頃のビルはとてもシンプルな形状をしていましたが、時代が進むにしたがって、ほかの武器の影響を受けてか、次第に複雑なものに変わっていきます。まず、曲がっていた先端に相手を突くこともできる鋒先が取りつけられ、相手を引っ掛けて倒してから突くことができるようになったほか、その槍の部分と鎌の部分の間で相手の武器を受け止めることも可能になりました。また十五世紀に入ってからのビルには、相手の攻撃から使用者の手を保護するための小さなウイングが見受けられます。さらには、当時の主要兵器であったハルベルト（別項）に影響を受けて、相手の兜を攻撃するため、小さな鉤爪も取りつけられました。
ビルはどちらかといえば、大規模な軍隊でよりも、農民や市民の共同体といった比較的小さくて未熟な軍隊で多く使用されていたようです。これは主要兵器であったハルベルトがその使用に高度な訓練を必要としたためで、そのような訓練された兵士ではない人々が武装するには、このビルはもってこいだったようです。

十六世紀の中頃、新しいタイプの軍隊、つまり銃を持った歩兵が登場するとともに、ビルもほかのポールアームと同様に第一線からは姿を消します。しかし、その後も少数ながら、フランスやピエデモンテの下級士官が、階級や所属部隊の紋章が刻まれたこの武器を十八世紀の中頃まで使用しつづけていたようです。

トライデント（Trident）

威力 刺突★★★★（＋★）
体力 ★★
練度 ★★
価格 ★★（＋★★）
知名度 ★★★★

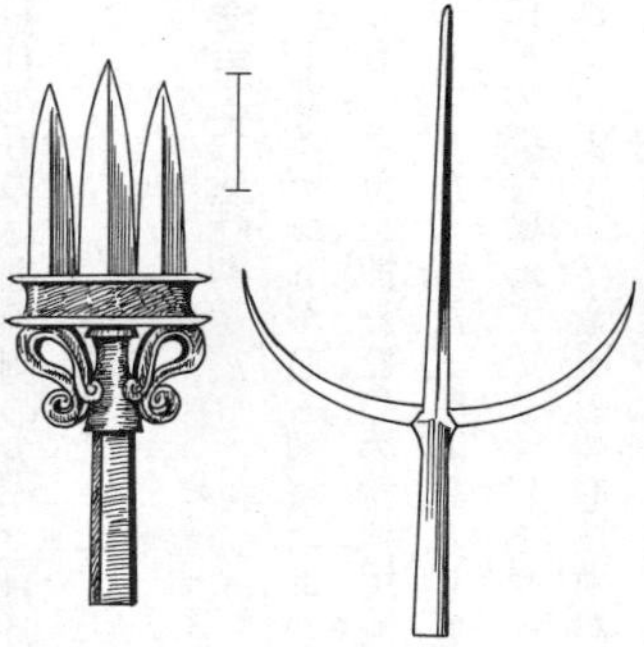

トライデント

外見

トライデントは農具から発展した、比較的古くから存在していたポールアームで、ギリシア神話の海神であるポセイドンや、そのほかの神話に登場する神々の武器として物語や芸術品、コインなどにその姿が見られます。形状はフォーク（別項）に似ており、長い柄の先に槍状の刃が三本ついています。鉾先が一つであるより三つあったほうが、命中率も威力も向上するであろうという点がこの武器の設計概念だといえるでしょう。また、トライデントによって受けた傷は非常に治りにくかったといわれています。三本の鉾先はまっすぐであったり外側に広がっていたり、中国で使われたものには両側の刃が三日月状に反り返ったものも見受けられます。全長は一・五〜一・八メートル、重量は二〜二・五キログラムでした。

❖歴史と詳細

トライデントがある国家によって正式の武器に採用されたことは一度もありません。もともとは魚を捕るための狩猟用器具として生まれ、おもにそのための道具として使用されてきました。また、農器具として使用された例も数多く見受けられ、現在でも各国の農家にその姿を留めています。トライデントの鉾先には最初は鹿の角が使われていたと考えられていますが、金属の鋳造技術が生まれるとともにその鉾先にも金属が使われはじめました。そういう意味では、もっとも原始的な武器である槍とこのトライデントは、同時期に発生したと考えることもできそうです。

　トライデントが戦いの道具としてはじめて歴史に現れるのは古代ローマ時代です。当時ローマ市民の国民的スポーツであった、コロッセウム（円形競技場）を使って行われた剣闘士（グラディエトール）の戦いにおいて、レティアリウスと呼ばれた戦士たちは、右手にトライデント、左手に網をもち、漁師のようにその網で敵を捕らえ動けなくしてからとどめを刺すという戦い方をしていました。また、同じ頃海の上では、ガレー船*一どうしの戦いで船乗りたちがトライデントを使って同じように戦っていたようです。ローマ時代以後もトライデントは数々の戦争で、ゲリラや農民兵などに使われつづけます。

ヨーロッパ以外に目を向けると、紀元前二〇〇年頃の中国で、やはり農民の使う武器としてトライデントが登場しています。中国文学史に残る物語『三国志演義』には何人かの武将がこの武器を使っているようすが描かれています。さらに中央アフリカではトライデントは漁に使われるとともに、祈禱師の雨乞いの踊りに使われるというシャーマニズム的宗教的意義ももっていたようです。そのほか、ジャワ島をはじめとするオセアニアにも、変わった形のトライデントが残されています。

トライデントを持つローマの剣闘士

＊一　**ガレー船**　この時代の船は、正式には櫂の数で呼ぶ櫂船と呼ばれるもので、ギリシアであればトライレム、つまり三段櫂船が有名です。ガレー船は一般的に櫂で漕ぐ戦艦の総称のようですが、実際には十六世紀以降に登場する櫂船の名前です。

フォーク（Fork）

威力 刺突★★★　体力 ★（＋★）　練度 ★（＋★）　価格 ★（＋★★）
知名度 ★★★★★

外見

トライデント（別項）同様農器具から発達した兵器であるフォークは、トライデントとはまったくちがった使用目的と歴史をもっています。トライデントが一度も正規軍で使われたことのない、いわば臨時の武器だったのに対し、フォークは多くの軍隊で使用され「ミリタリーフォーク」という独自のカテゴリーを生むに至りました。

フォークにはさまざまなタイプのものがあり、それぞれが異なった用途と形状をもっていますが、二本の鉾先をもつ二叉の槍であるというのが、フォークの共通の定義であるといえます。全長は二〜二・五メートル、重量は二・二〜二・五キログラムでした。

歴史と詳細

ミリタリーフォークがその姿を戦場に現したのはいつなのか、はっきりしたことはわかりませんが、正式の兵器として多くのフォークが使用されたのは十世紀の十字軍の頃であったようです。その後、十五世紀から十九世紀にかけて農民の反乱などに多く使用されま

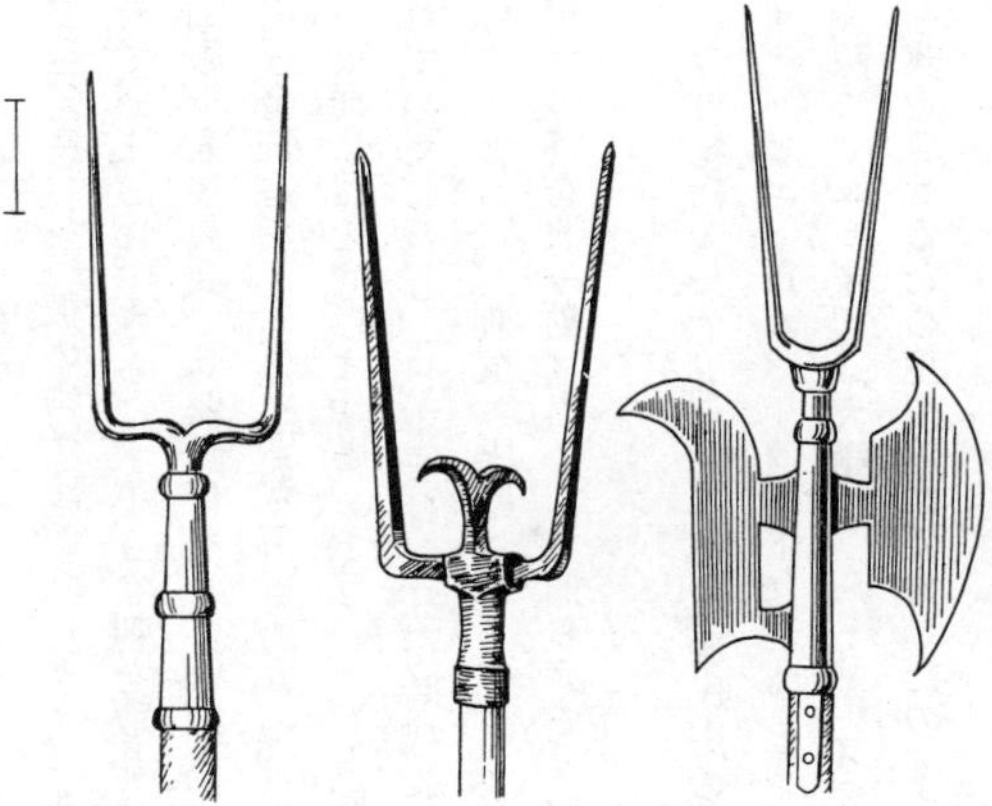

フォーク

した。また、十七世紀の終わり頃にはすでにイタリア、フランス、ドイツなどヨーロッパの各国の軍隊で正式に採用され歩兵の対騎兵用兵器として使用されていました。

フォークの使用法には二通りあり、ひとつは相手を突き刺す槍と同様の使用法で、もうひとつは騎兵など馬上の相手をフォークで攻撃し、そのまま馬から引きずり落とすという使い方でした。

軍隊で使われたフォークには、時代や使われた地域によって実にさまざまなタイプがあります。鉾先の曲がったものやまっすぐなもの、先が尖っているだけでなく剣のような刃がついているものなどがありました。また、鉾先の柄の接点、つまりソケットの部分に付属品をつけたものもあります。

十六世紀の後半、サヴォイのエマニュエル・フィリベルト公（Duke Emmanuel Philibert）は、彼の宮廷護衛兵に斧とビル（別項）をフォークに取りつけたものを装備させていました。さらに、小さな刺を取りつけたものや、十七世紀の前半にベネツィア共和国の十人委員会で兵器監督をしていたベルガミンによって発明された、フォークに車輪式引き金銃（Wheellock pistol）を取りつけたものなども使われていました。

東洋に目を向けますと、トライデント同様中国では古代からフォークが武器として使われていましたし、日本では、江戸時代に曲者を捕まえる三道具として、「袖がらみ」[*一]「突棒」[*二]とともに「刺叉」[*三]と呼ばれるフォークが使われていました。これは二本の鉾先の間に相手の首を挟み動けなくして捕らえるという使い方をされていたようです。

今世紀に入ってもフォークは農民用の武器として使われつづけていました。一九二〇年、ソビエト軍がポーランドに進入したときポーランドの農民たちは、フレイル（第四章参照）や「サイズ（大鎌）」[*四]とともにフォークを装備し、ワルシャワを攻めるソビエト軍を敗走させるため正規軍に協力したのです。

＊一　袖がらみ　室町時代の末頃には〝ひねり〟と呼ばれ、『室町殿物語』に登場した。敵を生け捕りにす

るための道具で、全体の三分の一に刺がついていて、相手の服などにからめるようになっています。

＊二　突棒《つくぼう》　先端は、トライデントのように三又になっていたり、三又以上の穂先があるものも多い。T字型の鉄に刺をたくさんつけ、長柄の先端につけたもので、江戸時代の捕りものに使われた。

＊三　刺又《さすまた》　先端が、闘牛の角のように外側に湾曲した二又状の穂先と刺を沢山植え込んだ長柄をもつ捕具。

＊四　サイズ　ヨーロッパの農民が稲刈りに用いた大きな鎌で、よく死神が持っていた大鎌のこと。

パルチザン(Partisan)

威力 刺突★★★　体力 ★★　練度 ★★　価格 ★★★(+★★)　知名度 ★★★

外見

幅広の両刃の槍に、小さな突起を左右対称に取りつけたのがパルチザンです。純粋に突くことを目的として作られたスピアー(別項)や、斬ることを目的としているグレイヴ(別項)とちがい、パルチザンは使用する状況に合わせて「突く」ことも「斬る」こともできるようにデザインされている点が特長です。しかし、同じようにひとつの武器に多くの機能をもたせているハルベルト(別項)などに比べ、いくつかの使用目的の異なった部分を組み合わせているわけではないので、構造がシンプルでむだがなく、さまざまな目的に使いやすいという非常に優れた武器であるといえます。

パルチザンの特長である二つの小さな突起部分は、刃の付け根の部分に取りつけられており、この武器で相手を突いたときのダメージを増したり、そのほか格闘になった場合に相手の武器を押さえたりするなど多くの目的で使用できるようになっています。全長は一・五~二メートル、重量は二・二~三キログラムでした。

パルチザン

歴史と詳細

パルチザンは十五世紀の中頃に、「ランデベヴェ（langdebeve）」という刃のついた槍から発展したとされています。パルチザンという名前は、この武器が誕生した十五世紀の終わりにフランスやイタリアで農民や、体制に反対するゲリラ（つまりパルチザン）がこの武器を使用していたことに由来しています。はじめはこのように非正規軍によって使用されていたパルチザンも、十六世紀に入るとヨーロッパ各国の正規軍で多く使われはじめました。

このように使用されたパルチザンの刃の平らな部分には、彫刻やレリーフといった美しい装飾が施されていました。このなかには貴族や一国の王子たちの私兵や宮殿の衛兵がパルチザンを使用した場合、それをあらわすための紋章が刻まれていたという場合もあったようです。また、正規の軍隊ではこの武器を使用していた士官の階級をあらわすマークが刃の部分に刻まれていたこともありました。

パルチザンは十六〜十七世紀にかけて、「スポントゥーン（spontoon）」と呼ばれるハーフ・パイクに次第にその座を譲り渡すことになりますが、この武器が戦場で使用されなくなったあとも、儀典用の、つまり非実用的な目的をもって使用されつづけていきます。絶対主義時代のフランスの宮廷では、ブルボン朝の装飾を施されたパルチザンが、王室を守るスイス人傭兵によってフランス革命の勃発まで使われました。また同じようにイタリア統一前のナポリ王国のブルボン宮廷でも王国が滅亡するまで装備されていたようです。

今日でもヴァチカンのスイス人衛兵がハルベルト（別項）などの伝統的武器とともにパルチザンを装備していますし、ロンドン塔を警備するヨーマン衛兵や近衛兵が有名な真紅のユニフォームとともにこの武器を使用しつづけています。

パイク(Pike)

威力 刺突★★(+★★★) 体力 ★★★ 練度 ★★★ 価格 ★★★
知名度 ★★★★★

外見

パイクもまたスピアー(別項)の一種といえますが、使用された時代や使用目的は大きくちがいます。五~七メートルの長い柄の先に「木の葉」形をした二十五センチメートルほどの刃がついているこの武器は、歩兵の対騎兵用武器として十五~十七世紀にかけてヨーロッパ各国の軍隊で使用されました。パイクの語源は十五世紀の歩兵槍をフランス語で〝ピケー(pique)〟と呼んだことに由来します。重量は三・五~五キログラムでした。

パイクとスイスのパイク兵

✿歴史と詳細

パイクが歴史に現れたもっとも古い例は、紀元前二〇〇年頃、当時地中海に大きな力をもっていたアレクサンドロス大王率いるマケドニア軍が使用していた「サリッサ」であるといえますが、これは正式にパイクとして用いられたルネサンス時代の武器とは直接的なかかわりはありません。サリッサは騎兵用のもので約三メートル、歩兵用のものになると五メートルにも達する長い柄をもった槍で、マケドニア軍のファランクスを構成する重要な武器でした。その後、このような長い柄をもった武器は扱いにくいうえに部隊の動きをも制限してしまうため、歴史上から姿を消していました。

この武器がふたたび日の目を見るのは、マケドニア軍がサリッサを使用していた頃から千六百年たった十五世紀のスイスでした。それまでハルベルト（別項）や戦斧で戦っていたスイス兵は、それらの武器が敵国であるオーストリアの騎兵たちが使うランス（第五章参照）に対抗するには短かすぎ、そのためいくつかの戦いに敗れてきました。一四二二年六月三十日、ミラノ公とスイス軍による「アルベドの戦い」で、はじめてヨーロッパにパイクが登場しました。この戦いで、長い柄を持つスイス兵はイタリア第一といわれていたミラノ騎兵を撃退し、これによってパイクはスイス軍の主要兵器となりました。このパイクの威力によって、当時のスイス兵はヨーロッパでもっとも強力な軍隊であったのです。

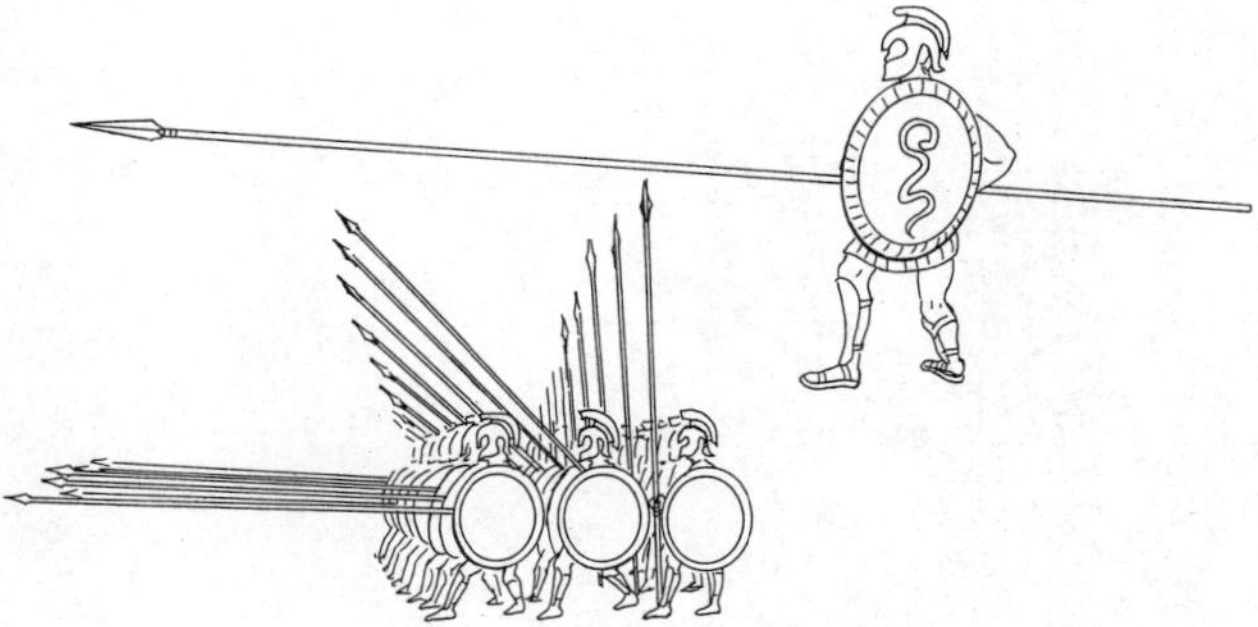

サリッサとマケドニア・ファランクス

パイクを使用する兵士の、それまでの軍隊との戦術上の相違はその攻撃力にあります。パイクの柄はたいへん長く、騎兵に対する場合だけでなく歩兵が相手のときでも大きな効果を発揮しました。

歩兵と戦う場合、パイクを持った兵士たちは横隊で斜線陣を組み前進しました。相手が騎兵であった場合、彼らは左手でパイクを持ち、その基部を左ひざに当て、右足をそれに添えて膝の高さで固定しました。こうして突撃してくる相手の騎兵にパイクの先を向けて対抗したのです。パイク兵たちはこのように戦場で多くの有利な点をもっていたために、しばしば退却したり隊形を変えようとする味方の騎兵やパイク以外の武器を使う歩兵を援護する任務につきました。その後火器が戦場に登場してからも、パイク兵はマスケット銃を装備した部隊が弾丸をこめ直したり、隊形を整えた

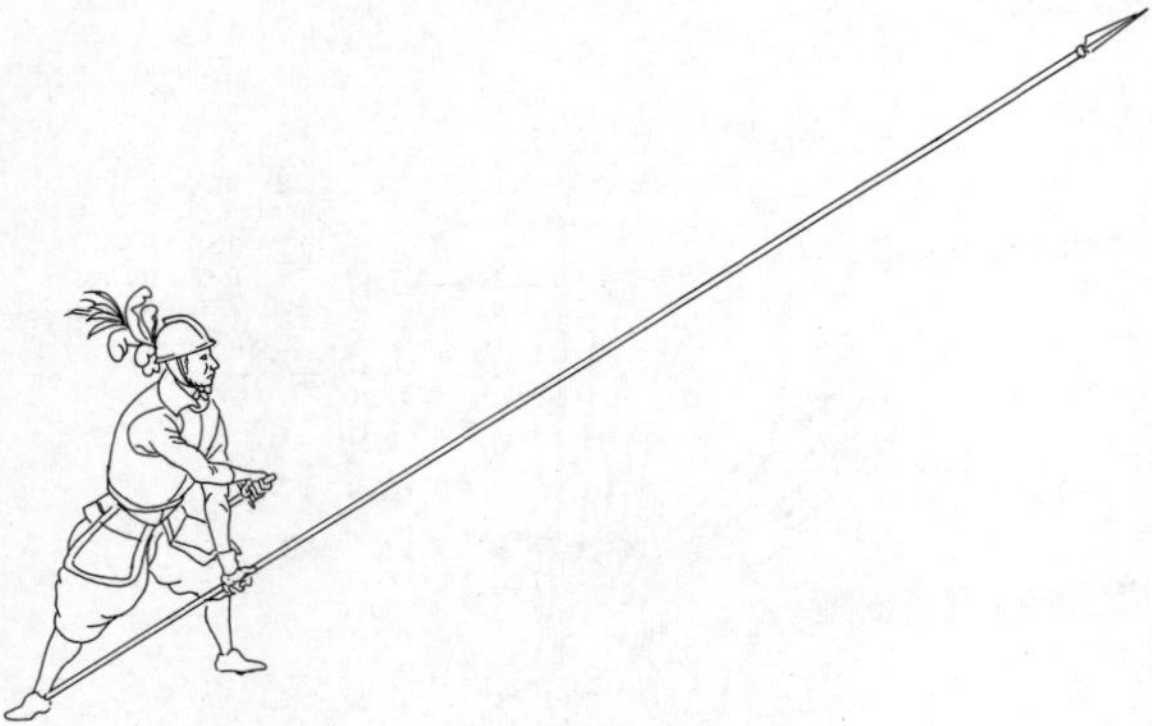

17世紀のパイクの用法

りする間彼らを援護しつづけたのです。

このように効果的な武器であったパイクはほかの国々へも普及し、まずドイツとスペインへ、つづいてイタリア各国へ、そしてフランスへと広まっていきました。十七世紀の終わり頃までパイクはヨーロッパの重要な歩兵用武器でありましたが、その栄光にも終わりのときが訪れます。当時すでに軍隊の主要兵器になっていたマスケット銃の先に短剣を取りつけて使用する銃剣（バイオネット：第二章参照）が発明され、それまで使用されていたパイクに取って代わったのです。これによってパイクの歴史はその幕を閉じました。しかし火器全盛の今日においても、当時パイクの代わりに使われだしたバイオネットは、世界各国の軍隊によっていまだに使用されつづけています。

パイクとはちがった使い方をする武器ですが、

形状が似ているために「ハーフ・パイク」と呼ばれるものがあります。二メートルくらいの柄に比較的小さい鉾先がついており、十七世紀中頃、船上での戦闘に便利なため「ボーディング・パイク」などと呼ばれて使用されました。

ハーフ・パイクはフランスでは「エスポントン（esponton）」、イギリスでは「スポントゥーン（spontoon）」と呼ばれ、士官が部隊の指揮をとるのに使われました。

コルセスカ（Corsesca）

威力 刺突★★★★ 引き倒し★★ 体力 ★★（+★） 練度 ★★（+★★）

価格 ★★★ 知名度 ★★★

コルセスカ

外見

コルセスカは刃の両側に小さな刃が二枚ついているという「ウィングド・スピアー（Winged spear）」から発展したもので、三角形の両刃の外側に小さな二枚の刃が追加されたものとして知られています。その外側についた二枚のウイングは、相手の攻撃から使用者の手を保護するということと、真ん中の刃が抜けなくなってしまうほど深く突き刺さるのを防止すること、そして、フォークと同じように馬に乗った敵を馬上から引きずり降ろすこと、という三種類の目的をもっていました。

　全長は二・二〜二・五メートル、重量は二・二〜二・五キログラムでした。

歴史と詳細

　十五〜十七世紀にかけてヨーロッパで使われた多目的武器が、このコルセスカです。十四世紀からはじまるルネサンス時代は、ヨーロッパ中が戦争に明け暮れた時代でした。その頃のイタリア半島は、いくつもの小国家が乱立する群雄割拠の状態で、その領地や商業の問題を巡って争いつづけていたのです。同じ頃、北ヨーロッパでは宗教戦争が各地で起こっており、まさにヨーロッパ全土が戦場だったといってもいいでしょう。

　その頃活躍した軍隊では、スイス人やドイツ人の傭兵が有名ですが、それらの軍の兵士が使っていた武器は多くがイタリアで発明されたものでした。当時の歩兵が使っていた武器は剣と槍、とくに槍でしたが、槍といっても今まで見てきたようにさまざまな種類のものがその目的に合わせて作られ、また使われていたのです。

　コルセスカは十五世紀にイタリアで生まれ、十七世紀のはじめまでおもにイタリアとフランスで使われましたが、フランスではこの武器のことを、そのウイングの形から「ショヴスリ（コウモリ：chauve-souris)」と呼んでいました。

コルセスカにもほかの武器と同じように、さまざまな種類が存在します。ヴェネツィアやそのとなりにあるフリウリといった海洋都市国家では、先端の刃が異様に長く、さらに、二枚のウイングが外側に反り返っていたり、小さな突起が追加されたりしたタイプが海軍の軍船用に作られました。これは両国海軍のかなり主要な武器だったらしく、フリウリの港トリエステでは、この武器を町の紋章にしていました。そのため、コルセスカのうち、このタイプのものだけを特別に「フリウリ・スピアー(Friuli spear)」と呼んだりしたようです。

第四章 棒状打撃武器類

棒状打撃武器とは

　ここで扱う「棒状打撃武器」とは、殴打することを目的とした武器類のことです。今まで紹介してきた武器類のなかにもそうした武器はありましたが、ここではそれを専門としたものについて、棒状打撃武器と呼んで紹介します。そのため、元来の武器のカテゴリーとは、一風変わった分類となっているかと思います。

　そもそも、殴打する武器の発生は、もっとも最古にさかのぼることができるといえます。少なくとも、人の祖先たる原人たちが道具を使うようになったときから、その時代は始まったわけですから、その起源ははかり知れないものとなります。最初はたぶん、自然に落ちている骨とか流木が棒状打撃武器としてそのまま用いられ、次に先端にほかの物質をくりつけるようになり、そのうち、そうした先端部分に手が加えられていったものが登場します。それが、「メイス（三百十六ページ）」であり、「ウォー・ハンマー（三百三十一ページ）」となるわけです。しかし、なかにはクラブのようにそのままの形態を残し今日まで至るものもありました。

棒状打撃武器類能力早見表

表中の★の数は、前章同様の制限と基準により決定しています。

番号	名称	威力（打撃）	威力（刺突）	体力	練度	価格	知名度	全長（cm）	重量（kg）
①	棍棒（クラブ：Club） 	★★（＋★★★）	—	★★（＋★★★）	★★	★（＋★★）	★★★★★	60〜70	1.3〜1.5
②	メイス（鎚矛：Mace） 	★★★★	—	★（＋★★）	★★	★（＋★★★★）	★★★★★	30〜80（100）	2〜3
③	モルゲンステルン（Morgenstern） 	★★★（＋★）	★	★★（＋★）	★★	★★（＋★）	★★★★★	50〜80	2〜2.5
④	フレイル（殻竿状武器：Flail） 	★★（＋★★）	—	★★	★（＋★★★）	★（＋★★）	★★★★	160〜200（歩兵用） 30〜50（騎兵用）	2.5〜3.5（歩兵用） 1〜2（騎兵用）
⑤	ウォー・ハンマー（戦鎚：War Hammer） ホースマンズ・ハンマー（Horseman's Hammer） 	★★（＋★）	★★（＋★）	★★（＋★★）	★★	★★（＋★★）	★★★★★	50〜200（歩兵用） 50〜80（騎兵用）	1.5〜3.5

棍棒（クラブ：Club）

威力 打撃★★（+★★★） 体力 ★★（+★★★） 練度 ★★ 価格 ★（+★★）
知名度 ★★★★★

外見

棍棒は、最古のときより人類が使用してきた武器で、敵を殴打する典型的な武器です。形状や特長は限定できませんが、初期には単なる流木や骨をそのまま用い（単体棍棒）、時代がたつにつれて持ちやすいように工夫され、次第に打撃力を増すよう手を加えられました（合成棍棒）。通常、棍棒はまっすぐで硬い木で作られていました。

使いやすさと威力を考えるならば、棍棒の長さは六十〜七十センチメートルくらいで、重量は一・三〜一・五キログラムでしょう。

歴史と詳細

棍棒は、太古のときから今日まで用いられている、もっとも原始的で、もっとも作りやすい武器のひとつです。原始の人類が、ふとした拍子に落ちていた石で殴ることをおぼえ、その効果範囲を伸ばすために棒状のものを振り回すようになったのが棍棒のはじまりでした。ですからその起源は、何十万年も昔にさかのぼることができるでしょう。

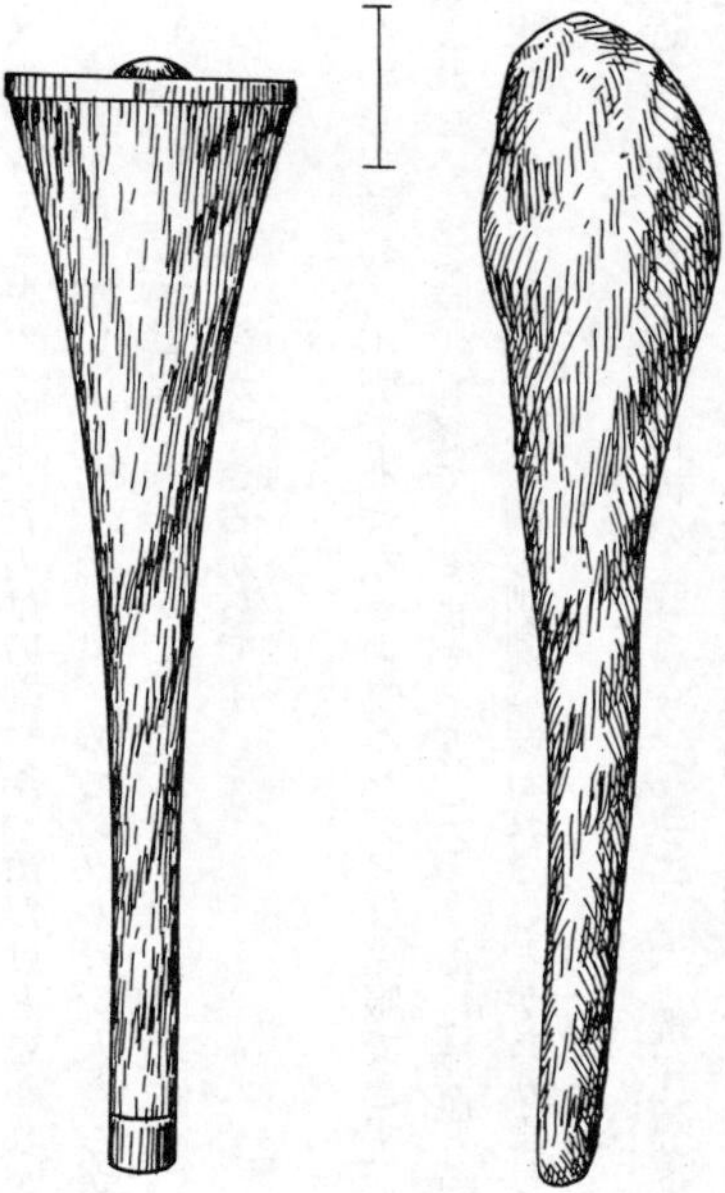

棍棒（クラブ）

武器としての棍棒が正式に呼び名をつけられたのはギリシア時代のことです。ギリシア神話に登場する英雄のヘラクレス[*一]やテセウス[*二]は、ギリシアきっての棍棒の使い手として知られ、半人半馬のケンタウルス[*三]もやはり棍棒の使い手として語られています。ところが、こうした英雄神話とは裏腹に、古代ギリシア・ローマの時代には、棍棒は蛮人（つまりバルバロイ）の武器であり、その象徴と思われていました。彼らは、棍棒のことを「ロパロン（ropalon）」、または「コルネ（corune）」と呼んでいました。

クラブの語源は、古ノルド語で〝クルンバ(klumba)〟、もしくは、〝クルッバ(klubba)〟で、これが中世英語の〝クルッベ(clubbe)〟となり、〝クラブ〟となるわけです。このことは、棍棒の歴史とはまったく関係ないような気がしますが、実はある種の証拠ともいえます。つまり、ギリシアやローマの時代においては、武器として廃れていたのに対し、蛮族視していた者たちが、武器としての地位を引き継いできたということを想像できるわけです。

またヴァイキングが用いたのは刀剣や斧や槍だけと思われがちですが、かなりの数の兵士たちが棍棒で戦いました。それは、のちのノルマン人たちがイギリスに来襲した風景を描いた「バイユの壁掛け」のなかで、鎧(チェイン・メイル)で身を固めて棍棒を構える兵士の姿を見ることができるからです。

しかし、結局、木製であったというハンディは克服できず、その武器としての効果は認められないまま時代を経ていきます。ところが、逆に流血を起こさないという理由から、中世の騎士たちの間では戦闘の訓練に使われることがありました。

近年に知られる短い棍棒の「サップ(Sap)」は、棍棒類で人の頭を殴るという意味の〝サッピング(sapping)〟の略語で、米語の俗語です。これと同様に「ブラック・ジャック（black Jack）」も米語で警棒にあたります（やはり俗語です）。これらは有名な棍棒ですが、その利点は相手を流血させないですむということで、見た目には平和で非暴力的な武器（？）といえます。しかしながら、あたりどころによっては、相手を死にいたらしめてしまうこともあるのです。

バイユの壁掛けに見られる棍棒を持つ兵士

＊一　ヘラクレス　ギリシアの英雄で、ヒドラを退治するなどの偉業をなしとげた人物。

＊二　テセウス　アテーナイの英雄で、ミノタウルスを退治した人物。

＊三　ケンタウルス　半人半馬の種族として知られていますが、なかには賢い者もいました。ギリシア神話では、よく荒々しい種族として登場します。

メイス（鎚矛：Mace）

威力 打撃★★★★　体力 ★（＋★★）　練度 ★★　価格 ★（＋★★★★）
知名度 ★★★★★

外見

棒状殴打武器のなかで、頭をもった複合型の棍棒の多くは、このメイスと呼ばれる部類に含まれています。その形状は、多くの種類が存在するために一概にまとめることはできません。しかし、とくに先端が太くなって刺をもつものか、同じ形状の鉄片を放射線状につなぎあわせた出縁付き型メイス、または星球をつけた「モルゲンステルン（別項）」などが有名です。

メイス類は金属で作られていることが多いためか、重量はだいたい二〜三キログラムで、全長は三十〜八十センチメートル程度ですが、なかには一メートルを超えるものもありました。

歴史と詳細

メイスは、非常に古くから広範囲の地域で用いられた打撃兵器で、人が争いをはじめた

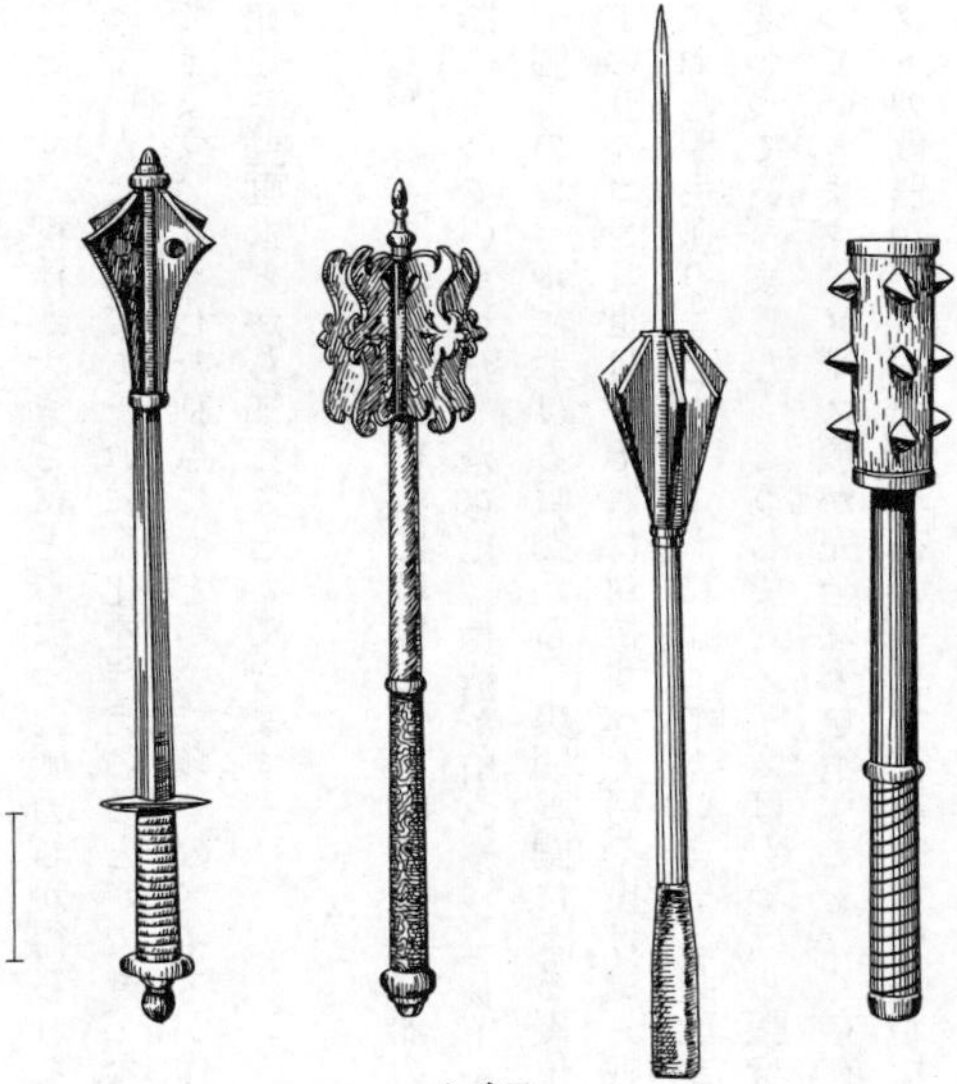

メイス

ときから、もっとも身近に見られた武器のひとつです。棍棒とメイスのちがいは、棍棒が単一物体で、なおかつ木製であることに対し、メイスは柄と頭の二つの物体を組み合わせて作られており、頭もしくは全体が金属なのです。

　原初のメイスは石頭と木柄の組合せによって作られ、古代メソポタミアやエジプトの国々において、一般的な武器として用いられました。紀元前三〇〇〇年頃、とくにメソポタミア文明が開花した中近東においては、各種のメイスの形と組合せが見られました。それは、石、銅、青銅などによって作られた頭を主体としたものでした。

メイスの原理とは先端を重くすることによって、てこの原理を発生させ、打撃力を増すことです。棍棒が大きさにともなった威力しか得られなかったのに対し、先端の材質によっていかようにでもそれに変化を与えることができ、なおかつ、コンパクトに作ることができます。こうした利点にもとづいて多くのメイスが作られたことは、考古学上の遺物の発見や壁画などから知ることができます。

しかし、この時代には集団戦闘で使われる近接兵器の主流が、すでに剣などの金属製武器になっていました。さらに、長槍を用いたシュメール[*1]の密集隊形主体の戦術の誕生は、一個人のレベルにおける戦闘から、集団戦闘による優位性を形成しました。一方、アッカドのサルゴンII世は、それに対抗すべく弓や投げ槍、戦車を用いて行う機動戦術を採用しこれを撃ち破りました。これによって、いよいよ兵士が所持する武器は弓や槍などに移り変わっていきました。こうして、メイスはもっぱら護身用の武器として扱われるようになっていきます。メイス類が完全に姿を消すことなく存在できたのは、メソポタミアやエジプトの武器類が、すでに現在のような役割的な分類がなされていたからだといえます。一つの武器にたよることなく、それぞれの局面に対応してさまざまなタイプの武器を使いこなす利点に早くから目覚めていたといえます。また、武器とはまったく別な用途としても

メイスをかまえるエジプト兵士（粘土板）

メイス類は用いられました。それは、メイスのもつ暴力的な力の象徴から伝わるイメージを、権力を握る者たちが、地位をあらわす職杖として使用したことです。

スキタイをはじめとした騎兵部隊の重装化が見られる、黒海沿岸や小アジアにおいては、メイスがよく戦闘に使われていたようです。豊富な鉱山資源に恵まれたこの一帯では、鎧や金属製の武器が発達し、とくに鎧の発達によって近接戦闘での武器としてメイスが脚光を浴びたのです。メイスが一般的な装備であったかは、今だ考古学的な証明がなされていないためわかりません。しかし、重装備の敵に対して損傷を与えることができる武器に、剣だけでなく金属製のメイスもあることに気づいた点は画期的だったといえます。ときは紀元前五世紀から紀元前四世紀にかけてのことです。この時代に使われたメイスは、のちに西ヨーロッパでも見られるような翼式形状のものでした。適材適所という言葉がありますが、メイスの利用された地域がとくに中近東であったことは、早くから防具の装着が見られたからかもしれません。

このあとにつづくギリシア・ローマ時代でも、しばしばメイスの類を見ることができました。しかし剣槍類の全盛期であり、棒状殴打が蛮族視されていた傾向にもあったためか、あまりその存在を知ることはできませんでした。これは、ヘルメットの金属化だけでなく、ローマが相手とした敵の質にも影響されたと考えられます。

こうしたメイスにとっての停滞時期は中世までつづきます。

武器史上の檜舞台から、しばらくの間遠ざかっていたメイスが再び脚光を浴びるのは、ギリシアやローマ人たちが蛮族視していたフランク人やノルマン、ゴートといった民族によって、西ヨーロッパの地図が塗り変えられたときでした。棍棒を用いて戦闘を行う彼らは、剣で殺傷できない鎧を着た兵士には、金属製のメイスが有効であることを実感できたはずです。その有効性は、さらに重装備となる中世騎士の時代においても同じでした。

もっともメイスの発展が見られたのは、ドイツとイタリアにおいてで、有名な出縁付きのメイスは、中部地方において十四世紀頃にその原型が見られ、のちの十六世紀にはその形状が今日において知られる形状となりました。当時、メイスはプレイト・アーマーを着て戦う騎士たちにとって、もっとも威力のある武器だったといえます。そのためか、歩兵部隊にも、柄を長くして作られたものが登場し、馬上の者たちはもとより、鎧を着た兵士たちに対抗すべく用いられました。

一方、東欧諸国においては、ポーランドやハンガリー、ロシアといった国々はもとより、トルコなどのイスラム諸国においてもメイスの存在は見られ、とくにハンガリーでは、〝たまねぎ型(onion-shaped)〟と呼ばれるものが有名でした。しかし、その原型はトルコ軍のものといわれています。〝たまねぎ型〟を代表するメイスとして、「ブラワ(Bulawa)」や、「ブッェディガン(Buzdygan)」などをあげることができます。

メイスは、長い間ヨーロッパ諸国で武器として用いられてきましたが、時代の流れは騎士どうしが戦う時代をそれほど長くはとどめておかず、騎士時代の終焉にともなってその役割を果たし終えました。そして、その形状は、本来の姿である棍棒へと戻っていったのです。

＊一　シュメールの密集隊形　ギリシアの密集隊形ほど、隣接していないにしろ、その概念は似ています。

モルゲンステルン(Morgenstern)

威力　打撃★★★(+★)　刺突★　体力　★★(+★)　練度　★★　価格　★★(+★)
知名度　★★★★★

外見

モルゲンステルンは、ドイツで誕生したメイスの一種で、中世を通して、騎士や兵士たちにもっとも好まれた武器として知られています。その形状は、柄頭が球形、もしくは円柱、または楕円状になっていて、いくつもの刺が放射線状に突き出ています。この種の星球型の頭をもった武器を、よく英名で「モーニング・スター(Morning Star)」と呼び、メイスだけに限らず、すべての武器類にあてはめていますが、実際はメイスの名称なのです。

モルゲンステルンの全長は大体五十~八十センチメートルで、重量は二~二・五キログラム程度です。

歴史と詳細

メイスが再び脚光を浴びた中世の十三~十四世紀において、騎士たちの全盛期でもあったドイツでこのモルゲンステルンは誕生しました。鎧を着た兵士にとても有効であったことから、ヨーロッパ中に広まり、十六世紀には騎士たちのもっともポピュラーな武器のひとつとして数えられるようになりました。その原型は、聖職者が用いた〝聖水撒き棒(holy water sprinkler)〟に端を発しているといわれていますが、棍棒の先端に放射線状に刺をつけることは、かなり古くから行われていたようですから、その種の説が本当であるかどうかは定かでありません。

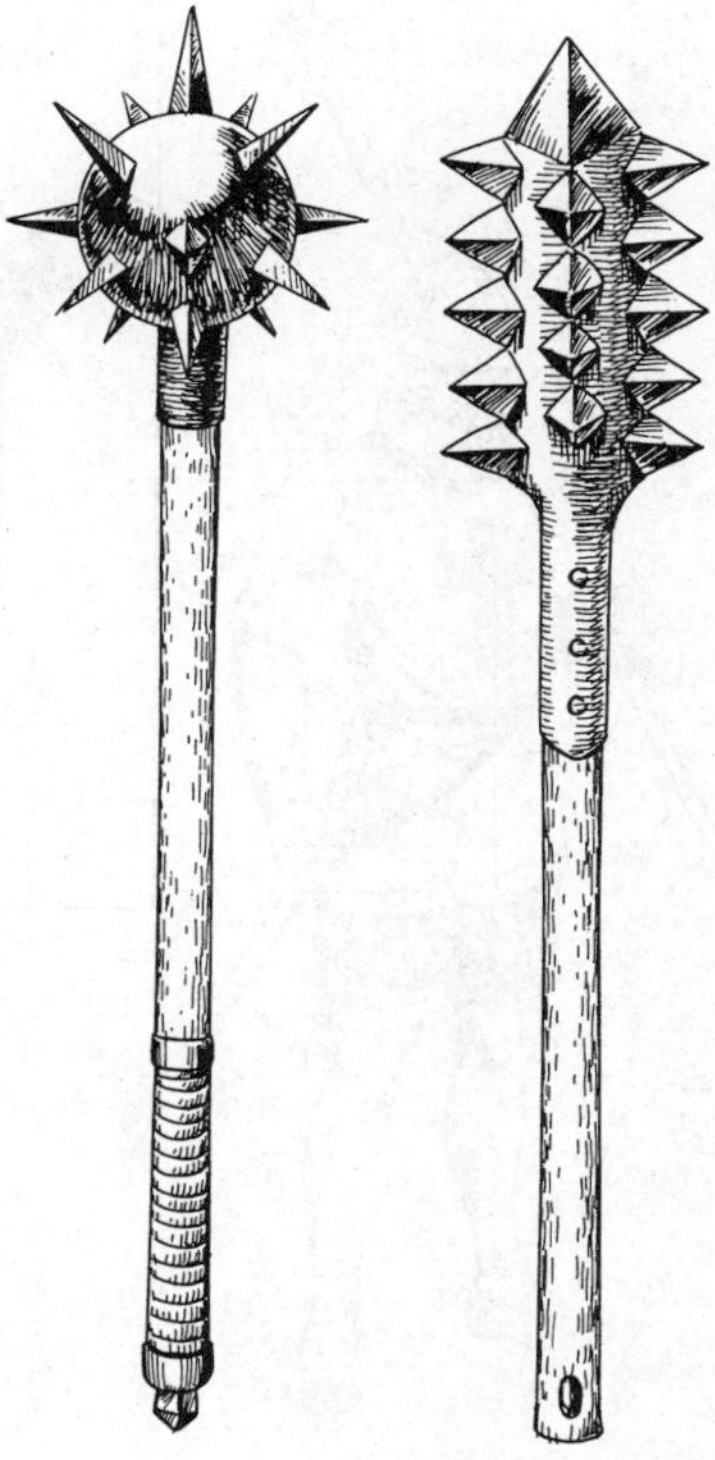

モルゲンステルン

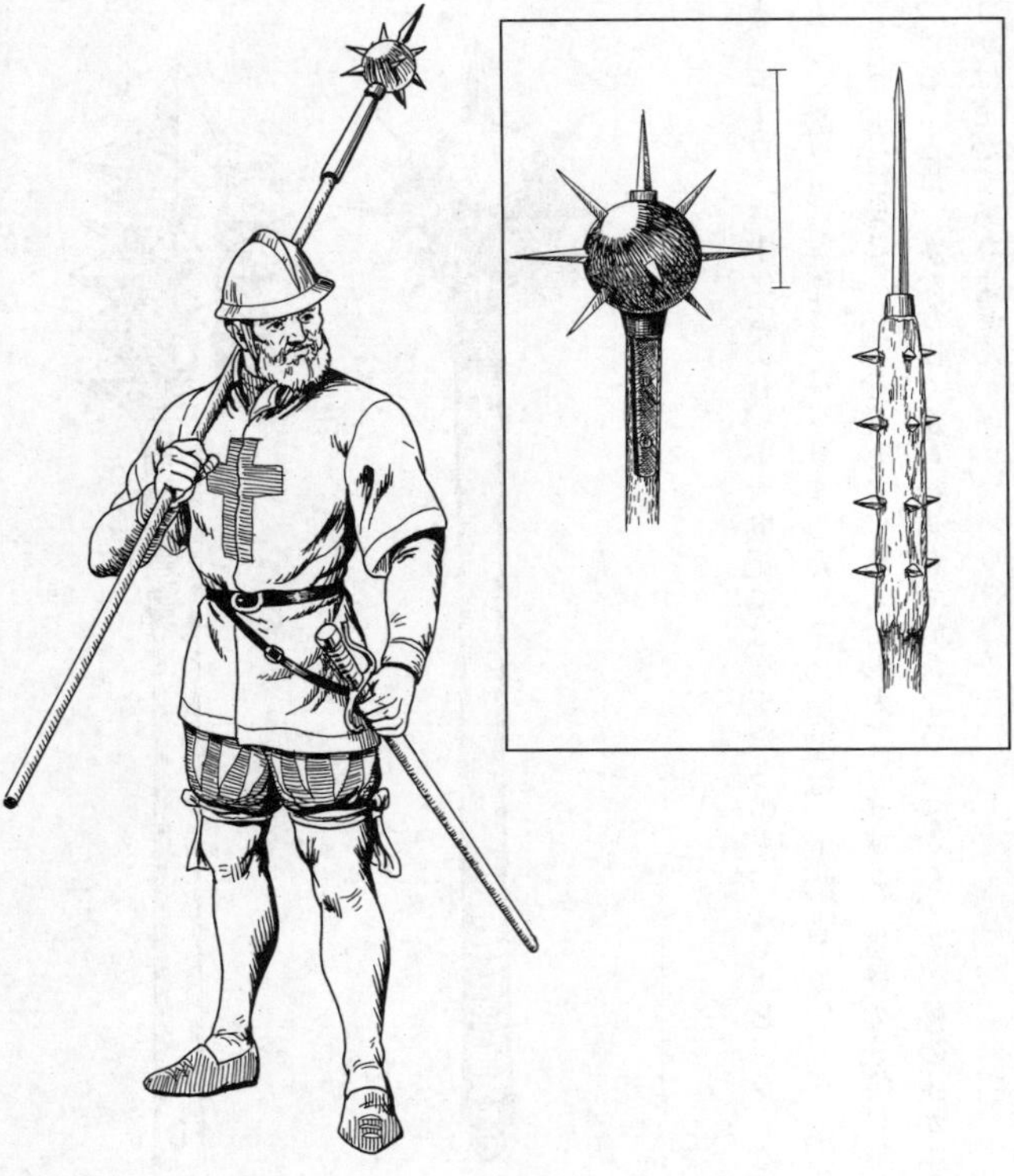

モルゲンステルンを構える兵士

フレイル（殻竿状武器：Flail）

威力 打撃★★（＋★★） 体力 ★★ 練度 ★（＋★★★） 価格 ★（＋★★）
知名度 ★★★★

外見

フレイルは、適当な長さの二本の棒をつなぎ合わせて、敵が避けづらい攻撃を繰り出すよう工夫したものです。

継ぎ手は、腕の振りを加速させる効果をもち、鎧を着た者にも十分なダメージを与えることができました。そのため、非力な者が扱っても重装備の相手を容易に打ち倒すことができました。

フレイルには、柄が長く両手で振れる歩兵用のものと、柄が短くて、馬上で用いることのできる片手用のものがありました。前者を「フットマンズ・フレイル（footman's flail）」、後者を「ホースマンズ・フレイル（horseman's flail）」と呼んでいます。

フレイルの殻物はさまざまで、棒状や星球を取りつけたものなどがありました。棒状の場合、歩兵用であれば、柄だけでも一・二～一・五メートル、全長は一・六～二メートル近くあるものもありました。重量は、二・五～三・五キログラム程度あります。一方、騎兵用

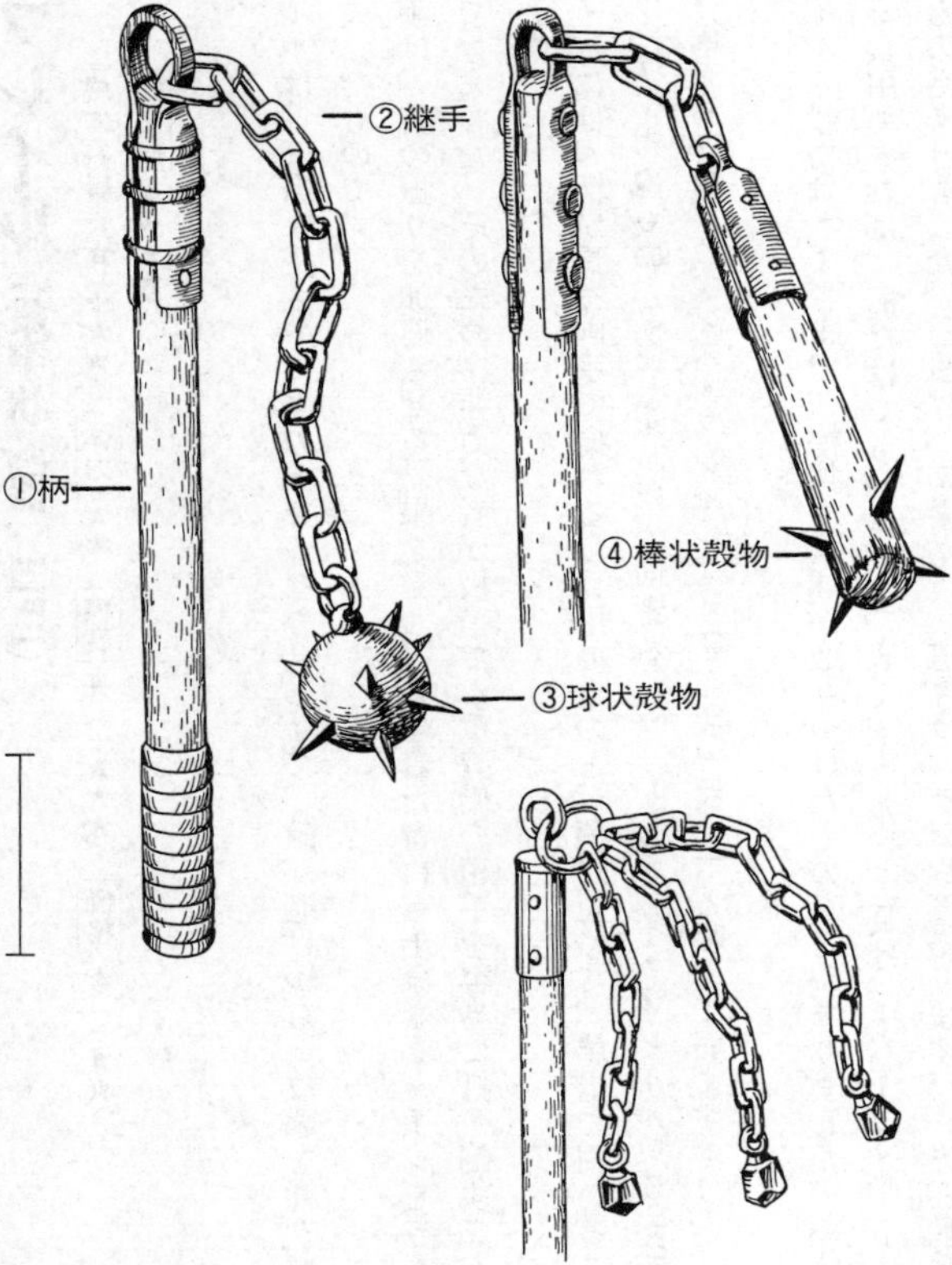

フレイル

のフレイルは、柄が十五〜三十センチメートル、全長は三十〜五十センチメートルといった小振りで、重量も一〜二キログラムといったところです。騎兵用のフレイルがその長さの割に重いのは、金属製が多かったからなのです。

歴史と詳細

フレイルは、東方より伝わったといわれている武器です。その形状はさまざまですが、元来は柄と棒状穀物を金具でつないだものでした。のちに穀物が鉄に代わり、つなぎの金具が鎖となって、鉄球を取りつけられるよう変化し、さらに、刺をつけたものも現れその威力を増したのです。球状をもったフレイルは、全身を重装の鎧で固めた騎士たちがお互いを撃ち合うのに用い、馬上で使えるように柄も短くなっていきました。

フレイルは、西ヨーロッパにおいては、[*1]身分の低い従者たちの武器として用いられていました。しかし十字軍の時代である十一世紀頃になって、騎兵の重装備化、とくにヘルメットの変化にともなって、より打撃力をもった武器として使われました。つまり、それまで一般的に用いられたメイスでは、あの十字軍の騎士がかぶったようなバケツ状のヘルメットには効果が薄かったのです。こうして、メイスに代わり、西欧諸国における殴打武器の檜舞台に登ったのがフレイルなのです。

当初のフレイルは棒状殻物で、柄もさほど長くはありませんでした。しかし、その威力は高く評価され、つづく十二世紀までには、さまざまに手が加えられました。金属の棒状殻物や、それに刺をつけた殻物などがそれに当たりますが、十二世紀中頃に登場する、コンパクトで打撃力も高い金属製の球状殻物がもっとも威力の高いフレイルといえます。この種のフレイルは、とくに鎧を着た者にも効果的で、ときには殻物が複数あるものも見られます。

西ヨーロッパにおけるはなやかな騎士たちの時代は、彼らが従者から学んだフレイルによって大きく戦力アップしました。一方、地に足をつけて戦う歩兵たちの間でも、騎士たちに対抗する武器として発達していきました。こうして、十三世紀頃から両手で用いることのできる、長めのフットマンズ・フレイルが登場しはじめたのです。十四世紀の間に歩兵たちの武器として広まったフットマンズ・フレイルは、「ゴーデンダック（goedendag）」つまり、〝こんにちは〟という愛称で呼ばれていました。中世の史家、ジョヴァンニ・ヴィッラーニが残した年代記のなかに、しばしばゴーデンダックと呼ばれたフレイルが登場します。

ヴィッラーニは年代記のなかで、一斉一揆の犠牲になったフランス貴族の報復を行うためにフランドルに派遣されたフランス騎士軍団と、フランドル軍の間で行われた「クルトレーの戦い」のありさまを書き残しています。そのなかで、フレイルについて次のように語っています。

「だれもが馬に乗っていなかった。歩兵だけでなく指揮官も、フランス騎士部隊の攻撃から身を守るために馬から下りていた。あるものは槍を持ち、あるものは、こん棒を持っていた。このこん棒は、ほこの握りのようにでこぼこしており、鉄製のとげの生えた大きな頭が鉄のくさりで取り付けられていた。この野蛮で大きな武器はゴーデンダックと呼ばれた。われわれの言葉ではボンジョルノということになる。（中略）騎士たちがその堀のところまで来ると、両側にいたフランドル人は、ゴーデンダックというこん棒で軍馬の頭をなぐりつけたので、馬は棒立ちになり、たじたじと後退した。（清水廣一郎訳・平凡社―中世イタリア商人の世界―より）」

こうして、騎士たちは、歩兵や単なる農民によって、さんざんに痛めつけられてしまいます。フランドル襲撃に向かったフランス騎士部隊は壊滅し、六千人にのぼる騎士が戦死してしまいました。この戦果は、兵士一人が二人の騎士を倒したことになると述べられています。

フレイルは、このようにもてはやされていましたが、騎兵に対してもっと効果的なパイク（第三章参照）の登場と、それにつづく銃器の発達によって、正規の兵士たちには用いられないようになっていきました。しかし、もとより従者や農民たちが用いたためか近年になるまで受け継がれ、一九二〇年にソビエト軍がポーランドに侵攻してきたおり、ポーランドの農民たちはワルシャワの正規軍に加わり、首都防衛のためにフレイルを持って戦ったのです。

フレイルによる攻撃の利点は、継ぎ手によって手の振りを加速することで打撃力を高めていることです。継ぎ手が長い鎖をもったフレイルに至っては、避けようとしたものに当たってもそこでたわんで継ぎ手のとどく範囲にいる者を攻撃できるのです。よく鎖の長いフレイルは敵の武器をからめとるなどといわれますが、実際にはそのような用途に用いられるわけでなく、相手が受けづらくなるようにするための工夫なのです。もしかすると、「こんにちは」という意味も、そうした思いもかけない奇襲攻撃を繰りだせることからつけられたのかも知れません。

＊一　**身分の低い従者**　騎士には、いずれ騎士になる見習い騎士と、鎧や武器を運ぶ従者がついていました。彼らのなかには、しばしば主人のためなら命を投げだすものもいました。

ウォー・ハンマーとホースマンズ・ハンマー
（戦鎚：War Hammer）（Horseman's Hammer）

威力 打撃★★（＋★）刺突★★（＋★）体力 ★★（＋★★）練度 ★★
価格 ★★（＋★★）知名度 ★★★★★

外見

ウォー・ハンマーは、私たちが日常目にする金槌《かなづち》と同じような形をしています。その形状は、柄と直角になった柄頭のどちらかがハンマーのように平たい鎚頭で、もう一方が、鉤爪のように尖っているのです。これにより、どちらでも相手を打ちすえることができ、とくに頑丈な兜や鎧を着けていても平たい側で殴打すれば十分な効き目をあげることができます。

一般的に、ウォー・ハンマーは歩兵用の武器でしたが、騎兵たちも使うことが多く、そのために、「ホースマンズ・ハンマー（Horseman's Hammer）」と呼ばれるものがありました。これは、ウォー・ハンマーのような形状でしたが、鉤爪が長く伸びていたり、鉤爪だけだったりする場合がありました。そのため、ホースマンズ・ハンマーは、その形状から「戦闘用ピック」と呼ぶことがあります。

全長は五十〜二百センチメートル、ホースマンズ・ハンマーであれば、長いものでも八十センチメートル程度です。重量は一・五～三・五キログラムでした。

❖歴史と詳細

棒状打撃武器としてのウォー・ハンマーとは、メイスの近くに位置し、その目的は同じ

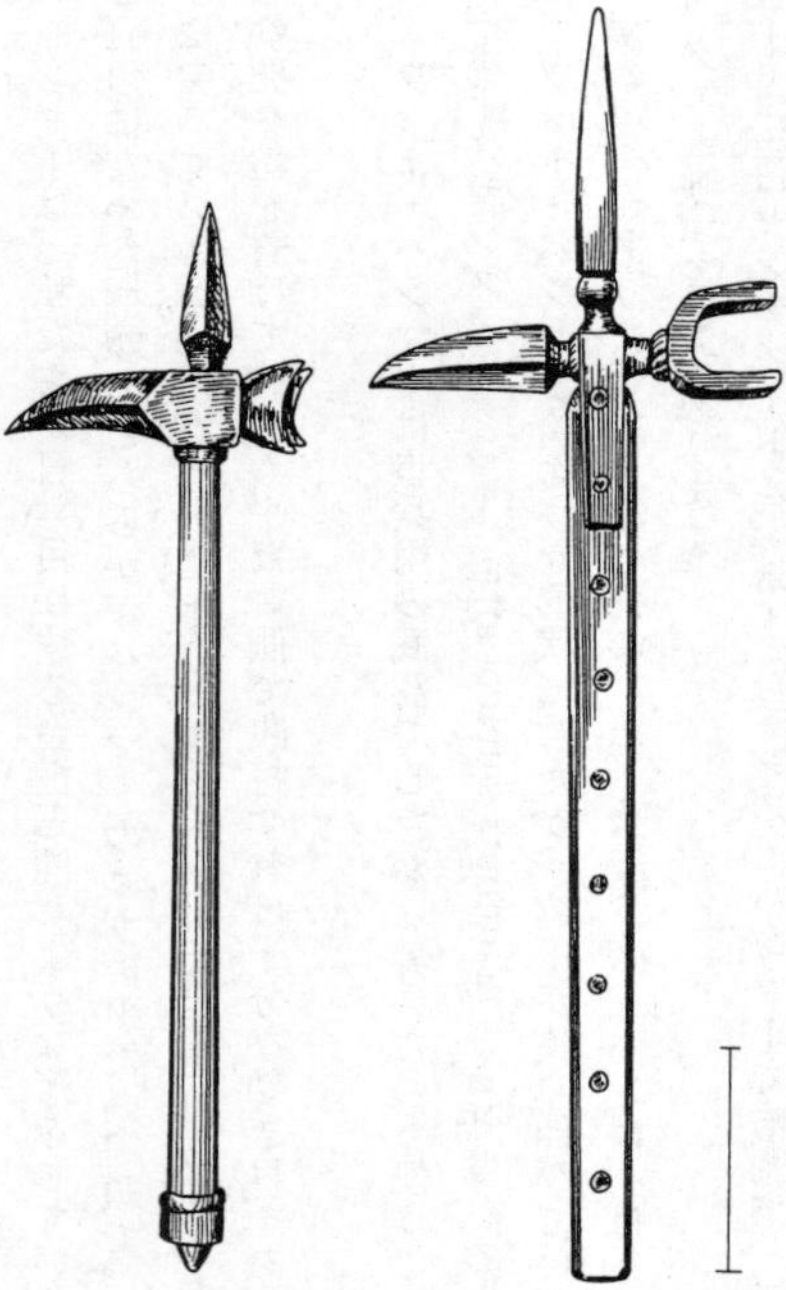

ウォー・ハンマー

く敵を殴打することにありました。それから考えると、その起源は、かなり古く、旧石器時代に流木に石をくくりつけたようなものも含めることができます。これは言語的にも述べることができ、〝ハンマー(hammer)〟という言葉の意味は、ゲルマン語で〝石で作られた武器〟ということに端を発します。

防具の発達は、東方にあった優れた鉄器文化によって起こり、スキタイなどの騎馬民族の間で紀元前六世紀に栄えました。優れた鉄製の道具類は、防具のみならず、優れた武器も生み出しました。彼らは刀剣だけでなく、槍やメイスなどを装備していました。そのなかに騎乗した兵士が用いたウォー・ハンマーがありました。彼らが用いたものはピック状のものでした。こうした形状は、とくに東方世界で多く見られました。しかし、実際にウォー・ハンマーと呼ばれるものは、その狭義において、中世ヨーロッパで用いられたものであり、とくにその形状は金槌状のものです。

中世ヨーロッパにおいて最初に用いられたと思われるウォー・ハンマーは、歩兵用のもので、その長さは二メートル以上もありました。これは、槍に何本かのスパイクを付けてあったものでした。さらに時代が進み、十五世紀頃までには、その形態は金槌状の柄頭となっていました。しかし、これらは、次第に短い柄に代わり、騎士たちが下馬して戦うときに用いられるようになっていきます。その発端は、中世におけるトーナメント(第五章参照)での一騎打ちにおいて用いられたことで、長さは八十センチメートル足らずでした。

しかし実際の戦争となれば、騎士たちは騎乗して戦いましたから、ウォー・ハンマーも騎乗しても振るえるように、さらに短くなり、だいたい五十センチメートル以内に収まるようなものとなったのです。こうして、ホースマンズ・ハンマーはドイツにおいてはじめて登場します。ホースマンズ・ハンマーの多くは柄頭の鉤爪が若干長い突き刺すものが多く、鎧を貫通して敵を突き刺すことを主体としたものが好まれていたようです。

歩兵用のウォー・ハンマーは、十四世紀から十六世紀にかけて繁栄しましたが、フランスにおいては、「ベク・ド・コルバン（Bec-de-Corbin）」というニックネームをもったものがとくに有名です。ベク・ド・コルバンとは〝カラスのくちばし〟という意味のフランス語で、柄頭が、まるで鳥類のくちばしのように見えるため、付けられたものでした。また、場合によっては、「ベク・ド・フォコン（Bec-de-Faucon）」、つまり〝鷹のくちばし〟とも呼ぶことがありました。スイスでは、これを「ルツェルン・ハンマー（Lucerne Hammer）」と呼んでいます。ルツェルンとはスイス中部の町の名で、このハンマーが生まれた町でもあります。

ウォー・ハンマーは、その全盛期には、数種類もの形状や種類をもっていましたが、のちにくる銃器の波に押し流されはじめて、十七世紀を迎えると、だんだんと時代遅れの武器となっていきました。しかし、ほかの棒状打撃武器と同じように、しばらくは東ヨーロッパにおいて用いられていました。

ベク・ド・コルバン

第五章 ランス（騎槍）

ランス (Lance)

ランスは、騎士の攻撃の主軸となる武器として知られるもので、日本語では「騎槍」と呼ぶことがあります。

外見

ランスは片手で使うもっとも長い武器といえます。その時代の戦闘の流儀によって変わりますが、だいたい二・五～三・五メートルはあり、中世の騎士たちが「トーナメント（馬上槍試合：後述）」で用いたものには四メートルを超えるものもありました。

ランスの特長は握りから柄の先端までの長さが長いことです。これは、バランスを保つためで、とくに片手で構えて一撃を与えるために必要不可欠なことだったのです。十四世紀に入ってようやくランスを小脇に固定する工夫がなされるようになりましたが、それでもやはりランスの柄の長さが変わることは[*1]ありませんでした。

ランスの材質で最適と目されているのはトネリコの木といわれています。ランスの重さは四～十キログラムはあったと考えられますから、それを片手で支えるのは大変なことだったと思います。

よく穂先近くに旗をつけていますが、これにはそうした重量に関する実用的な意味があります。ランスを構えて馬を疾走させると先端の旗は風になびき、その結果、空力的な作用をもたらしてランス自身を持ち上げ、重さを軽減する役割があるのです。また、重さの軽減を図るために模様のような溝が施されました。この溝は「フルーティング」と呼ばれ、刀剣類に見られた軽量策と同様の試みといえます。

穂先にはさまざまな種類がありましたが、だいたいは金属製のソケット式で、くさびのように先を尖らしたものがそのほとんどでした。また、十五～十六世紀に見られたランスには護拳をつけたものがあります。この護拳は金属製であることが多く、かなり大きなものもあります。

ランスの各部名称

ランスは、その初期と後期においては、槍とほとんど変わらない形状をしており、柄と穂先からなるものでした。しかし、こうした実戦的な形状は、その後の騎士たちが行った「ジョスト（一騎打ち：詳細後述）」によって様変わりしていったのです。では、そうしたランスの部分名称をあげておきましょう。

ランスの各部名称

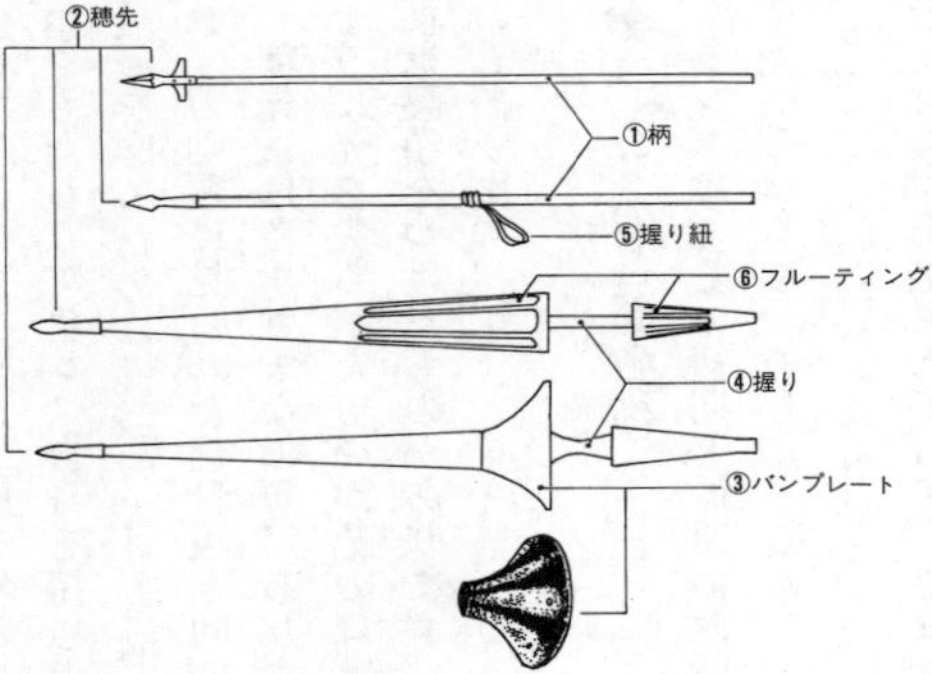

①柄：ランスの柄は木製であることが多く、とくに槍（スピアー：第三章参照）がそのまま発展しただけである場合、その外見上の特長はほとんど槍と同じです。

②穂先：相手を突き刺すための形状としてさまざまなものがありましたが、ほとんどがソケット状になっており、先にはめ込むものでした。

③バンプレート（護拳：vamplate）：バンプレートは十四世紀はじめに生まれたランス用の護拳で、その目的はそれを握る手を守ることにあります。これは明らかに、馬上で刺突に用いられ、なおかつお互いがランスでぶつかり合ったときの防備といえます。バンプレートは、金属製で、のちのランスの軽量化に先駆けて、取り払われてしまうこともありました。しかし、その寿命は十七世紀にまで長らえています。

④握り：ジョスト用に作られたランスは、全体が太く作られ、切先に向かって細くなっていく円錐状のものでした。そのため、もっとも太くなるランスを持つ部分を細くしています。円錐状のランスにのみこの握りがありました。

⑤握り紐：通常の槍状ランスに見られるもので、突き刺す際の反動でランスを握る手がずれないよう配慮したものです。また突き刺したときに引き抜きやすくするためのものであり、その材質は革製であることが多く、比較的新しい時代のランスに多く見られます。だいたい十七世紀以降のランスのほとんどがこの握り紐をつけていました。

⑥フルーティング（縦溝装飾）：ランスを軽量化するために施された溝で、刀剣のフラー（樋）と同じ意味合いで設けられたものです。

ランスの穂先の種類

ランスの穂先はさまざまで、その種類をあげるとだいたい、二種類に分けることができます。つまり、相手を傷つけるために切先をもったものと、トーナメント用の切先がないものとにです。前者の場合、穂先はソケット状の金属で作られたものがその主流でした。

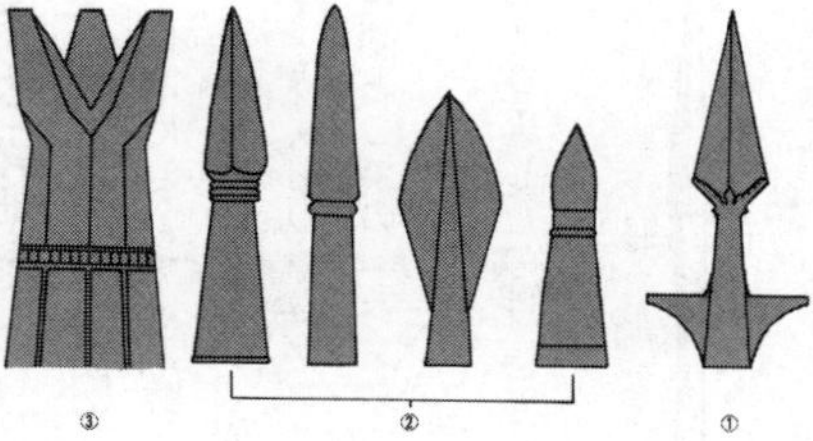

穂先の種類

①十字型の穂先：ソケット状の穂先で、切先は通常の槍と変わりませんが、その根元に、柄と垂直方向に向かって左右に尾びれがついています。これは、相手に深々と突き刺さらないように工夫されたものでした。こうした穂先は、古いものではフランク人などの槍から見られ、二十世紀頃のインドの騎兵槍にも同じような穂先があります。

②ソケット状穂先：一般的に穂先はソケット状になっていますが、その形状にはいくつかありました。刃先をもったものや、その形状が葉のような形状をしたものなどがあります。またランスの先を強化するだけの円錐状のものなどがありました。

③コロネル（coronel）：コロネルの語源はラテン語の〝コロナ（corona）〟で、その意味は英語の〝クラウン（crown：王冠、冠などの意）〟にあたります。これは、ジョスト用の穂先で、三叉になっています。なぜこのような形状であったかは、相手を馬上から落とすための工夫と考えられます。しかし、この穂先をもったランスは、太く作られ非常に重かったと考えられます。

歴史と詳細

ランスとはラテン語の〝槍〟という意味をもつ言葉〝ランシア（lancea）〟に由来します。日本においては「騎槍」などと訳されることがありますが、そもそもは単なる「長槍」であったにすぎず、何も騎兵が使用した槍のみをランスと呼んでいたわけではありません。歩兵用の槍もランスと呼び、騎兵であっても歩兵であっても使用していました。用語としての「ランス」がはじめて使われるようになるのは六世紀、フランスにおいてです。ちなみにイギリスでは、十二世紀までには用語として見られました。このときイギリスで登場したのは〝launce〟と少し綴りがちがっています。

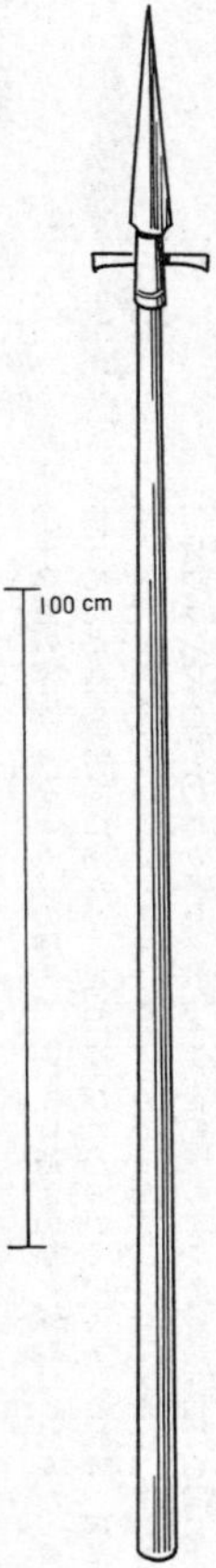

十字型の穂先をもったランス

威力 刺突★★★
体力 ★★
練度 ★★
価格 ★★
知名度 ★★★★

六世紀のフランスで生まれたランスの形状は、長槍そのものといった感じで二〜四メートルの柄と、ソケット状にはめ込んだ金属製の穂先をもっただけのものでした。ただしそうした槍類は、投げるのではなく、刺突戦闘用に用いられなければランスとは呼ばれませんでした。

ランスを使った刺突戦を騎兵が行えるようになったのは、七〜八世紀にかけて発明された「あぶみ」[*二]による恩恵です。あぶみによって騎馬兵士は姿勢を安定させられるようになり、その戦闘力を最大限に引き出せるようになったのです。騎乗しての突撃は、乗馬する者さえ固定させることができれば、馬の体重と武器を扱う者の体重、さらに突進力を加えることができ、騎馬の刺突戦闘に大きく影響を及ぼすことができます。それまでは、ただ腕力によって刺突していたことを考えると、その効果は雲泥の差があったわけです。

こうした攻撃方法の変化によって、それまでのものとは性質を著しく変貌させたランスは、暗黒時代から中世にかけて行われる軍隊の騎兵化に、なくてはならない武器となります。この当時に見られるランスの特長は、十字型の穂先（図参照）をもったもので、これは、突進力によって刃が、敵に深々と突き刺さり、引き抜けなくなるといった事態を避けるための工夫なのです。

軍隊の騎兵化とともに歩兵が受け持った仕事は射撃兵器の操作員でした。そのため、それまでの歩兵の主力兵器であった長槍[*三]を持って戦う必要がなくなっていきます。あぶみの発明による騎馬兵士の戦術変貌と、こうした歩兵戦術の変化が拍車をかけて、十六世紀までにはランスのイメージは、騎兵が使用する槍として定着していったのです。

一方、中世ヨーロッパにおいて十三世紀頃より頻繁に行われるようになる「トーナメント（後述）」は、それまでのランスに形状的な変化をもたらすこととなります。トーナメントの前座として行われた「ジョスト（後述）」が、次第に人気を呼ぶと、騎士たちはそのために鎧を工夫し、ランスに手を加えていきました。こうして十四世紀はじめ頃に、バンプレートを装着したランスが登場しました。

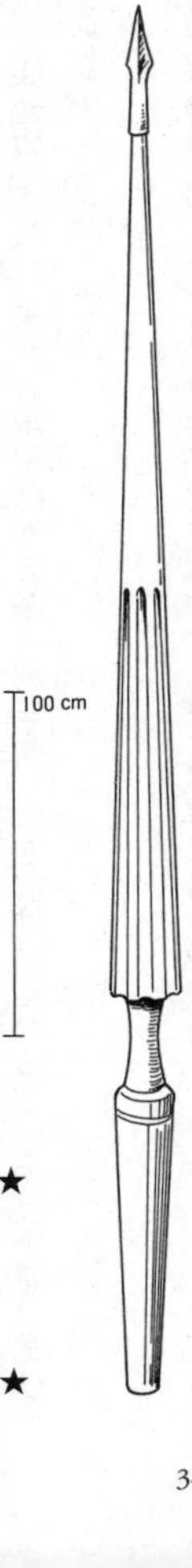

儀式用ランス

威力	刺突★★★★
体力	★★★
練度	★★★★
価格	★★★★
知名度	★★★★★

その後一世紀をかけて、ランスは次第に長くなり、四メートルを超えるものが登場しました。これは「ジャルダ（Gialda）」と呼ばれ、その長さは三・六～四・二メートルという長さをもち、重さは五～十キログラムと非常に肥大したものでした。

騎士たちが鎧を着てランスを持って戦うことが時代遅れとなっても、なんらかの行事にともなって開催されるジョストには、当然のことながらランスが必要であり、フルーティングのあるものなどが登場しました。十六～十七世紀、こうしたランスは「儀式用ランス（図参照）」と呼ばれました。その特長は、木製で太い柄をもち、円錐型をしていて、一般的にランスといえばだいたいの読者がこの形状を思い浮かべることでしょう。

決闘という形で行われる馬上試合は、最初は神聖な儀式といった感じで、生死をかけたものでした。しかしのちには、ひとつのスポーツ的な感覚で行われるようになったのです。ジョストにおける勝利条件とは、相手を馬上から落とすか、自分のランスを相手にぶつけて折ることでした。そのため、相手を落馬させやすいよう、ランスは太くなっていき、最後には鎧につけられた支え[*四]を必要とするほど肥大したものとなってしまいます。

しかし、こうした騎馬戦闘時代、つまるところの「新しい騎士たちの時代」[*五]の戦闘方法は、パイク戦術によって効果を失い、銃器の発達によって次第に時代遅れなものとなっていきます。その結果、十七世紀末には騎兵部隊の衰退がはじまります。このの ち、ランスを持った騎兵はしばらくの間、東ヨーロッパにおいて生き残っているだけでした。とくにポーランドの重騎兵として有名な「ウイングド・ユサール」たちなどが有名です。彼らのランスは、木製で、細長く、片手で扱えるように作られた実戦的なものでした。

十八世紀になり、一時の平和が訪れると軍隊のなかで再び騎兵部隊の復活がなされました。彼らの目的は、基本的に騎兵とのみ戦うことで、その方針は、銃を構える敵とは戦わないということでした。このような、いい加減な方針によって当時の騎兵部隊は成立していたのです。[*六]しかし、ときとして、こうしたいい加減な理由で存在した部隊は、騎兵部隊のみに限らず軍事的な流行として、その必要性以前のあたりまえのこととされていました。

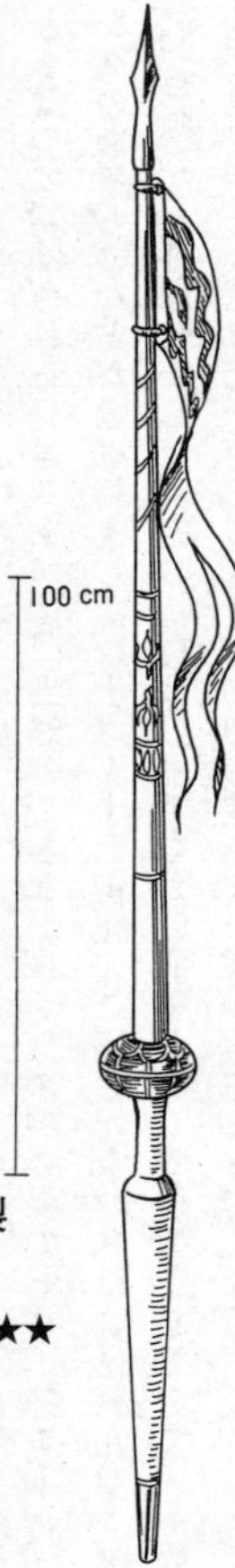

ポーランド製ランス

威力	刺突★★★★
体力	★
練度	★★
価格	★★★
知名度	★★★

ところが七年戦争において、騎兵部隊がことのほか活躍し、またまた騎兵部隊の復活がなされたのです。しかしこのときには、彼らはサーベルと銃で武装していました。その後、ナポレオン（一世）の大陸軍に槍騎兵が編入されることになります。当時、槍騎兵は「ランサー」[*七]または「ウーラー」[*八]と呼ばれ、サーベルで武装する騎兵部隊に対しては、そのリーチの長さということを考えるだけでも優勢であり、実際、非常に効果的な攻撃力を発揮して、それまでのサーベル主体の部隊の地位をゆるがす活躍をしました。こうして、再度、ランスを持った騎兵たちの時代が訪れます。このことは、ナポレオンの軍隊相手に苦戦したイギリス軍が、戦役後に槍騎兵部隊を再建したことからもわかります。しかし、彼らが中世の騎士のような鎧を着ることはありませんでした。

それからのち、第一次世界大戦に至るまで槍騎兵の栄誉は続きます。第一次世界大戦では、突破作戦の主軸としてランスを持った騎兵たちの部隊がありましたが、この大戦の本質である「ざん壕戦」によって、強行突破的な作戦が成り立たなくなってしまいます。さらに、もはや戦争は機関銃と戦車などの大量殺人兵器の時代を迎え、ランスはおろか、騎兵部隊の存在すら不必要なものとなってしまったのです。こうして、事実上ランスを持った騎兵たちは西ヨーロッパにおいて姿を消し、その部隊名だけが新しい時代の騎兵である、戦車部隊へと受け継がれていきました。

第二次世界大戦においても、ポーランドをはじめとする東ヨーロッパ諸国には、まだ騎兵部隊が存在していました。しかしそれは、かつての栄光の名残にしかすぎず、二十世紀の「新しい戦争」にはとても歯がたたない代物となっていました。そしてついに、馬にまたがった騎兵たちの時代は幕を閉じ、ランスの時代も終わってしまいます。

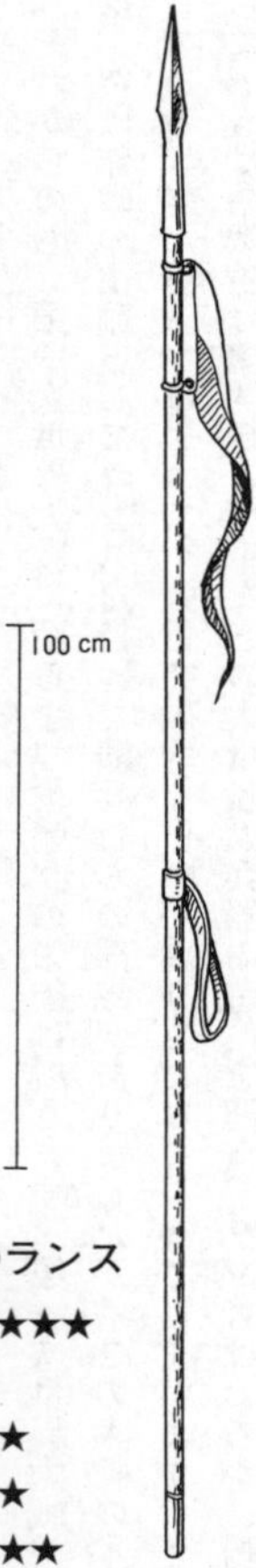

19世紀のランス

威力	刺突★★★
体力	★
練度	★★★
価格	★★★
知名度	★★★

聖ゲオルギウス（Georgius）とランス

聖ゲオルギウス（?〜三〇三?）はイングランドの守護神として知られ、ディオクティアヌス帝[*九]の時代に殉教したと伝えられる聖人（セイント：saint）です。彼の名は、〝聖なる〟という意味の〝ゲラール（gerar）〟と〝戦い〟という意味の言葉〝ギヨン（gyon）〟に由来すると、ヤコブ・デ・ウォラギネは、その著書『黄金伝説（Legenda aurea）』で述べています。

彼が行った偉業として知られる龍退治は、現在に残るさまざまな絵画や彫刻の中に見ることができます。その姿は、龍を足下にしてランスを突き立てたものとして知られるものです。

彼が龍を退治した方法は、毒気を吐こうと大きく開けた口の中にランスを突き刺すというやり方です。その偉業があまりにも危険で勇敢な行為であったため、中世における騎士物語には龍を退治する話が多くあります。そのためか、キリスト教を信仰する中世の騎士たちは龍を退治する方法とは、その口にランスを突き立てるということが常識となりました。

晩年のゲオルギウスは『黄金伝説』に登場する聖人たちの多くがそうであったように、やはり、キリスト教の信者として見事に殉教します。しかし、彼が殉教したという四世紀はじめ（三〇三年）から推察しても、彼が龍を退治した時代にはまだ、ランスといった用語はありませんでした。

＊一　トネリコ（ash, fraxinus）　正確にはモクセイ科トネリコ属の植物の総称で、とくにセイヨウトネリコ（white ash）のことを指します。トネリコは強靭で、弾力性の高い木材として古くから用いられ、ホメロスの『イーリアス』で有名なトロイア戦争の英雄アキレウスの槍の柄もとねりこで作られていました（『イーリアス』第十六書百四十行等）。

＊二　あぶみ　あぶみを発明したのはインドであるという説があり、七世紀頃に西ヨーロッパにもたらせら

れました。

＊三 **長槍** ここではパイクを除きます。

＊四 **支え** ランス・レスト（lance rest）と呼ばれました。

＊五 **「新しい騎士たちの時代」** いわゆる、十字軍の時代に存在した騎士たちの時代を「旧き騎士たちの時代」とすると、その後の騎士の活躍する時代は、さしずめこう呼ぶことになるでしょう。

＊六 **軍事的な流行** 軍隊とはときとしてなにかの戦功を立てた部隊にあやかり、それを真似した部隊を編成しました。クロアチア兵やズワーブ兵などが有名です。

＊七 **ランサー（Lancer）** ここでいうランサーとは日本語にすれば槍騎兵ということになる、ナポレオン時代の槍を主力兵器とした騎兵のことです。この時代には、イギリスを除けば大小、どんな国でも保有していました。隊形上の問題から軽騎兵の部類に入りましたが、十分、重騎兵にも対抗できる部隊でした。

＊八 **ウーラー（Uhlan）** 大陸では槍騎兵のことをウーラーと呼びました。ウーラーとはポーランド式の騎兵のことで、その特長はチャプカと呼ばれる大学帽のような帽子をかぶっていることです。ちなみにユサールはハンガリー式の騎兵のことです。

＊九 **ディオクティアヌス帝（Gaius Aurelius Valerius Diocletianus：西暦二四五〜三一三）** ローマの皇帝としての在位は二八四年から三〇五年で、軍人皇帝時代の混乱期に台頭した人物の一人。彼はこの時代に東部帝国を受けもちました。オリエント的君主主義を継承し自らを神と称して君臨しました。

トーナメント（Tournament）

中世にまつわる騎士の話の中に、しばしば登場する「トーナメント（Tournament）」とはいったい何なのでしょうか？　ここでは、そうした疑問を晴らすために使用法の番外としてひとつの項目を立てて考察してみましょう。

中世におけるトーナメントとは、少なくとも最初は戦争が行われていない間の軍事演習のようなものでした。

トーナメントの意味

トーナメントとは、通常、「馬上槍試合」と呼ばれる中世に固有の軍事演習のことで、平たくいうならば模擬戦ということになるでしょう。しかし、その本来の意味においてのトーナメントは、十六世紀末にほとんど消滅してしまったといえます。トーナメントがいつ、どこではじまったのかは定かではありませんが、おおよそフランスを起源にしていると思われます。その証拠に十一世紀頃のフランスの文献において、はじめてその名前を見い出すことができるからです。しかし、そのトーナメントという言葉が、どこからきたかということは曖昧です。たとえば、十六世紀の著述家フォシェは、「トーナメント(tournament)」という言葉は、カンタン(槍的：quintain)を突くときに、騎士が「代わる代わる(par tour)」行うことから派生している、といっています。さらには、戦闘に入る前に、騎士が旋回(tour)するからだ、という説もあります。

フランス語では、トーナメントのことを〝トゥルノワ(tournoi)〟といいますが、この語源は〝トゥルノワイエ(tournoyer)〟という動詞で、〝旋回する〟という意味をもっています。しかるに、先ほどの説としては、後者のほうが理にかなっています。しかし、フォシェのいい分が間違いともいえません。なぜなら、トーナメントは模擬戦ですから、通常二つの組に分かれて闘うことになります。とくに一騎打ちの場合には、順番がものをいい、順番どおり(par tour)に行われなくては、試合としての価値が激減してしまいます(そういう意味では今日のトーナメント戦に近いといえるでしょう)。

さらに、もうひとつの考えとして、〝トゥルノワイエ〟が、フランス語で〝旋回〟だけでなく、〝巡回〟や〝放浪〟を意味する動詞であることから述べられるものがあります。これは、ランス一本をかかえて諸国放浪し、各地の騎馬試合に参加することを繰り返すことが、当時の騎士たちの間で流行していたということに起因するからです。つまり、こうした騎士たちの武者修業が、トーナメントの性格を決定したともいえるからです。そこ

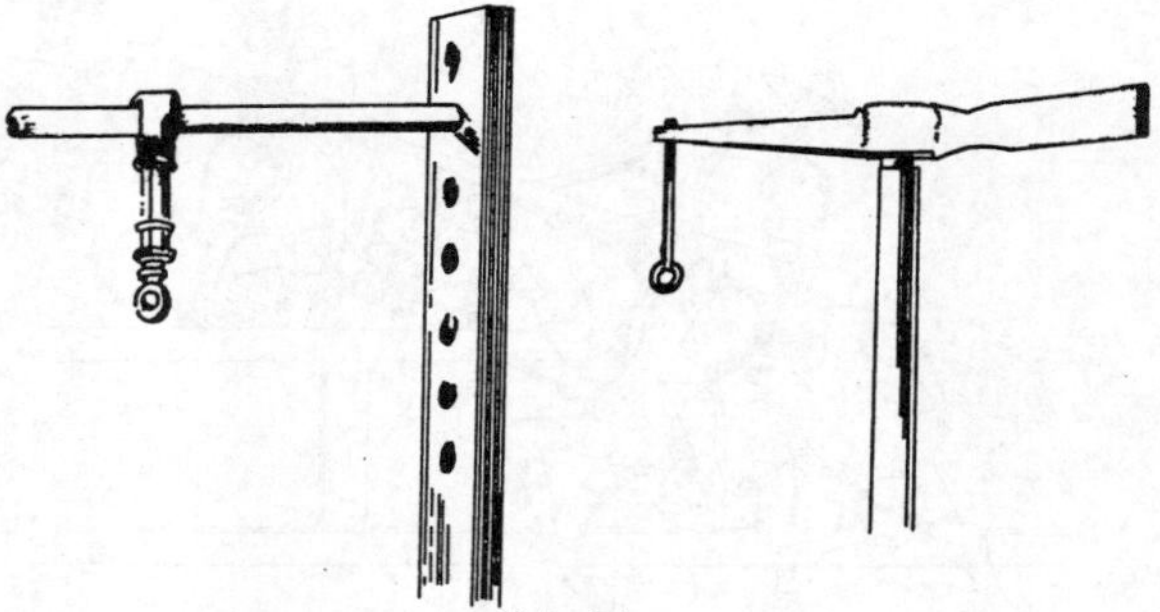

カンタン

で、騎士が放浪して参加する、という事柄の意味が、トーナメントという名称の起源となったともとれるのです。

トーナメントの種類

トーナメントについては、さまざまな言葉が入り乱れていて、今日でもそれが何を指しているのかはっきりわからないものがあります。「ジョスト」「メレ」「トゥルネイ」「ブーフルト」などなど、これらのどれが同じで、どれがちがうか、また、どういうちがいがあるのか？　これらをはっきりさせることは難しいのです。一応ここでは、少なくとも個人戦・団体戦の二種類の戦い方があった、ということから説明していきたいと思います。

①個人戦……ジョスト

トーナメントには、当初その前座として、騎士ど

ジョスト

うしが行う一騎打ちの試合がありました。これは、全身を鎧で覆い、馬にも華々しい鎧を着せて、ランス（または長槍）を持った騎士が、一対一で突き合いをするもので、たぶん誰もが思うように、中世の騎士たちを代表する、おなじみの光景かもしれません。中世ヨーロッパにおいては、この一騎打ちを「ジョスト[*1]（joste）」と呼んでいました。その語源は、〝寄り集まる〟〝側に寄る〟〝突く〟という意味をもつ〝ジュクスターレ（juxtare）〟という中世ラテン語といわれています。

②団体戦……メレ／ブーフルト／トゥルネイ

トーナメントのメインとなるものは、「メレ（melee）」と呼ばれる団体試合にあります。これは〝混合する〟という意味の動詞〝メレ（meler）〟から派生した言葉で、言葉どおりとれば〝混戦〟を意味しています。これまた、ずばりの意味で実際、メレとは敵味方が入り乱れての乱戦となる一種の団体戦なのです。

メレは、その言葉自体が、「トゥルネイ（tourney）」と同義と考えられています。しかし、トゥルネイがトーナメントとまったく同じものであるかどうかは、むずかしくて答えをだすのは無理と考えた方がよいでしょう。著者は、便宜上、トゥルネイとトーナメントは別物とみなしています。それは、トゥルネイと呼ばれるものは、トーナメントのうちのひとつだという意味だからです。

「ブーフルト（Buhurt）」は、敵味方がふた手に分かれて行う紅白戦のようなもので、メレに近いものと考えられています。よく、トゥルネイと混同されますが、一説によれば、ブーフルトとトゥルネイとは別の戦い方だといわれています。しかしその一方で、ブーフルトとトゥルネイは同義だという説もあるのです。ブーフルトの語源は中世フランス語の〝ブーフール（Bouhours）〟という言葉らしいのですが、今日のフランス語にはそのような言葉は残っていません。

このように、トーナメントといっても、さまざまな名称があって、その点、不明瞭になりがちです。ですから、さまざまな名称で呼ばれる試合形式があったとだけしかいえません。

❖トーナメントの歴史

模擬戦[*二]としてのトーナメントの起源は、さかのぼろうとすれば、人が馬に乗って戦おうと考えたときにまでもどれると考えられます。馬は武備のひとつですから、日頃の鍛錬がものをいいますし、さらに団体戦ともなれば馬を馴らしておく必要があるからです。

中世のヨーロッパに限れば、まずローマ帝国の滅亡後、アルプス以北では、ほとんど騎兵が存在しなかった時代がつづきました。そして、騎兵が重要視されるようになるのは、フランク王国になってからでした。これは、アラブ人のヨーロッパ侵攻にその端を発します。そして、八～九世紀を通じて、騎兵はフランク王国のなかで、徐々に重要な戦力となっていきました。さらに、この時代は、王権が最大限拡張していく時期と一致し、軍隊は絶え間なく動員され、騎士たちは実地の戦闘のうちに馬を扱う術を覚えるのが精一杯でした。

十世紀に入ると、この状態が変化します。王権が形骸化し、ローマ教会が神の平和運動を繰り広げて、さまざまな形で暴力行為に歯止めをかけようとします。戦争が地域的なものに限定され、その発生もそれほど頻繁ではなくなります。こうした状態では、騎士たちは放っておくと、馬の扱い方を忘れてしまいます。軍隊というものは、絶えず訓練をしなければ意味がありません。そこで、軍事演習という形でトーナメントが登場したものと思われます。

メレを主としたトーナメントは、だいたい十三世紀頃までつづきますが、十四～十五世紀には、いわば野戦に近い状態のトーナメントは、より洗練されたものへと変化していきました。その変化していく要素として、二つあげることができます。その一つは、教会による平和運動であり、いま一つは、恋愛的要素を盛り込んだ騎士道精神の導入によるトーナメントの儀式化です。

教会は、その当初から、トーナメントの存在に厳しく対処してきました。諸侯の戦闘を宗教的権力によって押さえようとした教会は、実戦に代わる模擬戦にも、寛容な態度は示さなかったのです。早くも十二世紀には、トーナメントの禁止を呼びかけ、それは相次いで禁令の形で出されました。それでもトーナメントが廃れないばかりか、死傷者が続出する事態に憂慮して、トーナメントによる死者を教会では葬らない（これは破門を意味する最大の刑罰です）と宣言したほどです。

その一方で、十字軍の組織などに騎士の規範の必要を感じた教会は、積極的に教会の望む模範的騎士の在り方を提示しはじめます。騎士そのものの存在をなくすことはできないのですから、望ましい騎士の姿に変えることを考えたわけです。そこでは、信仰の敵の討伐、弱者保護、掠奪禁止などが訴えられ、とくに騎士修道会の設立を通して、修道士の徳目である貞潔、沈黙、従順を美徳として追加しました。そして、このような騎士の理想像は、宮廷の女性たちに支持され、騎士道として花開いたのです。

王侯主催のトーナメントには、客席に華やかな女性たちがつきものです。実際、トーナメントと騎士道は、女性の存在なくしては考えられません。もとより、模擬戦形式の荒っぽいトーナメントにあって、敵方の騎士を捕虜にし、その身代金を要求するのは、正当な行為であり、トーナメントの実利的な側面であるといえます。その一方で、金銭をともなわない名誉というものも、追求されていきました。この名誉を支えるのは、ご婦人方の熱いまなざしだったのです。

そしてこの女性たちの参加は、トーナメントをより優雅なものへと変化させていきます。中世の女性たちは、ローマ時代の女性のように、円形闘技場で傷ついた剣闘士を、無慈悲にも「殺せ」とは叫びませんでした。むしろ、彼女たちは、より高潔で、より情け深い騎士にこそ喝采を浴びせたのです。

そして、騎士たちもまた、高貴で美しく、情け深い婦人に、自分たちの名誉を捧げるようになります。トーナメントでの勝利は、特定の婦人に捧げられるようになり、一方、その婦人から騎士へも、自分を意味するリボンや衣服の袖などが贈られるようになります。

こうして荒々しい野戦試合を模したメレから、トーナメントの主流は、騎士の技量と優美さを競うジョストへと移っていきました。

トーナメントのやり方

トーナメントの主催者は、当然のことながら、軍隊を持っている王様や領主です。彼らは王宮や館の前に広大な広場を所有していますから、ここにロープなどを張り巡らして、臨時の競技場を作ります。この競技場を「リスツ[*三]（lists）」と呼びます。

トーナメントは軍事演習ではありますが、その参加者は主催者の家臣に限らず、およそ騎士身分の者ならば誰でも参加できます。そのため、主催者は、遠くまでその評判がいきわたるように、トーナメントのはじまる何カ月も前から予告していました。そんなわけですから、ときには一攫千金（？）を夢見る、腕に覚えのある若者が、槍一本小脇に抱えて、各地から集ってきました。通常、トーナメントは、参加料といったものはありませんが、あのリチャード獅子心（ライオンハート）王のように、参加料を取った主催者もいました。それによれば、貴族たちがだいたい、現在の十六万円くらい、一般の騎士でも、その十分の一の一万六千円といったものでした。

もうひとつ、主催者側の仕事として審判人を決めておく必要があります。その人選は、ときには主催者自身が買って出ることもありますし、引退した（？）高名な騎士を立てることもあります。

さて、いよいよ開始となりますが、このとき、トーナメントの内容がいくつかに分かれていたのか、また分かれていたとして、どういう順番で行われたのか、はっきりとわかってはいません。前座として一騎打ちを行い、そのあとで団体戦を行ったのではないかと思われますが、それはトーナメントの規模や主催者の好みによって、または、時代の風潮によっても変わるものでした。舞台が十二〜十三世紀であるとしたら、トーナメントは、なんといっても団体戦であるメレが中心となるでしょう。

メレのやり方は大層荒っぽいもので、鎧兜に身を固め、槍を小脇に抱えて馬に乗った騎士たちが、二つのグループに分かれて、ひたすらせめぎあい、相手チームの騎士を馬から落とし、その兜を得ることを目的にしています。騎士だけでなく、その騎士につく従者も入り乱れての乱戦ですから、敵味方の区別がつかなくなることも十分考えられます。ときには四千名もの騎士が、一時にメレに参加した、といいますから、その混乱は推して知るべしでしょう。

メレはまさしく、戦闘を模したものです。ただ、本当の戦争とはちがいますから、相手を殺すことが目的ではありません。団体戦とはいったものの、チームの勝敗を決めるということはなかったようです。審判人がその戦闘でもっとも勇敢な騎士を選び、これに主催者が褒美を与えるのです。この場合の褒美は、それほどたいしたものではなかったようです。たとえば、猟犬として優秀なグレイハウンド犬とか、狩りに不可欠の鷹などが賞品として贈られ、それが、ふさわしいと思われていたのです。とはいえ、勝利者が得るものはそれだけではありません。自分が倒した相手方の騎士の馬や鎧兜、それに相手が身分の高い騎士であれば、その身代金も要求できるのです。そのようなわけで、トーナメントに参加することは、腕に覚えがあるならば、かなりの稼ぎにつながりました。騎士は、鎧の一部である、「ゴントレット[*四]（gauntlet：剣道のこてのようなもの）」を地上に叩きつけることによって、一騎打ちを要求することができます。

一騎打ちは、衆目の監視のもとで行われることになります（もちろんメレにも審判がつきますが、なんといっても混乱状態ですから）。この一騎打ち、すなわちジョストは、まずジョストをしたいといい出した騎士が、相手を求めることからはじめます。小姓が騎士の名を触れて回り、相手を募るのです。相手が名乗り出ると、試合開始です。両者は槍を抱えて、相手を突く技を競います。槍を突く的は、相手が左手に持った盾の鋲や相手の喉覆いが効率的とされていました。とはいっても、どこを突いてはいけない、というような

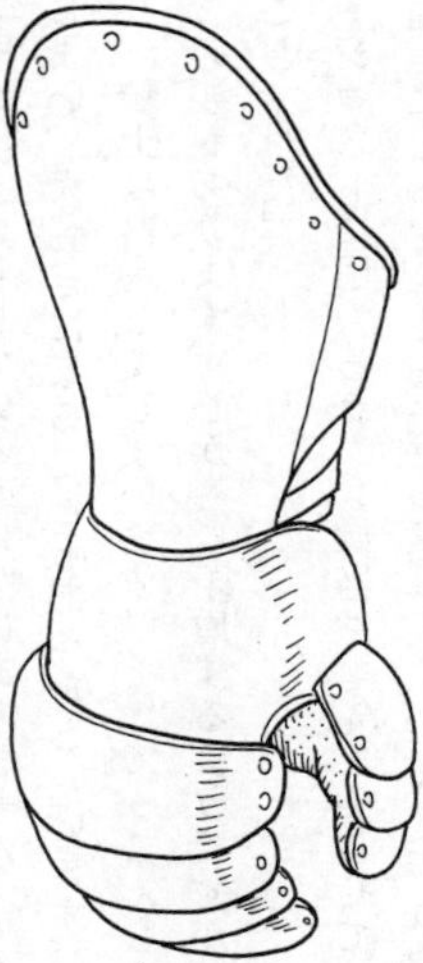

ゴントレット

規則がはっきりしているわけではありません。ときには勢いあまって相手の馬をついてしまい、大騒ぎになることもあったといいます。そうなると馬は驚いて後ろ足立ちになり、騎士は落馬してしまいます。そこで、こんなことにならないように、双方、気をつける必要があります。しかし、矛盾するようですが、ジョストの目的は相手を馬から落とすことでした。

ジョストに用いるランスは当然、先を尖らせてはおらず、盾などに当たると裂けて散る構造になっていました。そのせいか、大変折れやすいものだったのです。そして、お互い、槍が砕けたり折れたりして、かつ、両名とも馬上にいるときは、それぞれ槍を取り替え、もう一度、「突き」を競います。この突き合いではランスを三度まで交換できました。そして、三度までお互いに馬上を維持したならば、双方、ランスを捨て馬を降りて剣を抜きます。こうして、今度は剣を競うことになるのです。

このような場合に用いられる剣は先を切り刃を鈍らせていたので、相手を死に至らしめることはありませんでした。しかし、トーナメントにおいて死傷者が出るのは当たり前のこととされていたようです。相手を落馬させることが目的の一つですから、当り所が悪ければ、死に至ることもあります。とくにメレは激しいぶつかり合いだけに、いくら落馬した相手を馬で踏み潰さないのが騎士のたしなみ、といわれても、混乱した状態で何が起こるかは、責任がもてなかったでしょう。ときには一五五九年六月に起きたヘンリーII世[*五]の事件のように、ジョストの結果、一国の王族を死に至らしめてしまう結果をつくりだしてしまえば、その犯人（？）は、ただではすまされません。

＊一　ジョスト　今日では、ジャウスト（joust）またはジャスト（just）［英］、ジュト（joute）［仏］、チョスト（tjost）［独］といわれています。

＊二　その起源は、フン族のやってきた時代までさかのぼることができるかもしれません。

＊三　リスツ　この言葉は、フランスの王室を象徴する花である百合（lis）からきているといいます。これも、トーナメントのフランス起源を想起させるものの一つでしょう。

＊四　これが、のちに、手袋で相手の頬を打ち決闘の合図とする起源ともなります。

＊五　ヘンリーII世は、フランスで行われた結婚式を祝して催されたトーナメントにおいて、折れたランスの破片が、目に突き刺さり、十日間苦しんだあげく、死んでしまいました。その結果、その試合の相手であった、モントゴメリー伯爵は、打首の刑を科せられたのです。

第六章

斧状武器類

戦斧の形状

斧（アックス：ax）とは、工具から発達した武器のひとつですが、ある意味で斧は、棍棒が発展した武器の一種といえます。その形状は柄と柄頭の組合せからなるもので、基本的には鎚矛（メイス）と同様の構造をしています。しかし、鎚矛が殴打することを目的としているのに対し、斧は打ち切ることを目的としている点に大きな違いがあります。そのため、ここで定義する「斧状武器類」とは、柄頭に刃先をもったものということになります。また、英語でいうところの〝アックス（ax）〟とは、柄と刃が並行になるように着柄をしたもので、これとは逆に柄と直交させて着柄したものを〝アッヅ（adze）〟と呼びます。

❖各部の名称

斧状武器類の基本的な構造は、斧頭と柄からなり、その形状は今世紀に至っても変わることがありません。各部の名称は次のとおりです。

斧の構造図

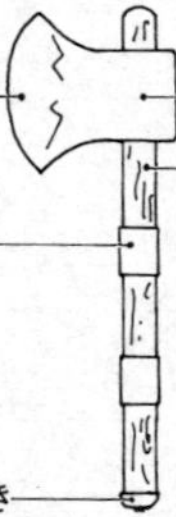

①柄（ポール：pole）
　柄は通常、木製のものが多く、まれに金属製のものがありました。打ち切ることを目的としていますから、柄は弾力性のあるものである必要があります。そのため、弾力性を高めるために布を巻きつけたり、金属製の輪をはめ込んだりしたものがあります。また、強度を高めるために、丸棒ではなく角棒や多角形のものもありました。

②斧頭（アックス・ヘッド：ax head）
　斧頭は、斧になくてはならないもので、通常は柄の先端に何らかの形で取りつけられます。

③刃先（アックス・ブレード：ax blade）
　鎚矛と斧のちがいは、刃先をもっているかいないかで決まります。打ち切ることを目的とする斧状武器類にとってはなくてはならないものです。

④責金（フェリュール：ferrule）
　柄を補強するためのリング状の金具です。すべての斧類に必ずあるものではなく、ごくまれに見られます。

⑤石突き（バット：butt）
　カップ状の金具で、柄の末端につけられるものです。その目的は装飾の意味合いが強いのですが、ときには紐を通す金具や穴があいていて、それを防護するためのものもあります。柄が長いものの石突きは、柄の部分を地面についたときに、その部分がすり減らないように防護する役割もあります。[*1]石突きは、中世頃の戦斧類にとくに見られるもので、実用的な意味よりも武器としてのステータスといった感があります。

❖斧頭の取りつけ方（着柄）

斧類は単純にいえば、柄と斧頭の組合せによって作られる単純なものですが、斧頭の取りつけ方法（つまり着柄）は時代によって異なり、鋳造技術の発達によって、さまざまな変化を遂げています。

取りつけ方法のタイプは、それぞれの特長と利点によって、いくつかに類別できます。

着柄の種類

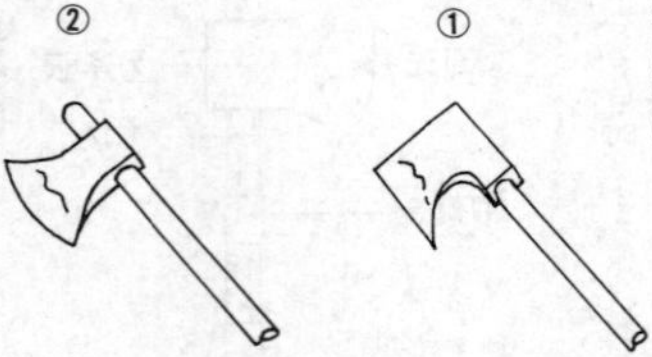

①ソケット（口金）方式

ソケット状になっている斧頭に、柄の先端をはめ込む方式です。柄は直身が多いといえます。その起源はメソポタミアの古代文明期にまでさかのぼることができますが、中世ヨーロッパにおいて用いられた斧槍類にも見られる特長です。とくに斧頭が大きいものに見られるもので、ソケット方式で作られた斧類は、激しい打撃に耐えうるものと考えられます。

②貫通穴方式

もっともポピュラーなもので、今日における斧は、だいたいこの方式で作られています。斧頭に穴があってそこへ柄を差し込む方式です。鋳造技術の発達によって生まれたものといえますが、太古には、石に穴をあけて差し込むという方法もありましたから古い時代から考えだされていた方式でもあったわけです。この種の方式に問題となるのは、柄に差し込んだ斧頭が、振り回したり叩きつけたりした衝撃で抜けてしまわないようにすることです。ソケット方式とは対局をなす方式ですが、もっともポピュラーとなったことは、生産の容易さからといえるでしょう。

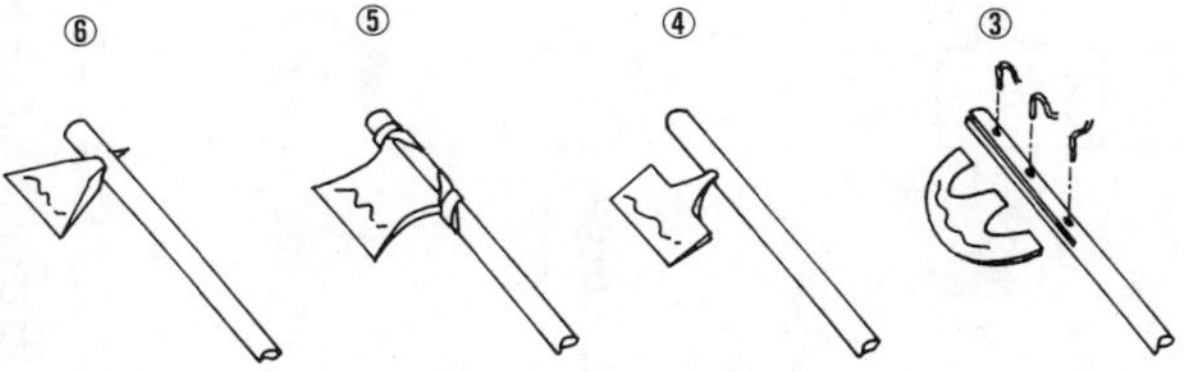

③はめ込み方式

柄に柄と水平な溝を彫って、そこに斧頭をはめ込む方式です。とくに古代メソポタミアなどで見られたものです。この場合、斧頭は薄い銅板か、青銅板でできており、差し込むだけではすぐに外れてしまうため、斧頭の取りつけ部分何ケ所かに穴をあけ紐でくくりつけてありました。

この種の斧類は、薄く伸ばしたように幅広い刃先をもっており、切断力も十分あったと考えられますが、斧頭が薄い分、打ち切る威力はソケットや、貫通穴方式より増すとは思えません。

④突き刺し方式

穴を柄にあけて斧頭を突き刺すものです。斧頭の根元断面は円形で尖っています。その形状は、ちょうどくさびのような感じといえるでしょう。

この方式で作られた斧類は、斧頭が小さくなる傾向にあります。それは、柄に穴を開けて突き刺してあるためですが、そのために威力は、ほかに比べて見劣りするものがあります。

⑤くくりつけ方式

石器時代に考えだされたもっとも古い方式です。しかし、古代エジプトや、その近辺で見られた斧類もこうした方式で作られており、鋳造技術が発達するまでは、一般的な方式であったと考えられます。しかし、簡単に作ることができるという以外は利点があるとはいえません。

⑥打ち込み方式

斧頭に中子をつけ、その先端を尖らせて柄に直接打ち込んだものです。簡単に作ることができますが、中子が折れてしまうと、たやすく再生できないことになり、あまり実用的なものとはいえません。

❖柄の種類と特長

柄は、斧状武器の特長でもあり、時代と着柄の方法の種類によっていくつかの形式に分けることができます。

柄の種類

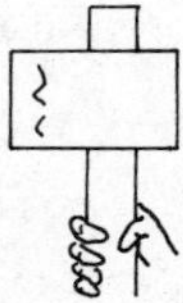

①直身太身型

柄を握っても指が完全に回りきらないほどの太さをもっています。大振りの斧の場合に多く、特にその重みによって相手を打ち切る斧類に限って見られる特長です。

②直身細身型

一般の斧に見られる柄のことです。ときおり責金によって補強されているものがあります。

③先端湾曲型

斧頭に向かって柄が湾曲しているものです。振り回して相手をかすめ切るような斧類に見られる特長です。

④中間湾曲型

柄の中間を湾曲させて弾力性をもたしたものです。衝撃を和らげ、振り上げることによって威力を増すこともできます。

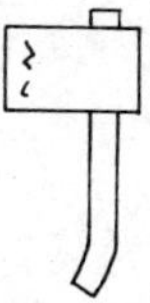

⑤末端湾曲型

握りの部分が湾曲しているものです。振り回した際に、テコの原理によって攻撃力が増すように考えられたものです。東方の刀剣にもこうした湾曲した柄をもったものがありました。

⑥先端膨らみ型

斧頭側に向かって太くなっています。打撃力を増すだけでなく、手元にきて細くなる点で手に馴染みやすくなっていると考えられます。

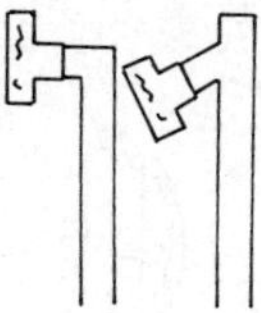

⑦先端L字型

先端を曲げてL字型にしたものです。こうした場合、斧頭はソケット状になっておりL字型の先端に差し込まれます。

⑧流木型

原始的な柄をもつ武器は、斧類だけに限られず、すべて自然に落ちている流木や木の枝を用いて柄としました。自然のものですから、だいたい似たものという以外は多種多様な柄が見られます。

斧頭の種類

斧頭は、その斧の性格を決定する際に重要な意味をもちます。斧頭を見れば、その斧がどんな目的で作られたかが、ある程度推測できるのです。

そこで、斧頭を類別してみました。ここであげるものはとくに、西ヨーロッパの斧類に見られる形状の種別で、特殊な形状の多いアフリカや東方については、まだ別種のタイプとして分けることができるかもしれません。

斧頭の種類

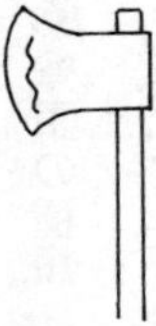

①片刃状斧頭

もっとも一般的な斧頭で、広く用いられ、今日における工具としてのものも、この種の形状であるといえます。

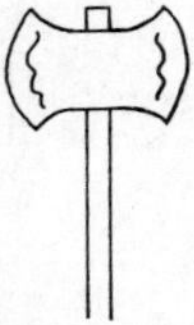

②両刃状斧頭

相対する刃をもつこの種の斧頭は、戦闘用か祭儀用にのみ用いられたもので、ギリシア時代には神秘的な形状として祭儀用に用いられました。あの有名なミノタウルスが住んでいたラビリントス（クレタ島の迷宮）は、こうした斧頭の名称であったということでも知られています。中世以降には戦闘用として用いられ、十六世紀になっても見られました。この種の斧頭は石器時代にも作られており、その形式の起源は、かなり古い時代にまでさかのぼれます。

③髭刃状斧頭

片刃の斧頭の形式で、刃先の握り側（下側）が、四角く突きでたような形になっているものです。この種の斧頭は、ヴィーキングたちに用いられたのがその起源で、船縁などに引っかけて引き寄せるときに使われたものです。

④刃幅広状斧頭

その名のとおり刃が広いものです。古代メソポタミアやエジプト文明に見られ、インドなどの東方の国々でも見ることができます。

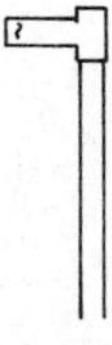

⑤刃幅狭状斧頭

騎馬民族が使用した戦闘用斧類に多く見られるもので、片手で振るえるように軽くしたものです。当然、騎馬民族以外にもこうした形のものが見られますが、こうした幅の狭い刃の利点は、軽いこと以外に一点に衝撃力を集中できるということでしょう。

⑥半円形斧頭

東方の斧類に見られる形状で、刃の両端はまるで三日月のように尖ったものもあります。このような湾曲した斧頭は、相手に食い込むことを避けるためのものと考えられ、その分、貫通力はいくらか落ちると考えられます。また、それ以外に、デザイン的な意味が大きい場合もあります。

⑦刀身状斧頭

柄の先端に刀剣を取りつけた、いわば日本の薙刀《なぎなた》のような形式をしたものですが、刃幅はそれよりも広いという点がちがいます。この種の斧頭は、斧のもつ本来の特長である打ち切り以外にかすめ切ることにも用いることができました。

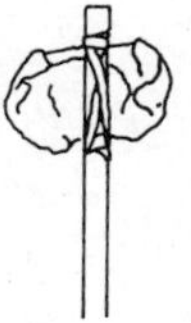

⑧石製斧頭

いわゆる石器時代に作られたもので、その形式は雑多です。その効用は、初期においては切るか殴打することに限定され、後期になって現在の斧類同様の形状と効用をもったといえるでしょう。

⑨刃先直交斧頭

アッヅと呼ばれる斧のタイプで、刃先が柄と直交しているものです。その起源は石器時代にまでさかのぼることができます。現代でいうところの、「ちょうな」がこれにあたります。

＊一　斧と同様に、人類太古の武器である槍状武器類には、早くからこうした石突きがありました。槍類の場合は、地面に突き刺して構えたり、地面を突いて歩いたりするために石突きを必要としたわけで、その存在理由から、早くから起こったということを説明づけることができます。しかし斧類は、そのような目的で必要としたとはなかなか考えられません。そのため、実質的な役割というよりも、装飾的な意味の方が強いと著者は考えています。

戦斧の歴史

石器時代を経て

斧の起源は古く、人類が最初に用いたものは、今から十～六十万年前にあたる前期旧石器時代の石器「握斧（ハンド・アックス：hand ax）」ということになるでしょう。しかし、その形状はフリント（火打ち石）製の破片を用いただけで、手に持って叩くというだけの、今日でいう斧とはちがったものでした。

こうした握斧から、少なくとも柄のついた斧らしき形状に変貌するには、新石器時代（今から六千～八千年前の頃）になるまで待たなければなりません。当時の斧類は、大小を限らず木工具として多く使われ、片刃あるいは両刃のものから、のみのような小振りのものまで数多くのものが存在しています。

この時代の斧類は大きく二種類に分けられ、小振りの「磨製石斧」と大型の「打製石斧」がありました。打製石斧は木工用や土掘り、農作業と広く用いられた大型のものが多くあります。

こうしたことから、石斧の全盛期であった新石器時代での斧の役割は、生活に密着したもので、これは同時代から根づく農耕作業を背景にしているということが十分考えられます。また、農耕作業をするようになると定住するということがはじまり、その結果、木工道具も必要となったわけです。

人類が定住という道をたどりはじめると、近隣の定住者との仲たがいが起こり、争い、戦闘とその段階はエスカレートし、強い者がある地域一帯を統一したことによって、ほかの統一地域との争いが起こるようになりました。すると、そうした場所、つまり戦争で用いるための道具が必要となっていきます。斧はそうなると、武器としても十分に威力を発揮することのできる道具ともなりました。こうして、地中海世界やインド、中国などで発展していきました。

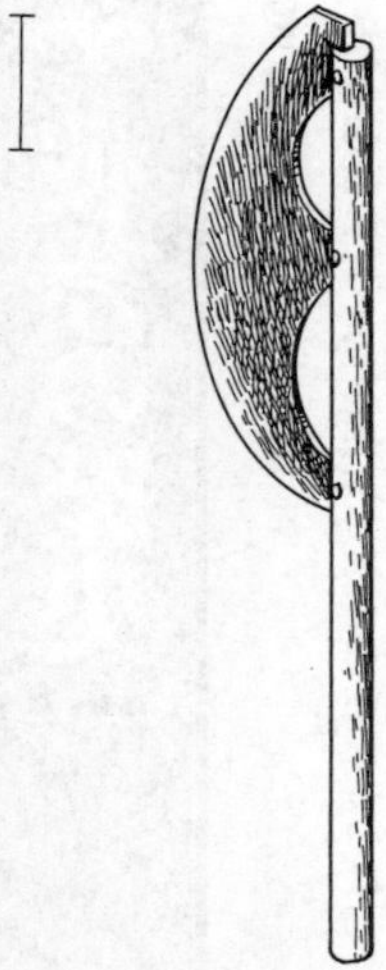

目型斧

そして、あの有名な古代オリエント世界の戦斧である〝目型[*1](eye)〟の斧が登場しました。ちなみに目型斧とは、その名のとおり斧頭が目の形を抽象化したような斧をいいます。斧頭は、薄板状のもので、柄に彫った溝に差し込んだはめ込み方式で作られたものでした。

新石器時代に入って作られたアックスは、とくにこの目型斧をはじめ、戦闘に用いることを考慮した非常に攻撃的で強力なものでした。

金属の登場と斧

石器時代において、棍棒や鎚矛のような殴打武器と、打ち切るための石斧はその効力のちがいがあったとしても、武器としての価値は同等の価値をもっていました。しかし、青銅期時代に入ると、その価値に大きな変化が起こり、斧の重要性が増していきました。

これには盾や鎧といった防具類の登場とその金属化が原因となっています。つまり盾や鎧は相手の攻撃、とくに殴打武器を受け止めてしまい、その威力を半減してしまったのです。

石斧も鎚矛と同様に殴打するだけでは、威力がありませんでしたが、刃先をもつことによって、切断することができるため、防具類を切り裂いて相手にダメージを与えることができました。

こうして、鎚矛は戦場から姿を消し、斧はその姿を残すことになったのです。

金属が登場し、斧頭が金属で作られるようになると、斧類の切断力は、飛躍的に向上し、盾や鎧などは材質によって、簡単に切り裂いてしまうことができるようになりました。古代エジプトや、メソポタミアにおいては、古くから親しまれてきた目型斧を用いていましたが、当初は銅だけで作られていたものも、青銅器時代に入って青銅で作られるようになり、さらに鋭敏な刃先をもつようになります。エジプトで作られたこのような斧は、のちにヨーロッパで広く用いられた「バルディッシュ（berdysh：三百九十ページ）」や「ギザーム[*二]（gisarme）」などに受け継がれています。

❖バーバリアンの時代

青銅器時代（紀元前一七〇〇～紀元前八〇〇年）から、武器としての斧はだんだんと文明社会から、はみでていきました。古代エジプトや、エトルリア人によって用いられた戦斧は、ギリシアの暗黒時代を経てみると、刀剣や槍類にその地位を奪われてしまい、ギリシア・ローマの時代には、斧は蛮族たちの武器と考えられるようになっていたのです。

この時代、ギリシアやローマ人が蛮族（つまりバルバロイ）と目していた民族とは、ケルト人やフランク、ゴート[*三]、フン族[*四]などのことでした。とくにフランク人は、有名な「フランキスカ（franciscas：三百八十五ページ）」という投げ斧を用いていたのです。しかしローマ帝国が滅び、ローマ人が蛮族と呼んでいた彼らが台頭する中世暗黒時代になると、ヨーロッパにおいて斧類は再び武器として使われるようになったのです。

斧は日常の道具と武器に用いられた

ヴィーキング襲来の時代

九〜十世紀の西ヨーロッパ諸国で暴れまわった北欧の民、デーン、スウェーデン、ノルウェー人たちは、ヴィーキングとして優れた刀剣を用いました。しかしそれ以外に、彼らを代表する武器として斧類を見逃すことはできません。彼らが用いた斧類は大きく三種類に分けることができます。小振りな「手斧」海戦用の「髭斧」、そしてもっとも一般的な「幅広斧」で、当初は工具として使われていたものが、次第に巨大化して武器となったものでした。

手斧は、工具と武器の間に存在するもので、とくに相手に投げつけたり、秘かに相手を襲うときに用いられ、まるで短剣のような用途がありました。

髭斧とは、斧頭の形状が特殊なもので、その下側が四角く突起し、長い柄をもっていました。この種の斧が海戦でも用いられたという根拠は、このような形状であると船縁に引っかけやすく、襲った船を引き寄せたり乗り移ったりする際に有用であったと考えられるからです。

広刃の斧は、その刃渡りが三十センチメートルにも達していて、両手でしか用いることができませんでした。しかし、その分、威力は強力であったのです。

北欧の民は、剣と同様に斧類を用いたわけですが、彼らが剣と斧に感じていたイメージは対照的で、剣には神秘と畏怖の感がこもり、斧類には親しみを感じ戦友のように扱っていました。これは、斧類が生活に密着した一般工具から発達した証しだといえるでしょう。またビザンツ帝国に仕えたヴィーキングの傭兵「ヴァリャーギ親衛隊」[*五]は、精鋭部隊として知られ、長い柄をもった斧を主力武器としていました。また、アングロ・サクソン人の間では、斧は王直属の親衛隊の武器ともされていました。

イスラム世界の侵略が南部ヨーロッパにまで及びはじめると、それまでの歩兵中心だった軍隊は、急速に騎兵主体の軍隊へと変貌しはじめました。世にいう「騎士の時代」が訪れます。

その結果、ふたたび武器は刀剣や槍類を主体とするようになっていきました。ノルマン人がイギリスに侵略をはじめた十一世紀頃を物語る「バイユの壁掛け」からもそうした状況を読みとることができます。当時の戦斧は、両手で振り回す必要があったため騎兵を主体としたノルマン人たちは、馬上で斧を振り回すことができなくなり、槍や刀剣へと移行せざるを得なかったのです。
しかし当時の使用武器は、正規の軍隊だった騎兵ですら、まばらで、ましてや、アングロ・サクソン人たちには彼ら古来の武器であるヴィーキング譲りの長柄の戦斧を手放すことはできなかったのです。また、こうした戦斧でしか、鎧で身を固めた騎士を撃退する手段がなかったということも事実でした。

斧を持つヴァリャーギ親衛隊

斧を持つコサック兵

✿中世の黄昏とともに

ヨーロッパを通じて、騎兵が軍隊の花形として戦場をかけめぐり、重い金属の鎧を身につけ戦いを繰り広げるようになると、地上の兵士たちはこれに対抗する長い柄の武器を持ちはじめます。

長柄武器は、馬上の騎士を地に引きずり降ろしたり、騎兵部隊のチャージ（突撃）攻撃から身を守るため彼らを近づけさせない、あるいは攻撃することができ、騎士に対して効果的でした。また突き刺すことができ、殴打、切断ということも可能という便利なものでした。そして、長柄状武器は全盛期を迎えますが、その隆盛の根底には斧状武器があったのです。

騎士の登場は、武器の変化とともに戦術上の変化をももたらしました。盾を持ち剣を構えて個人個人が戦うスタイルは、集団を形成して個々に役割をもたせるという新しい軍隊へと変貌を遂げたのです。

西ヨーロッパでは、銃器の発達によって、いよいよ刀剣や長柄状武器といった白兵戦武器自体の必要性が薄れはじめていきます。一部の刀剣は、貴族たちの間に残されていったとしても、斧類などの武器は、古代ギリシア・ローマ時代のように、あたかも蛮人たちの武器というレッテルを貼られていったのです。しかし、戦乱がつづき文明からやや遠ざかっていた東ヨーロッパ諸国においては、十九世紀初めまで武器としての地位を保っていました。

＊一　**目型**　あひるのくちばし（ダック・ビル：duck-bill）、イプシロン（ε）型などと呼ばれることもあります。

＊二　**ギザーム(gisarme, giserne, guisarme)**　十二〜十七世紀頃まで用いられた鎌状の中世長刀の一種です。

＊三　**ゴート**　ゲルマンの部族名で、タキトゥスの時代より三世紀に至るまでにヴァイクセル下流地方から南方に移動し、一部はフン族の支配下に入り（東ゴート族と呼びます）、別の部族は東ローマと結託しました（西ゴート族）。その後アラリックの登場によって、東ローマと対立した西ゴート族はイタリアに進入し、四一二年に西ローマ帝国を滅ぼして西ゴート王国を打ち立てました。一方、アッティラの死後フン族の勢力が弱まると、テオドリック大王のもと四八八年に東ゴート族はイタリアに侵入し、西ゴートを継承し東ゴート王国を打ち立てました。西ゴートの民はスペインに移動し、そこを征服して西ゴート王国を打ち立てました。

＊四　**フン**　中央アジアのステップ地方に原住したトルコ系の牧畜民族で、四世紀初頭に、ヨーロッパ方面へ移動しゲルマン大移動の発端を築きました。アッティラ大王（四〇六？〜四五三）のもと強大な大国を建設するも、大王の死後、大国の勢力は激減し、ドナウ河下流の草原地帯に退きました。その後、多民族と混血しあい民族としては滅亡してしまいます。

＊五　**ヴァリャーギ親衛隊**　ビザンツの親衛隊として知られたヴァリャーギ親衛隊は、ヴィーキングの血をひく者の集まりで、皇帝直属の傭兵隊として活躍しました。ヴァリャーギとは古代ノルド語で「固い

契約」を意味し、その名のとおり強い同志的団結によって勇敢にはたらき、なおかつ野心のない部隊であったため近護兵として長く雇われました。

斧状武器類能力早見表

表中の★の数は、前章同様の制限と基準により決定しています。

番号	名称	威力	体力	練度	価格	知名度	全長（cm）	重量（kg）
①	 フランキスカ (Francisca, Francisc, Francisque, Francesque)	★★★	★★(+★)	★★★(+★)	★★★(?)	★★★	50	1.4
②	 トマホーク (Tomahawk)	★★	★(+★)	★★★★	★(+★★)	★★★★★	40〜50	1.5〜1.8
③	 バルディッシュ (Berdysh)	★★★★(+★)	★★★★(+★)	★★	★★★	★★★	120〜250	2〜3.5
④	 ビペンニス (Bipennis) セルティス (Celtis)	★★(+★)	★★	★★	★★★	★★★	?	?

フランキスカ (Francisca, Francisc, Francisque, Francesque)

威力 ★★★　体力 ★★（＋★）　練度 ★★★（＋★）　価格 ★★★（?）
知名度 ★★★

外見

フランキスカはフランク人の用いた投げ斧で、比較的短い柄と、柄から上向き加減に広角度で湾曲した斧頭をもっています。これは、敵に投げつけた際に、相手に突き刺さるように工夫されたものです。またその威力は、投擲《とうてき》のみならず接近戦にも十分発揮できます。

今日までに発掘されたデータをまとめると、フランキスカの全長は、だいたい五十センチメートル前後、斧頭の重さは平均して〇・六キログラムで、柄を含めた本体の総重量は一・四キログラムといったところです。

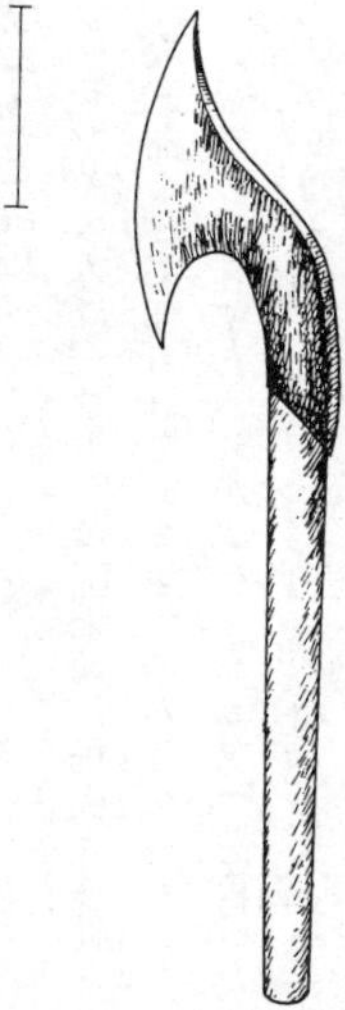

フランキスカ

❖歴史と詳細

フランキスカは、ローマ帝国末期に民族大移動とともにやってきた、フランク人の代表的な武器として知られています。彼らはゲルマン人の部族として知られています。ローマの史家であるタキトゥスが『ゲルマニア』を書いた一～二世紀頃には、その存在をまだ知られていませんでしたが、つづく三世紀に入ってやっと文献に登場するようになります。もともとは多数の部族群からなっていましたが、そのなかのサリ族からクロヴィス(Clovis：四六五／四六六～五一一)が出、強固な部族統一を行ってフランク王国を築きあげました。この王国の主体となった部族を称してフランク族（人）と呼んでいます。

フランキスカはそうした彼らの射程武器で、「アンゴ」[*一]とともに彼らを代表する武器のひとつとして知られています。クロヴィスの兵士たちはもとより、彼が継承したメロヴィング王朝や、それに続くシャルルマーニュの時代まで使われつづけましたが、部隊の騎兵化の時代とともに忘れ去られていきます。

斧頭は鉄製で、初期においてはソケット状になっており、日常的に使われた手斧のような貫通式のものではありませんでした。これは、刃先が上向き加減に湾曲していたからと考えられます。柄の長さは、斧頭の重さ（約〇・六キログラム）とバランスがとれるよう長めで、かつ太くできています。

今日における実験によれば、投擲されたフランキスカは回転しながら飛んで行き（約四メートルで一回転）、だいたい十二メートルの範囲にいるものを確実にしとめることができるとされています。歴史的な資料や証言によって考えると、弓を扱うことの下手だった彼らは、その常用投擲武器としてフランキスカを用いていたようで、普及率は高く、大陸のみならずイギリスにおいても発見されるほどです。しかし、代表的な武器であるにもかかわらず、彼らが残した法典には成人した者のみが持つことの許される武器とされているため、売買されることが認められていなかったと考えられます。

フランキスカは、その射程が短いために、敵に十分肉薄してから投擲する必要があります。投擲したあとはすばやく接近し、剣などで攻撃します。このように、どちらかというと相手の気勢を逸らすために用いられました。これは、重投擲武器に見られる典型的な用法ともいえます。また、もちろん、接近戦においても十分な威力をもっています。

＊一　**アンゴ（angon）**　フランク人を代表するもうひとつの武器で、投げ槍として使われました。穂先がながく、ちょうどピルム（第七章参照）のような役割をもっていました。

トマホーク（Tomahawk）

威力 ★★　体力 ★（＋★）　練度 ★★★★　価格 ★（＋★★）　知名度 ★★★★★

外見

トマホークは投擲することもできる戦斧で、小振りの斧頭と細く短い柄をもっています。斧頭の刃先は、手元に向かって鋭く尖り、ちょうど鎌のようになっています。北アメリカのネイティブアメリカンたちが用いた代表的な武器として知られていますが、今日に残るものの中には、西ヨーロッパで作られ輸出されたものもあります。

全長は、四十〜五十センチメートルで、重量は一・五〜一・八キログラムありました。

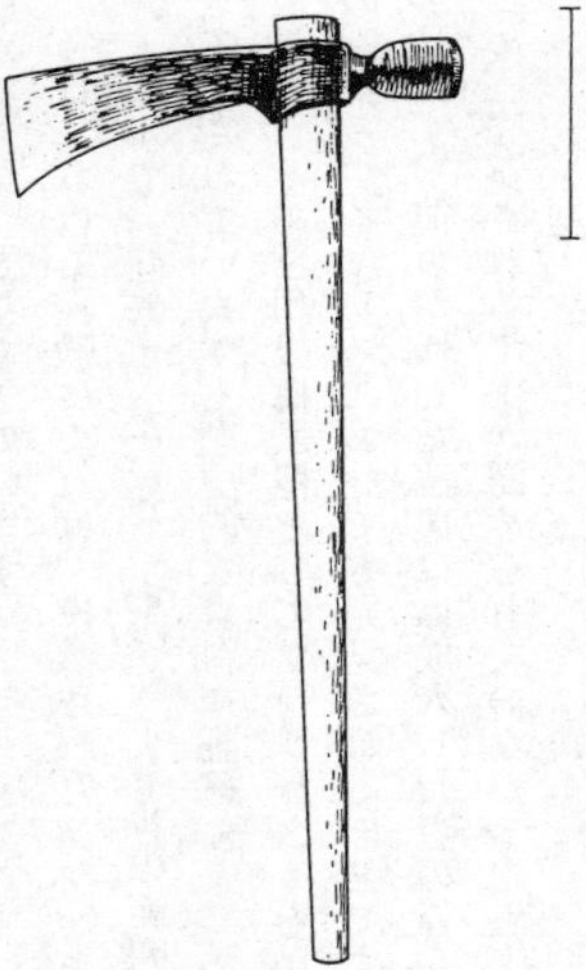

トマホーク

歴史と使用法

トマホークとは、アルゴンキアン語[*一]（北アメリカのネイティブアメリカンの言葉）で、〝切るための道具〟という意味の〝トモハーケン（tamahakan）〟を語源としています。一般的に、常用工具や戦闘に用いられましたが、扱い方がうまければ投げることもでき、逆に投げるためには、熟練した者でなければなりませんでした。また、ときには煙草を吸うためのパイプを兼ねたものもあり、トマホークがいかに彼らの生活に密着していたかがうかがえます。

アメリカの西部開拓時代を経て、ネイティブアメリカンの独特な文化に触れた西ヨーロッパ人は、しばしばトマホークを「ボアディング・アックス（boardig ax）」と呼んで日常工具として親しみました。またイギリス軍は、彼らの部隊の正式装備のひとつに採用し、一八七二〜一八九七年にわたって使用していたこともあります。

＊一　**アルゴンキアン語（algonquian）**　北米ミシシッピー川以東で、現在のハドソン湾から、テネシー、ヴァージニア州に至る広大な地域に居住していたネイティブアメリカンたちの言葉で、もっとも主流なものです。

バルディッシュ (Berdysh)

威力 ★★★★（＋★） 体力 ★★★★（＋★） 練度 ★★ 価格 ★★★
知名度 ★★★

外見

バルディッシュは、刃渡り六十～八十センチメートルという長い刃先をもつ戦斧で、東ヨーロッパ世界やスカンジナビアに見られます。その特長は西ヨーロッパにおけるハルベルト（第三章参照）に似ています。西ヨーロッパでは「クレセント・アックス（三日月斧：crescent ax）」とも呼びます。

ソケット状もしくは貫通式の斧頭と「ランゲット（第三章参照）」によって、太めの柄に固定されています。刃先は弓なりに湾曲し、相手を切りふせることができました。大きさから考えても、威力はすさまじいものがありました。

全長は百二十～二百五十センチメートル、重量も二～三・五キログラムほどありました。

歴史と使用法

十六世紀から十八世紀にかけて、とくに東ヨーロッパで用いられたもので、十六～十七世紀の間、モスクワ大公国[*一]に仕えた歩兵部隊の主要武器として知られています。彼らの用いたものは、バルディッシュの中でもとくに〝短いもの〟と呼んで親しまれ、振り回すなどの戦斧同様の用法で相手を切りつけたのです。しかし、のちに銃器の伝来とともに、バルディッシュの柄は長くなり、銃兵隊を防御する部隊がパイクのように地面に突き刺して用いています。

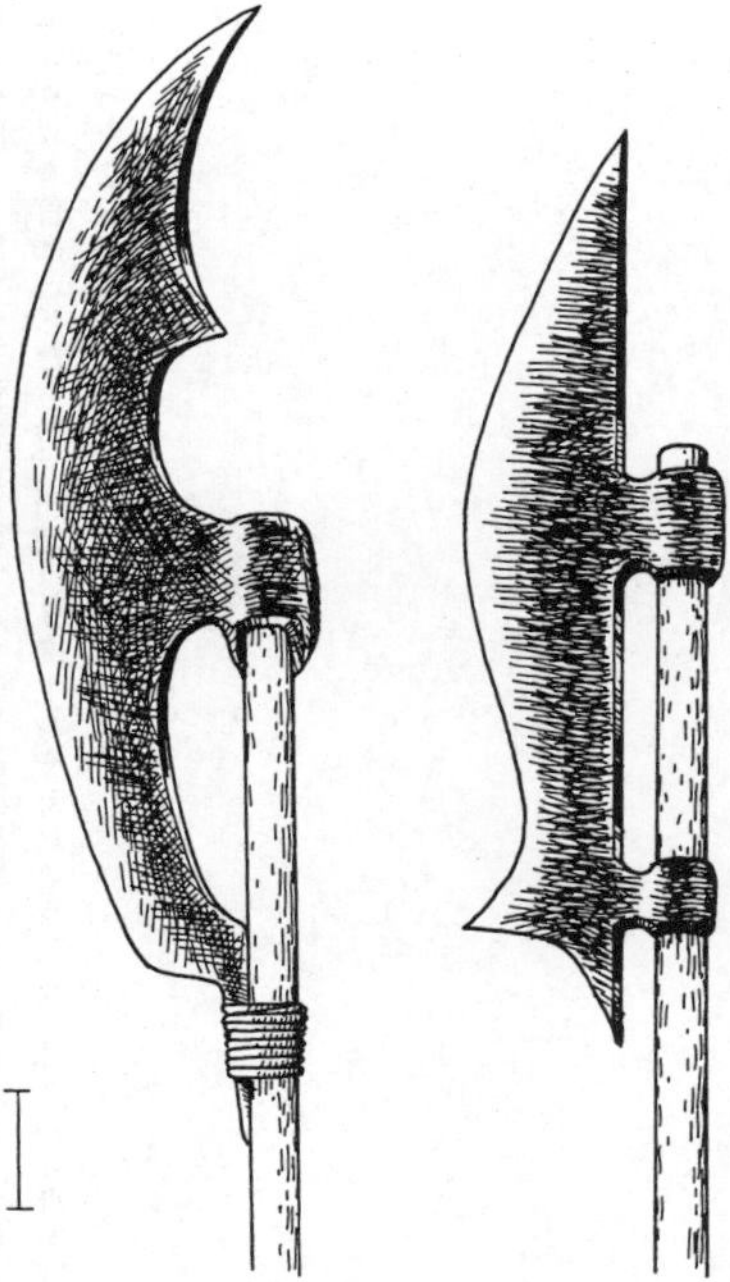

バルディッシュ

〝短いもの〟と呼ばれたバルディッシュには、とくに騎兵が使用できるように改良されたものもあり、その汎用性を重視した点は、西ヨーロッパには見られないものといえます。さらに、バルディッシュのなかには、刃渡り百五十センチメートルにも及ぶ、「ばけもの」的なものもありました。これは儀式や祭儀用に精鋭部隊が用い、〝大使〟と呼ばれていました。これが実際の戦闘に用いられたかはわかりません。

＊一　**モスクワ大公国**　十四〜十五世紀において、ロシア諸国を統一し、ロシア帝国のもととなった封建国家で、モスクワを首都としたもの。当初はタタールやモンゴルなどの外敵から身を守るために共同で防衛にあたったことがその起こりといわれています。

ビペンニスとセルティス (Bipennis & Celtis)

威力 ★★（＋★）
体力 ★★
練度 ★★
価格 ★★★
知名度 ★★★

形状と特長

ビペンニスは、ラテン語で〝両方〟という意味があり、新石器時代から見られた両刃の斧の名称として知られています。また、ローマ時代には〝戦斧〟の意味もありました。代表的なものにはいくつかありますが、一般的にはエトルリア時代までの両刃斧のすべてが含まれ、その総称として知られています。

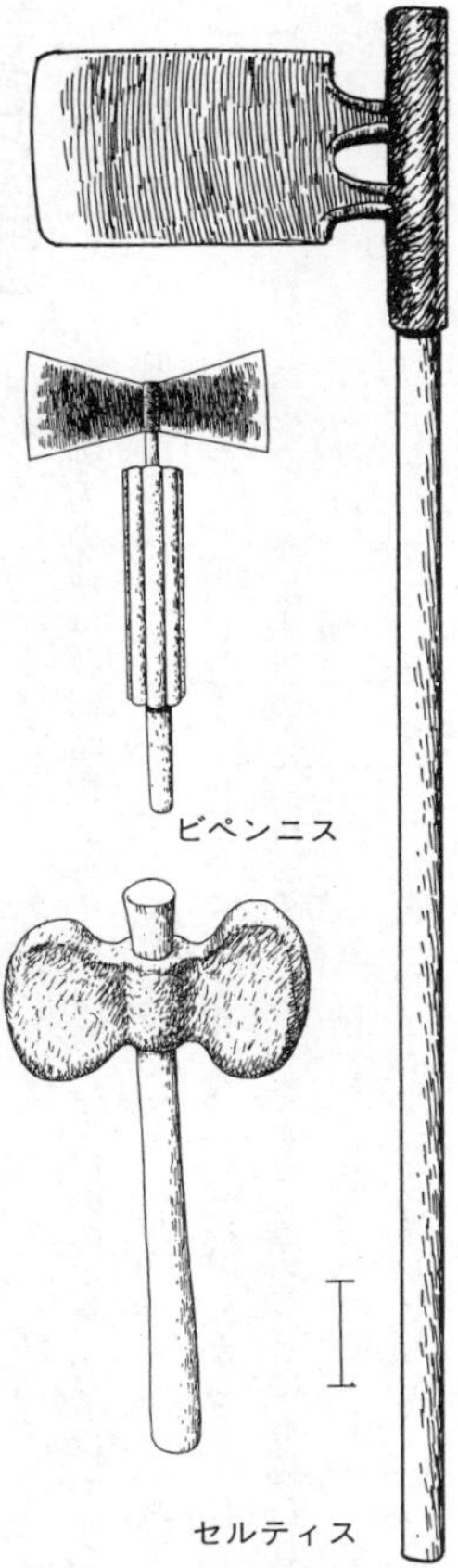

ビペンニスとセルティス

❖歴史と使用法

ビペンニスと呼ばれる両刃の斧は石器時代から用いられた古代の両刃斧の総称ですが、これを戦斧の意味で呼ぶようになったのは、そもそもはローマ人が片刃斧を蛮族の武器としていたためで、両刃のみを神聖視していたからともいえます。石器時代からあとは、東方において知られたスキタイや地中世界におけるミノア、クレタ文明などにも見られます。

ローマ人がとくに戦斧と称していたビペンニスは、エトルスキの将軍たちが、その象徴として携帯したもので、柄の部分は、棒を束ねたような状態になっており、重さによって衝撃力を高めるような工夫がなされています。

エトルリア人は、ローマ人とはちがって斧状の武器を多く用い、そのなかには、セルティスと呼ばれたノミのような刃をもった戦斧がありました。これは、とくにL字型の柄に斧頭を取りつけたもので、鋭い切先によって、相手の喉をかき切ることもできたといわれています。

第七章

飛翔武器類

飛翔武器類の歴史

❖原始の時代

人類が最初に用いた飛翔武器は、たぶん地に散在する石ころであったと考えられます。落ちているものを拾いそれを何者かに投げつけるという原理は、それをたやすく行えたことから「投石」という戦闘方法になり、そこに飛翔武器の起源を見ることができるのです。そして、のちに槍が誕生して、それを投げることを目的とした「ジャヴェリン（四百二十七ページ）」が登場するわけです。

ジャヴェリンの登場は、おそらく槍の起源からそう期間を空けずにあったと考えられます。ときは今からおよそ七万年前。最後の氷河期がはじまる寸前に、ネアンデルタール人によって生みだされています。

原初の飛翔武器は非常に簡単な構造で、単なる流木の先を尖らせただけでした。しかし、防具をもたない彼らにとって、それは何よりも恐ろしい武器だったはずです。またその数万年の間には投擲力を増すためのスピアースローワー（投槍具：spearthrower）が発明され、射程をのばすための努力がなされたことがわかります。しかし、これが実際に人に向けて発射されたかどうかはわかりません。ただ、当時の石器によって受けた損傷が残る骨が発見されていますから、おそらく存在していればそうした行為に及んだであろうことは十分ありえます。

「弓」の発明は、おそらく紀元前一二〇〇〇年頃よりあとであったと考えられます。その証拠としては洞窟壁画などをあげることができます。組織的な戦争は、きっと狩りによる共同作業をもとに成り立っていったと考えられますから、弓を使った戦闘は国家の存亡をかけることはないにしても、集団どうしの争いにはじまったといえます。

武器史上、最大の発明と考えられる「刀剣」「メイス」そして「投石器」「弓」の発明は、中世における火薬の発明と比較して、それに勝るものであったといえますが、こうしたものの発明は、そのほとんどが同じ時期に集中しています。とくに中石器時代から新石器時代へ移り変わる間には(何千年にわたりますが)、現在でも認められる本格的な戦争が起こり、弓や「スリング(四百二十四ページ)」といった飛翔武器類が、前線における花形となっていたのです。

とくに新石器時代ではスリングの効用が高く、飛翔武器としては射程、命中精度、威力、価格ともに優れていました。当時の弓と比べても比較にならないほどその能力は群を抜いていました。有名な、聖書に登場するダビデとゴリアテの対決は、今日においてもひとつの語り草となっています。

またスリングは戦争遂行上の経済性にも優れています。飛翔武器を効果的に使うのであれば、その数を揃えて敵により多く発射することが、もっともよい方法といえます。これが戦争ともなるとなおさらのことで、数多く敵に射ち込むためにも多くの飛翔物体を必要とすることになり、弓であれば弓矢を多く必要とします。この点を考えると弓は、今日におけるミサイルのように高価な武器だったといえます。その点スリングは、落ちている石を弾にしますから実に経済的な武器だったわけです。

新しい時代の幕開け

人類が国家を築き、それによる摩擦で集団戦闘をはじめたもっとも早い地域として、古代メソポタミア文明を見ることができます。シュメールにおける集団戦術が射程武器によって脆くも崩れさる点を考えると、転用と選択を間違わなければ射程武器は十分に有効な武器となったのです。

サルゴンII世は、その点で射程武器と機動性を組み合わせ、多大な戦果をあげることができました。そうした軍隊の編成と戦術の発展の結果により、この時代から飛翔武器の射程改良というもっとも簡潔で、非常にむずかしい作業がはじまりました。しかし、その結果作りだされた弓類は、今日においても通用するに足りるものへと仕上がっていたのです。

古代地中海文明においては、ドーリア人の侵入によって失われた期間を除き、それ以降のポリス間の抗争の時代において、やはり弓やスリング、ジャヴェリンといった飛翔武器が、重要な地位についています。古代ギリシア・ローマの時代には、弓はもう一般的な武器として知られ、それを専門とした部隊はおろか、戦術のひとつに組み込まれて、なくてはならない存在となっていました。さらに、機械の発達によって物体を投射する武器が登場し、少なくとも、紀元前五世紀までには「クロスボウ（四百十九ページ）」の原型が登場していました。これが「バリスタ[*]（ballista）」にあたり、手射ち用のものから攻城兵器となる大きなものまで、さまざまなバリエーションがありました。しかし、発射速度の問題によって個人用のバリスタは普及するほどには至らなかったのです。

弓とスリングが、飛翔武器の花形であった時代、その精度と威力が次第に向上していく弓を尻目に、スリングはだんだんと時代遅れの武器となっていきます。ローマ時代を経て

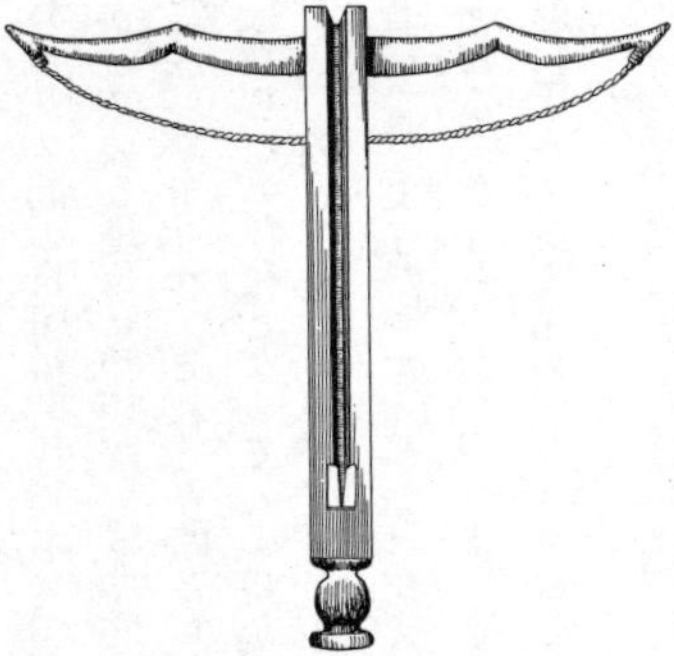

アルキュ・バリスタ

中世と呼ばれる文明期に入ると、弓の需要はスリングとは桁違いに増えていくことになりました。さらに威力の強化によって、弓が飛翔武器の代表となる時代が訪れるわけです。

ところが、当初において民族的に弓術が下手だったといわれる、フランクやアングロ・サクソン人が西欧世界を治めていたため、しばしばそうした武器以外のジャヴェリンや、そのほか数メートル単位の飛翔武器（というよりは投擲か？）が幅を利かせていました。これが再度、弓に取って代わるのはアラブ人のやって来る七、八世紀のことでした。こののち、弓は飛翔武器として確固たる地位を築き上げていくのです。

❖火器の登場とともに

中世において、火薬の登場は飛翔武器に改革をもたらすことになりましたが、それが十分優れた武器を生みだすまでには、少なくとも何百年という期間が必要でした。その間、飛翔武器の発展は、威力と射程距離に傾けられ、クロスボウがその中から台頭してきたのです。

クロスボウは、威力、射程において実に優れた武器として知られましたが、極度に肥大する要求の結果、とうとう自らの力で弦を引くことができなくなっていきました。そんなおり、イギリスにおいて十三世紀末（一二八〇年）に登場する「ロング・ボウ（四百十四ページ）」は、その威力、射程、さらには発射速度においても群を抜いていました。しかし、ロング・ボウは一種の職人芸であり、クロスボウのように機械の力を借りたものではなかったために、広く普及することはありませんでした。

一方、クロスボウは着実にその足場を固めていきましたが、決定的な地盤固めが終わる前に、火器の発展がそれを上回り、それにともなった戦術の変化によって、西欧世界では人力による飛翔武器の時代は終末を遂げました。しかし、ときには銃器よりも威力を発揮することがあり、弓やクロスボウ、スリングといった武器の存在は、いまだに忘れられることがないのです。

＊一　**バリスタ**　ラテン語における攻城兵器の意味にあたるもので、大きな矢を発射する兵器をこう呼びます。

飛翔武器の射程と発射速度

飛翔武器の要は、物体を飛ばすことによって相手を倒すことです。その射程距離は、いわば武器の全長と同じ意味をもち、刀剣でいえば通常では持ち歩けないような長さの刀剣を使うのと同じはたらきをします。しかし、投げることによって武器自体を失ってしまうこともあるため、確実に相手に命中させるための工夫（努力）が行われてきました。これは到達距離を伸ばすことにもつながります。そして、十分な距離がでたあとはどれだけ早く射撃できるかという問題もありました。

では、ここで、そうした飛翔武器の到達距離と発射速度をまとめ、どの武器が一番遠く、多く飛ばせるかを見てみましょう。

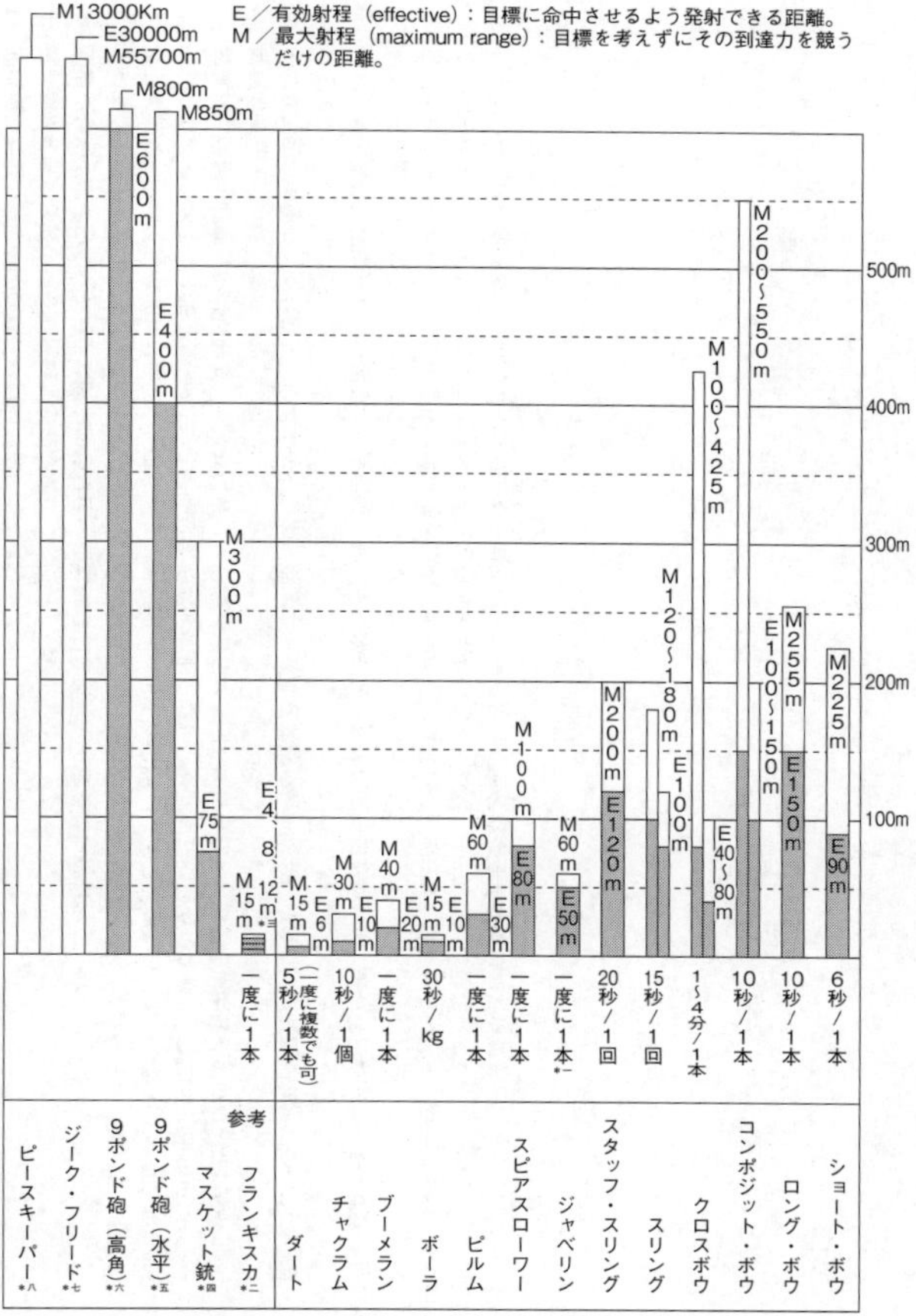
E／有効射程（effective）：目標に命中させるよう発射できる距離。
M／最大射程（maximum range）：目標を考えずにその到達力を競うだけの距離。
M13000Km
E30000m
M55700m
M800m
M850m
E600m
E400m
M300m
E75m
M15m
E4、8、12m*三
M15m
E6m
M30m
E10m
M40m
E20m
M15m
E10m
M60m
E30m
M100m
E80m
M60m
E50m
M200m
E120m
M120～180m
E100m
M100～425m
E40～80m
M200～550m
E100～150m
M255m
E150m
M225m
E90m
500m
400m
300m
200m
100m
一度に1本
5秒／1本
（一度に複数でも可）
10秒／1個
一度に1本
30秒／kg
一度に1本
一度に1本
一度に1本*一
20秒／1回
15秒／1回
1～4分／1本
10秒／1本
10秒／1本
6秒／1本
ピースキーパー*八
ジーク・フリード*七
9ポンド砲（高角）*六
9ポンド砲（水平）*五
マスケット銃*四
参考
フランキスカ*二
ダート
チャクラム
ブーメラン
ボーラ
ピルム
スピアスローワー
ジャベリン
スタッフ・スリング
スリング
クロスボウ
コンポジット・ボウ
ロング・ボウ
ショート・ボウ

＊一　用法上、連続して何本も投擲することはありません。
＊二　第六章斧の項で解説した中世暗黒時代の戦斧。
＊三　回転しながら飛んでいくため、斧頭で目標に向くのはだいたい四メートル単位でした。
＊四　十八世紀から十九世紀初頭にかけて活躍した火器で、簡単にいえば先込め式の単発銃です。ここで示した射程は、有効射程でも、六十パーセントの命中率しかなく、百パーセント命中させるには三メートル以内まで近づける必要があるといわれました。よくいわれるマスケット銃の撃ち方に、「相手の瞳が見えるまでは撃つな」という諺があります。弾は約二十五ミリメートル、鉛製で、発射と同時にそれが溶け、ダムダムのような効果により、上半身に命中すれば相手を死傷させることができるともいわれています。
＊五　十八世紀頃から使われた大砲で、それを水平にして発射した場合の射程です。なお、この時、最大射程は、バウンドして転がっています。
＊六　五と同じ大砲に、高角をつけて発射した時のもので、その最大射程が有効射程になります。また、これより、やや角度を下げると、その射程は、バウンドして、九百メートルまで伸ばすことができました。
＊七　第二次大戦で使われた列車砲の名称で、長射程を持ち列車を使って移動する大砲です。発射するときも、レールの上で行いました。ジーク・フリートは、三十八センチメートルの口径を持っていました。
＊八　アメリカの大陸間弾道弾で、このピースキーパーは百五十メートルの範囲内に命中させることができます。

飛翔武器類能力早見表

表中の★の数は、前章同様の制限と基準により決定しています。

番号	名称	威力 貫通	威力 打撃	威力 切断	体力	練度	価格	知名度	全長（cm）	重量（kg）
①	 ショート・ボウ（短弓：Short Bow）	★★（＋★）	–	–	★★	★★	★（＋★★★）	★★★★★	100以下	0.5～0.8
②	 ロング・ボウ（長弓：Long Bow）	★★★★	–	–	★★★	★★★★★	★★★★	★★★★★	160～200	0.8～1
③	 クロスボウ（弩：Crossbow）	★★★（＋★★）	–	–	★★（＋★★★）	★★	★★★（＋★★）	★★★★★	60～100（縦） 50～70（横）	3～10
④	 スリング（Sling）	–	★★★	–	★★	★★★	★	★★★★★	100	0.3以下

番号	名称	威力			体力	練度	価格	知名度	全長（cm）	重量（kg）
		貫通	打撃	切断						
⑤	ジャヴェリン（Javelin）	★★★	—	—	★★★	★★★	★（＋★★）	★★★★★	70〜100	1.5以下
⑥	ピルム（Pilum）	★★★★★	—	—	★★★	★★★	★★★（＋★）	★★★★	210	1.5〜2.5
⑦	ボーラ（Bola, Boleadora）	—	★★	—	★★	★★★	★	★★★	2.5〜5（重り部分）	0.8
⑧	ブーメラン（Boomerang）	—	★★（＋★★）	★★（＋★★）	★★	★★★★	★?	★★★★★	60	—
⑨	チャクラム（Chakram）	—	—	★（＋★★）	★	★★★	★★	★★	10〜30	0.15〜0.5
⑩	ダート（Dart）	★	—	—	★	★★★	★	★★★★	30	0.3

ボウとは（弓：Bow）

ボウの各部の名称

ボウは弦を張った飛び道具で、矢を発射する目的で作られたものです。長細く柔軟性のある棒の両端を結ぶようにして一本の細綱（弦）をある程度の張りをもたせてくくりつけてあります。ボウの原理とは、この弦を引くことによってボウ本体をしならせ、その弾力性をもって矢（アロー：Arrow）を射出するエネルギーをつくり出すことです。

ではここで、もっとも基本的なボウの各部名称について触れておきましょう。

ボウの各部の名称

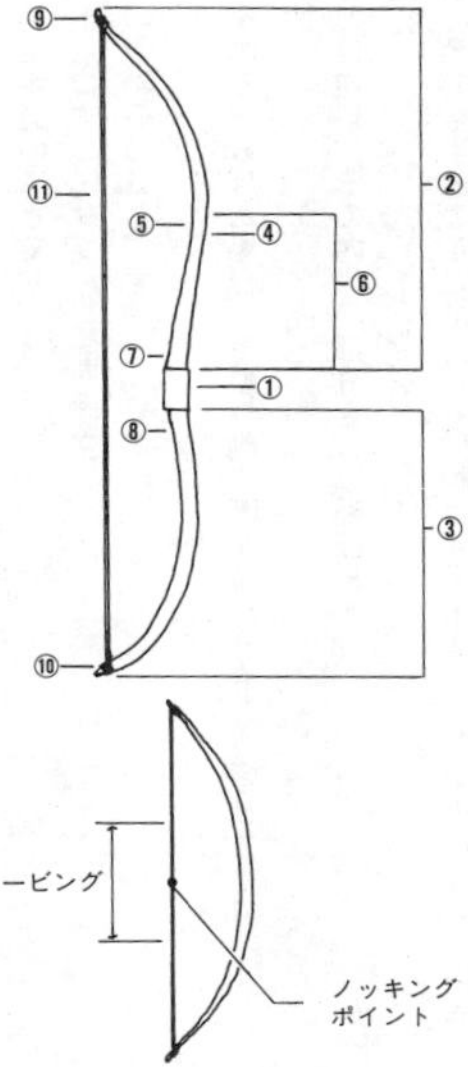

①弣《ゆづか》（グリップ：grip）
弓束ともいいます。弓を構えたときに射手が持つ部分です。

②押付（アッパーリブ：upper limb）
弓の上半分のことです。
③手下（ロアー・リブ：lower limb）
弓の下半分のことです。
④背
弓を側面から見た場合、その外側に面する部分をこう呼びます。
⑤弓腹
背とは逆に、その内側の部分をこう呼びます。
⑥鳥打
弣《ゆづか》の手前上半部のことで、とくに押付が手下よりも長いものがこう呼ばれます。
⑦矢摺（サイト：sight）
矢をつがえたときに弓に当たる部分です。
⑧弣下
弣《ゆづか》のすぐ下の部分です。
⑨末弭《うらはず》
押付側にある弓弭（または弓筈）のことで、弭とは弦を装着する溝のことです。この溝には本体とはちがうもっと硬い材質を取りつけることがあります。
⑩本弭《もとはず》
手下側の弓弭のこと。
⑪弦（bow strings）
矢をかけて飛ばすために必要なもので、ねじった絹や、手繰り合わせた何本もの紐などがあり、なかには木製のものまでありました。また日本では鯨の髭なども使っていました。弦もまた部分的な名称をもっていて、その中央部分を「セービング（serving）」といい、矢のあたる中央部分を「ノッキング・ポイント（nocking point）」と呼んでいます。

弦を張るときは足などで押さえて本体を曲げ押付側の弦に作られた輪を引っかけました。

足で弦をつけるエジプトの弓兵

ボウの外見と構造

ボウ本体の弾力性を向上させる努力は、当初は材質の選択にはじまりましたが、それとともに、形状の変化と改良も多く試みられました。さらに、形状の変更にともなって材質の変化だけでは十分に耐えられないこともあり、ボウ本体を強化するために何本かの棒をまとめて合わせ、弾力性を高めることも行われました。通常、一本の木材でその弓本体の全体を構成されたものを「セルフ・ボウ（単弓：self bow）」といい、いくつかの材料と材質を合わせたものを「コンポジット・ボウ（合成弓：composite bow）」と呼んでいます。

逆にいえば、二種類以上の材料を使って弓本体をなすものをコンポジット・ボウと呼んでいるのです。たいていは木材を本体に使用していますが、金属や動物の角や骨などが用いられたものもあり、その組合せもさまざまです。また、セルフ・ボウに革を巻いたり、動物の腱を裏打ちしたりして弾力性を向上させたものを「ラプッド・ボウ（強化弓：wrapped bow)」とも呼んでいます。

ではここで、ボウに見られる形状の種類と特長をあげてみましょう。

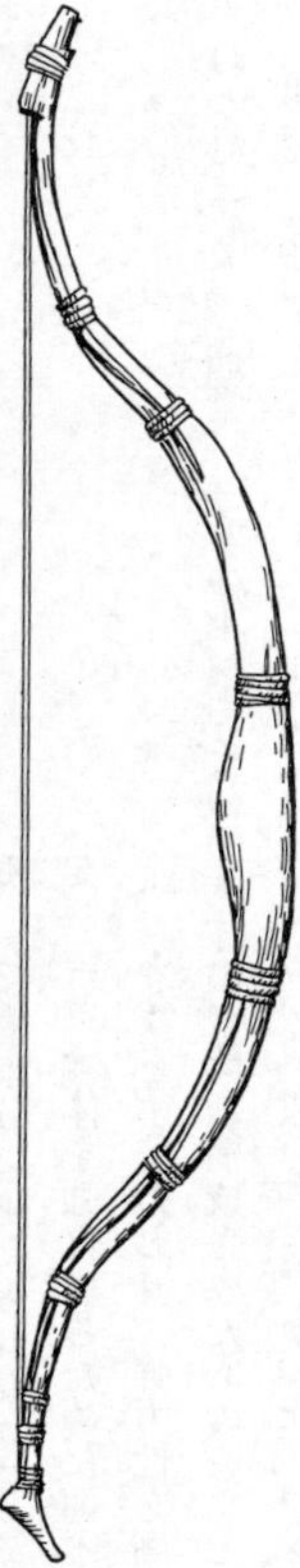

コンポジット・ボウ

ボウの外見種類図

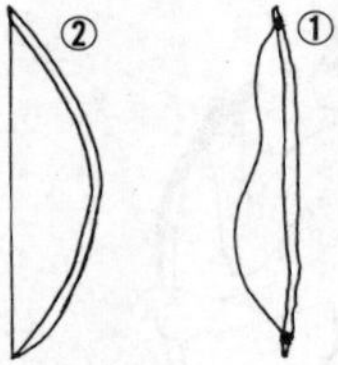

①棒状型

半円にも満たない程度に湾曲したもので、簡単にいってしまえば、ボウ本体を曲げずに弦を張ったものです。この種のものには短長を問わずさまざまな大きさの物がありました。原始的で世界的に見ても、もっとも早い時代からもっとも多く作られたボウといえるでしょう。

②通常湾曲型

半円に満たないまでも適度に湾曲させ弦にはりをもたせたもので、これも棒状タイプと同様に古くから使用されてきたものでした。長短を問わずやはり多くのボウがこのタイプにあります。

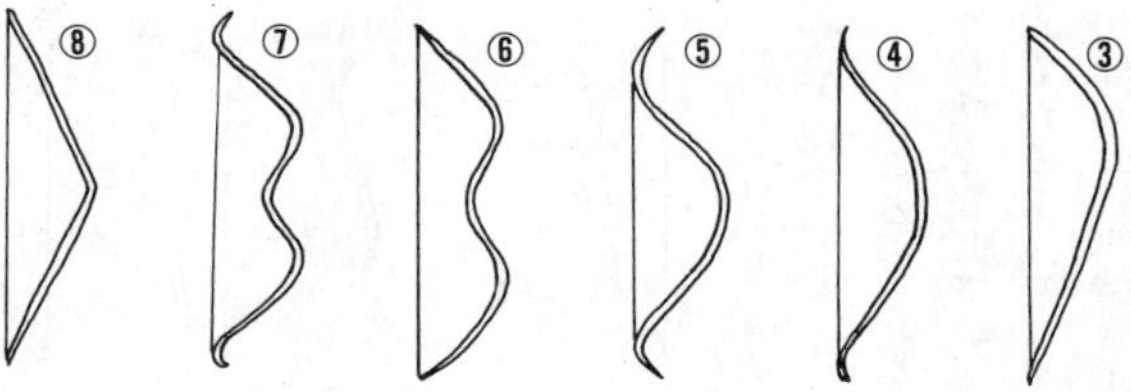

③片側湾曲型

片側のみが湾曲したもので、その作りは原始的です。ボウを構えたときに上にくる押付部分を柔らかい材質にし、手下をやや硬い材質にして真ん中で接合したものです。

④両端湾曲型

古代エジプト王朝より見られたもので、弓本体の両側が湾曲しています。

⑤S字型

両端の湾曲度がさらに進んだもので、④の両端湾曲型の発展ともいえますが、とくに東方に多く見られ、弦を外すと反対側に反り返るほど弾力性のある母材を用いています。

⑥B字型

中央部を湾曲させたもので、この手の変形型としては早い時期に見られました。とくに北米大陸のネイティブアメリカンたちが用いていた形としても知られています。

⑦両端湾曲B字型

ギリシア時代より登場した弓の形状で、当時のもっとも一般的な形状でした。この種の弓は両端が渦巻状に丸まり、装飾の意味合いをもつものもあります。

⑧山型

古代メソポタミア文明が栄えたおりに描かれた壁画にも見られますが、中央部分に負担がかかりやすい形状といえます。しかし射程や威力にはさほどひびかず、むしろよく飛んだともいわれています。

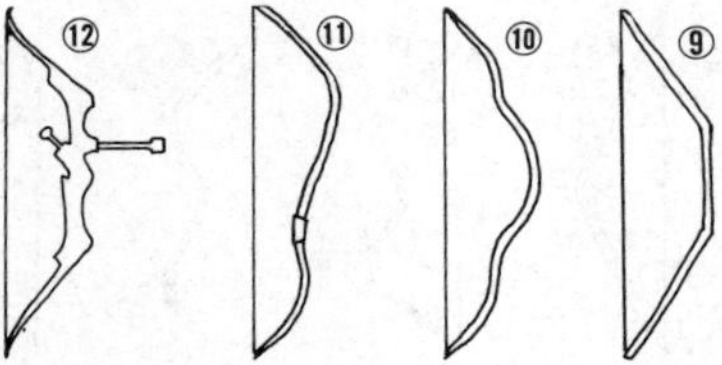

⑨連接角型
⑧の山型の発展バージョンで中央の部分が、弦と平行してまっすぐになっています。

⑩中央突出型
中央を突出させた珍しいタイプで、北アメリカのネイティブアメリカンが用いたものの発展型です。

⑪非対称型
日本によく見るタイプで、弓を構えたときに押付が手下よりも数倍長くなっています。

⑫近代型
近代におけるスポーツ競技、アーチェリーに用いられるもので、弾力性の高い科学材料や金属で作られたものがあります。

矢について

矢のことを英語では「アロー（arrow）」といいますが、弓にはその弾となる矢が重要な意味をなしています。弓の威力を増すためには、弓自身を強化するだけでなく、矢もなんらかの工夫をなす必要があります。とくに有名なのはロング・ボウに使われた矢で、その先端には当時貴重だった鋼を使っており、その強さによってプレート・アーマーをも貫

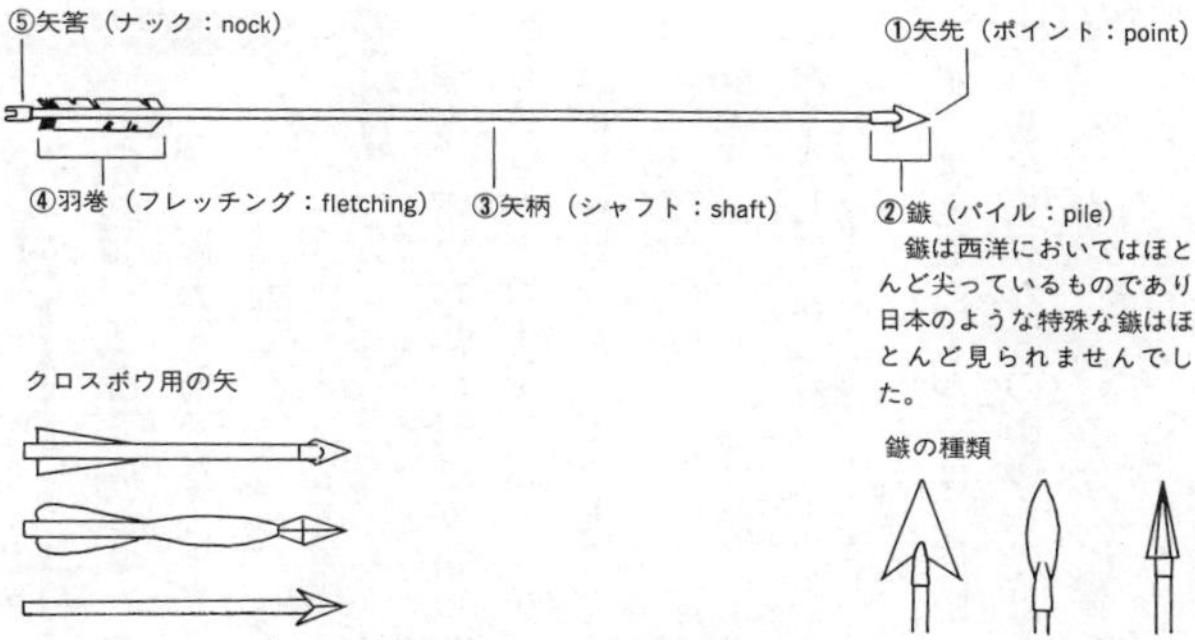

矢の各部名称と鏃の種類

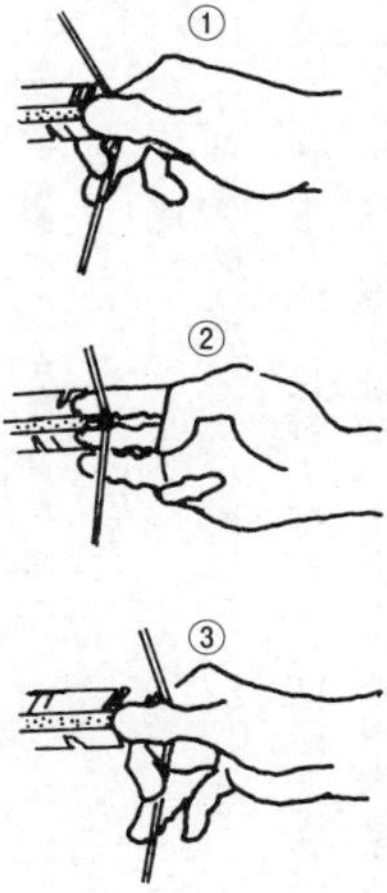

矢のかけかた

通することができたのです。
ではここで、矢の部分的な名称にも触れておきましょう。
矢のつぎかたにはいくつかあり、指の掛け方によってその種類が分けられています。

ショート・ボウ／ロング・ボウ
（短弓：Short Bow）（長弓：Long Bow）

威力 貫通力★★（＋★）／★★★★　体力 ★★／★★★　練度 ★★／★★★★
価格 ★（＋★★★）／★★★★　知名度 ★★★★★／★★★★★

外見

通常、ボウ本体の長さが百センチメートル以下のものをショート・ボウといい、それに対し長さが百六十〜二百センチメートルぐらいにも及ぶ、ほぼ人の背丈に匹敵する長さをしたボウをロング・ボウと呼びます。ロング・ボウの形状はショート・ボウを大きくしたようなものでした。

重量はショート・ボウが〇・五〜〇・八キログラム。ロング・ボウは〇・八〜一キログラムありました。

ボウは地域によっては、使用されないときには弦を取り外したうえ、ケースなどに入れて気候・天候などの影響を受けないように保管して持ち歩きました。とくにロング・ボウは、大きくなっている分、湿気などの影響を受けやすいと考えられます。

歴史と詳細

ショート・ボウは、数ある飛翔武器のなかでももっともポピュラーな武器といえます。長い射程と連射のきく点が特長です。その起源は、だいたい中石器時代（紀元前一〇〇〇〇～紀元前六〇〇〇年）にまでさかのぼり、その時代にはすでに狩猟用および戦闘用武器として人々に知られていました。壁画などにもショート・ボウを持った人の絵が

ショート・ボウ

描かれています。しかも、世界中のあちらこちらで広く使用されています。歴史上の記録にも古代エジプトの軍隊がショート・ボウをよく用いていた記述がありますし、ファラオ自身も狩りや戦いにショート・ボウを携えて行ったのです。

ショート・ボウの使用法は、片手で弦を持ち、その手で矢の最後部を持って弦につがえ、もう片方の手で棒をしっかりと固定し、弦を引っ張ることでこの棒を曲げます。そして弦

ロング・ボウ

を放すと、棒の復元力によって矢が前方に向かって発射されます。
ショート・ボウを使うものにとって、その射程を伸ばすことは非常に魅力的なことでした。敵味方ともにショート・ボウを使用している場合、矢の応酬になるのは避けられないことであり、双方ともに多大な犠牲者をださなくてはならなかったのです。もし相手よりも射程の長い弓を作ることができれば、自分の側には被害をだすことなしに、相手側にだけ犠牲者をだすことができるのです。そのためには弓に用いる材質をより柔軟性の高いものにするか、弓をもっと大きく長いものにするか、もしくはその両方でした。

材質の改善と長さの改良は同調して進められましたが、柔軟性が高くてしかも大きな弓を作るだけの長い材料が手に入る場所は限られていました。しかし、弓を作るには小さな材料であっても柔軟性の非常に高い材質のものもありました。そして、そういったものを材料として使用できないだろうかという考えから、いくつもの材料を組み合わせて一つの弓を作りあげようという試みがなされたのです。そうして考えだされたのが「コンポジット・ボウ」です。

劣悪な材質の大きな弓は、優れた材料によって作られたものに射程の点で劣ります。弓に用いる材質としてはイチイがもっともよいとされていましたが、トネリコやニレなども使用されました。かくして百五十センチメートル以上もの長い弓、ロング・ボウができあがったのです。その原産地は南ウエールズ地方で、その武器の重要性が理解されるのにはしばらくの時間が必要でした。エドワード一世[*一]は、ウエールズ征服のあとにスコットランドを征服にかかりましたが、ロング・ボウを彼の軍隊にとって重要な武器として考え、一二九八年の「フィルカークの戦い」では、イングランド人とウエールズ人の混成弓兵部隊によって、スコットランドのパイク部隊を完敗させました。そして、歩兵部隊と弓兵部隊の結合が時代の主流となり、「アザンクールの戦い[*二]」でのイギリス軍の勝利によってロング・ボウの有用度が広まっていったのです。

＊一　エドワード一世（Edward：一二三九～一三〇七）　父ヘンリー三世の死によって、十字軍に参加中の一二七四年に王となりました。一二八四年にスコットランドを合併するも、相次ぐ反乱に従軍し膨大な戦費を使い国内を不穏状態のままにして世を去りました。

＊二　アザンクールの戦い　百年戦争のなかヘンリー五世の率いるイギリス軍が長弓で、騎兵を中心とするフランス軍を破った戦い（一四一五年十月二十五日）。

クロスボウ（弩：Crossbow）

威力 貫通力★★★（＋★★） 体力 ★★（＋★★★） 練度 ★★
価格 ★★★（＋★★） 知名度 ★★★★★

外見

クロスボウは、矢をつがえる溝と弦を固定し発射する引き金がついた柄の上に、ショート・ボウ（別項）をのせて固定したような形状をしています。

その特長としては、弦を引いた状態のままで固定できるようになっているため、手では引けないような強い弓を搭載して道具を使って弦を固定し矢をつがえることができる点で、そのためより強力な矢を放つことができます。しかし、そのために一度矢を放ってしまうと、次の矢を放つまでに時間がかかり、発射頻度が悪いのが欠点です。

全長は、縦が〇・六～一メートルで、横幅は〇・五～〇・七メートル程度です。それにたいし重量は三～十キログラムもありました。これは、付属部品を除いた重量で、そうしたものを持ち歩くなら、さらに一～三キログラムを超過することになります。

歴史

クロスボウは、「アルバレスト（arbalest）」とも呼ばれ、その発祥地は中世初期のイタ

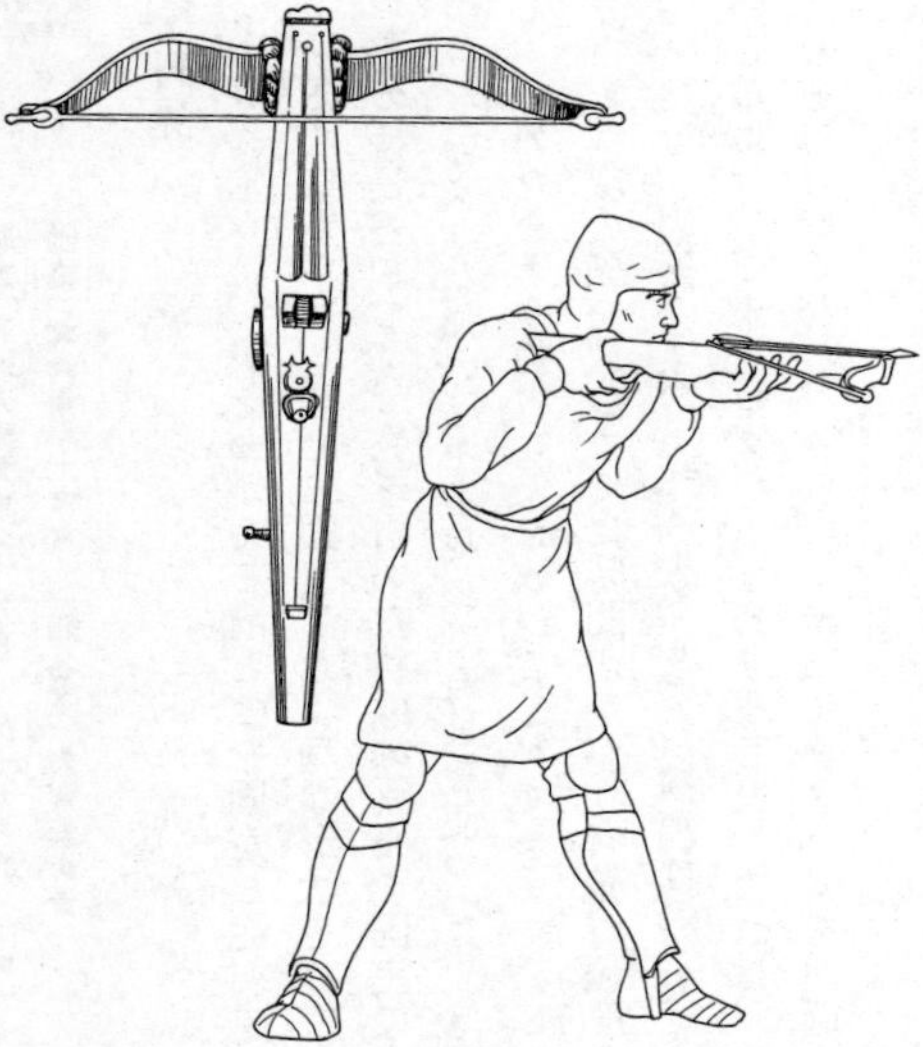

クロスボウ

リアであったといわれています。少なくとも、イタリアの都市国家が一番先にこの武器を採用し、ジェノバ[*1]人のクロスボウマンがヨーロッパ中の軍隊に雇われるようになりました。アルバレストはラテン語では「アルキュ・バリスタ（arcuballista）」と呼ばれ、〝アルキュ〟は弓、〝バリスタ〟は攻城兵器を意味しています（アルキュ・バリスタの名で呼ばれる攻城戦兵器もあります）。

クロスボウはその威力ゆえに、キリスト教徒にふさ

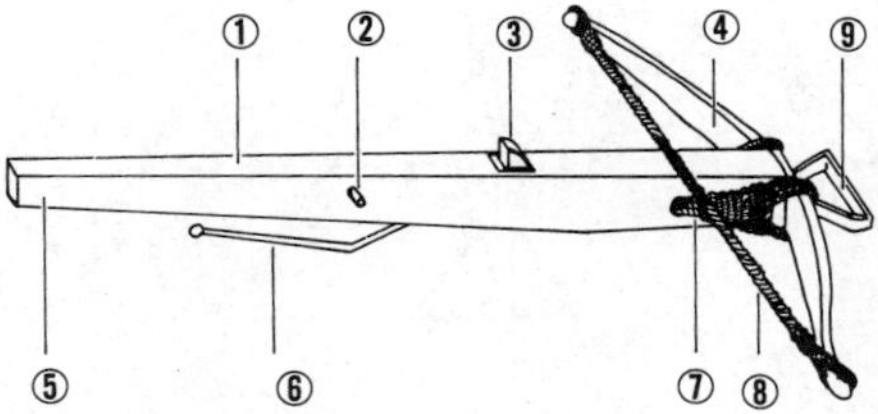

①弓床（ティラー：tiller）
②掛け金（ラッグスもしくはスタップス：lugs or stops）
③弦受け（ナット：nut）
④弓（ボウ：bow）
⑤台尻（バット：butt）
⑥引金（トリガー：trigger）
⑦添え紐、添え金（タイズ：ties）
⑧弦（ボウ・ストリング：bow string）
⑨鐙（スティラップス：Stirrups）

わしくない残虐な武器であるとして何人ものローマ教皇によって使用を禁じられました。しかし十字軍の遠征においては、クロスボウはもっとも有効な射程武器として、サラセン人相手に使用されたのです。

クロスボウに用いる矢は普通の矢ではなく「クォーラル（quarrel）」もしくは「ボルト（bolt）」と呼ばれる四角い矢じりのついた矢を使用します。また、そうしたもの以外にも、石などをつがえて発射することができるものもありました。ただし、こうしたクロスボウは別名「ストーン・アンド・バレット・クロスボウ（stone and bullet crossbow）」と呼ばれ、弦が網状になっていました。

クロスボウの弦の引き方

①あぶみ足かけ方法：弓の前の部分にあぶみを取りつけて、そこに足をかけてクロスボウを固定し弦を引く方法。

②ロープとプーリー（滑車）を使う方法：ロープの片方の端をベルトに結んで、プーリーを通してから柄の後部の金具に引っ掛けます。そしてあぶみに足をかけてしゃがみ、プーリーを弦に引っ掛けてから、足を伸ばしつつ立ち上がります。そうするとプーリーは柄の後部の方に引っ張られて、弦を引くことになります。

③ウインドラス（windlass）を使う方法：柄の後部にウインチのような形状をしたウインドラスを取りつけて、その紐の先の金具を弦に引っ掛けてから両手でウインドラスの取っ手をつかんで回転させると、紐が巻き取られて弦を引くことになります。

④クレインクイン（cranequin）を使う方法：クレインクインは歯ざおとクランクのついた歯車を組み合わせた道具で、これをクロスボウの上に固定して、歯ざおの金具を弦にかけてクランクを回すと弦が引かれるようになっています。

⑤レバーを使う方法：レバー式の引き方は、もっとも単純な方法です。これは、ラッグ（掛け金）にレバーの端をあて、てこの原理で弦を引く方法です。

使用方法

クロスボウの使用法は、弦を引いて金具に引っ掛けてとめ、溝の部分に矢をつがえて、標的に矢の先を向けて引き金を引くというものです。ひとたび矢をつがえておけば、クロスボウを構えたそのままの状態で移動することもできますし、ショート・ボウなどでは考えられない伏せた姿勢での射撃も可能です。

クロスボウは、初期には手で弦を引ける程度の木製のショート・ボウがついていたのですが、のちには道具を使って弦を引かなくてはならない鋼鉄製の弓を搭載するようになりました。そのため弦を道具を使って引くようになります。弦を引く道具は、クロスボウと一体として作られることもありましたが、大部分は取り外して腰に下げて持ち歩けるようになっていました。

弦の引き方の種類とそのやり方は右の図のとおりです。

＊一　ジェノバ　イタリアの地方国家として知られ、いち早く東方と交易をはじめた海運国。彼らは、多くの東方文化と西方文化をそれぞれにもたらしました。

スリング（Sling）

威力　打撃力★★★　体力　★★　練度　★★★　価格　★　知名度　★★★★★

外見

紐の先に弾を包む革もしくは布の部分があり、その先にまた紐がついているという、眼帯のような非常にシンプルな形をしています。スリングは非常に簡単な構造であり、石を投げればよいので特殊な弾を使用しなくてもすむため、もっとも古くから使用されている飛翔武器のひとつです。

全長は一メートルほどで重さは〇・三キログラムにも満たないため、非常に軽い飛翔武器の代表といえますが、その弾は石ころであり、ときにはそれ専用の鉛であったことを考えると案外重い武器といえるかもしれません。

歴史と詳細

石を手で投げて使用していた古代の人々が、石の加速度を増すために考え出した武器で、オーストラリアを除くすべての大陸で使用されていました。

もともとは羊飼いが狼などを追い払うために石を投げて驚かせる用途に使っていた道具

だったともいわれています。

のちには棒の先にスリングを取りつけた武器も作られ、その飛距離をさらに伸ばす試みも行われたようですが、スリングよりも殺傷力の高い弓や弩などの普及により戦場から姿

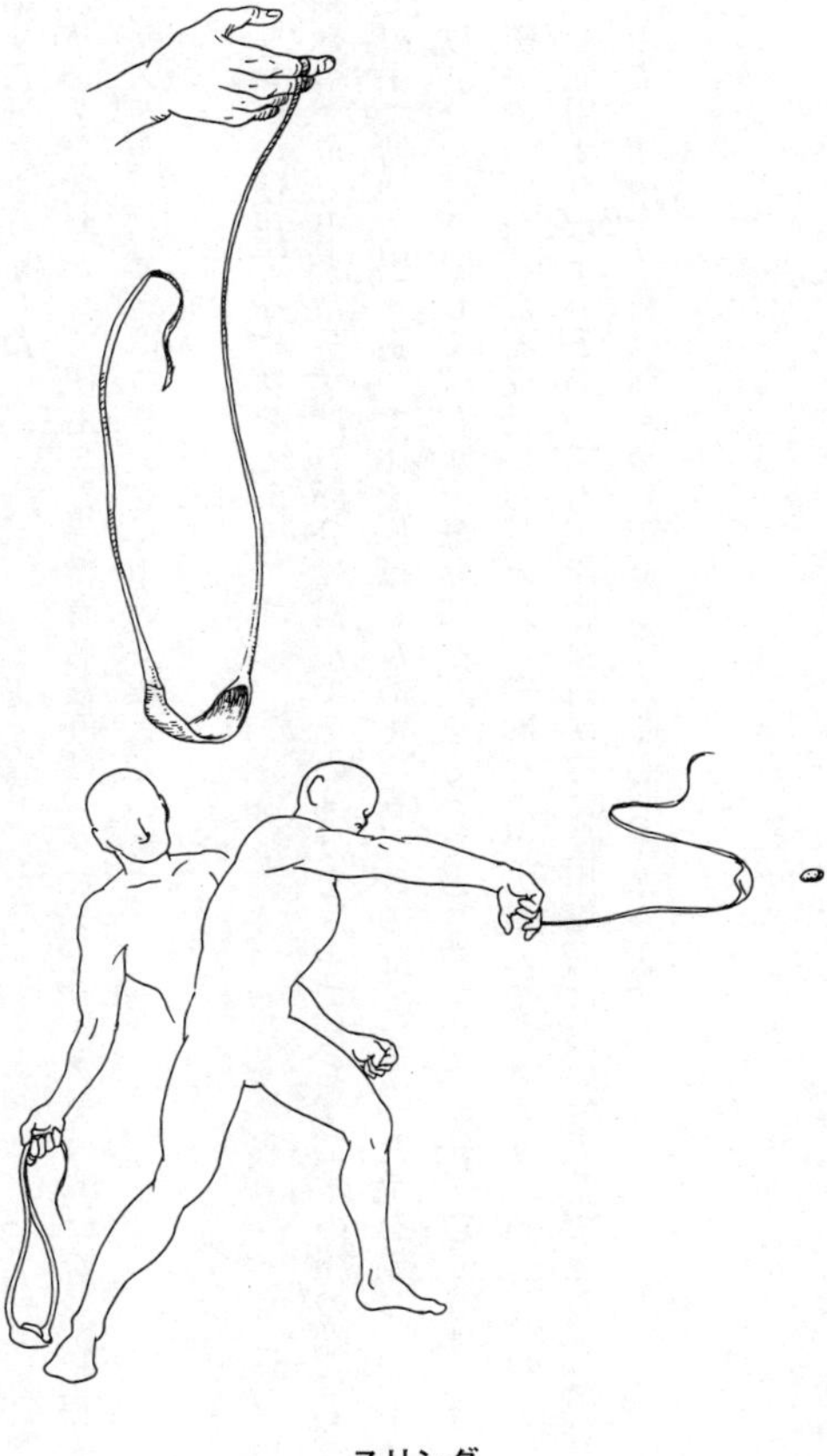

スリング

を消すことになりました。

スリングを武器として使用した一番有名な例は、ダビデとゴリアテの戦いでしょう。巨人ゴリアテを、ダビデはスリングを用いて殺しています。


スリングの使用方法は次のとおりです。

石を革や布で出来た石受けの部分に包んでその部分を片手で持ち、二本の紐の端をもう片方の手で持って引っ張って紐を伸ばしたあと、石受けの部分を持った手を放し、頭上で石受け部分を振り回して、石が十分な加速度をもったところで片方の紐を放します。すると、勢いのついた石が石受けから外れて、標的めがけて飛んでいきます。

石を使用すればよいといっても、手頃な石が常に使用場所において入手できるとは限らないので、使用する石は前もって用意しておく必要があります。

ジャヴェリン（Javelin）

威力 貫通力★★★　体力 ★★★　練度 ★★★　価格 ★（＋★★）
知名度 ★★★★★

外見

ジャヴェリンは軽く、投げて使うのに適した槍です。その頭部には、葉の形や両刃の刃物状の穂先がついていますが、それほど大きなものではなく、逆刺がついていたりいなかったりしてその形もさまざまです。

槍として白兵戦にも用いることができ、手で投げても使用することができ、スピアスローワーを使用して飛ばすこともできるという、多用途の武器ですが、重心が頭部に片寄っていてバランスがよくない点と、その重さのために射程は弓などの射程専用武器に劣ります。全長は、〇・七～一メートル前後で、重量は一・五キログラム以下でしょう。

歴史と詳細

古代の中東において、武器として使用されていたという記録が残されています。歩兵がジャヴェリンを装備していたり、戦車（チャリオットのこと）から投擲している絵が数多く残されていますが、弓兵や弩弓兵の普及によってその活躍の場を失い、少なくとも十五世紀以降はヨーロッパの戦場においては使用されなくなっています。その後も、競技として槍投げが現代まで伝えられています。

使用方法は、ジャヴェリンの中心よりも穂先に近い部分を握って、目標に穂先を向けて投げるのです。

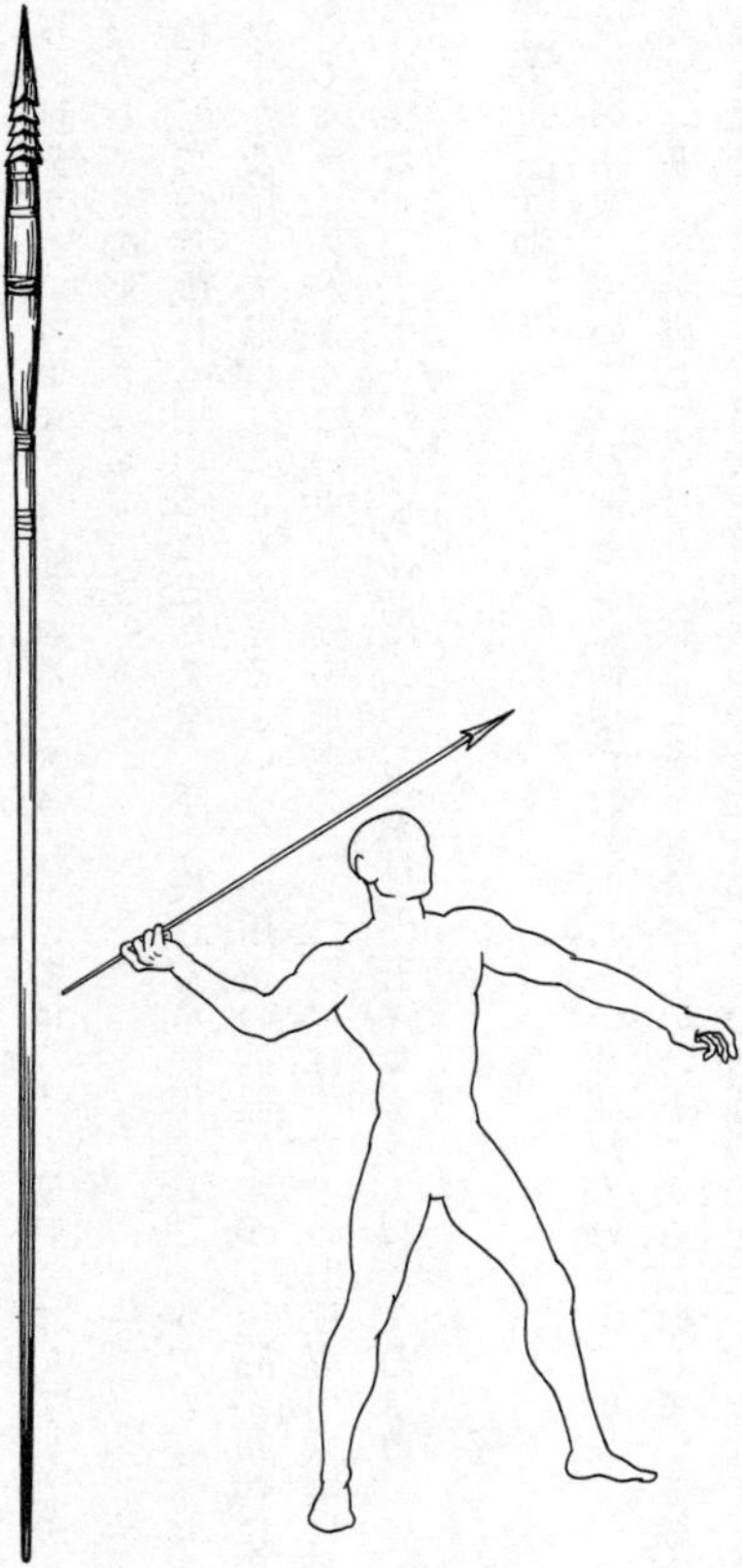

ジャヴェリン

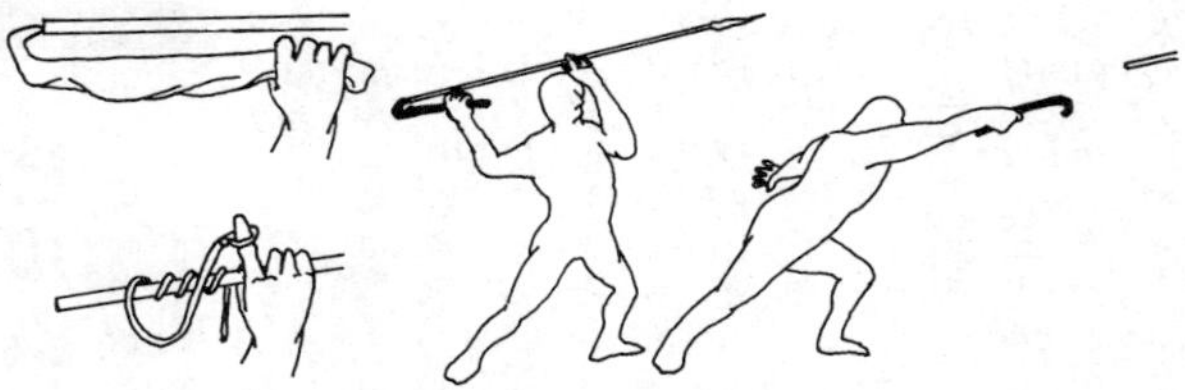

スピアスローワー

射程距離を伸ばすために、道具を使用してジャヴェリンを投げることもできます。そのための道具がスピアスローワーです。スピアスローワーには二種類のものがあります。

まずそのひとつが木製の棒に木くぎやソケットをつけたもので、それにジャヴェリンの最後部をひっかけて投げることによって、てこの原理を利用して手で投げるよりも大きな加速度を得ることによって飛距離を伸ばすことができるのです。

もうひとつのものは、細綱の片方の端を輪のようにしたもので、この輪の部分に指を通し、残りの部分をジャヴェリンに巻きつけて、すぐ解けるようにして結び、そしてジャヴェリンを投げることにより、細綱がほどけながらもジャヴェリンに力を加えつづけながら、ジャヴェリンに回転を与えることによって飛距離を伸ばすことができるのです。

ピルム（Pilum）

威力 貫通力★★★★★　体力 ★★★　練度 ★★★　価格 ★★★（＋★）

知名度 ★★★★

外見

ピルムには、木製の柄に先の尖った長い円錐もしくは角錐の頭部を埋め込んである古いタイプのものや、平たい葉状または円錐・角錐の形をした頭部を棒に差し込むソケット式もしくは二本の鋲で棒の先に固定するフランジ式のものがあります。

頭部は七十センチメートルくらいの長さで、柄の方はおよそ一・四メートル。のちには二メートルにも及ぶ長さの柄も作られました。頭部の後ろには、四角や先を切り取った円錐形・球形の重りをつけて、バランスや弾道を調整したりしました。重量は、だいたい一・五〜二・五キログラムでした。

歴史と詳細

ピルムはエトルリアを起源とする重い投げ槍で、ローマ兵によって受け継がれ広まったものです。もっとも古いピルムの原型は、紀元前四世紀頃に見られました。射程はその重さゆえにジャヴェリンよりも短く、そのぶん威力はそれよりはるかに上回っています。

ローマの歴史家リウィウス[*一]によれば、ピルムには細いものと、太いものの二種があり、細い一方を「ピラ（pila）」と呼んでいます。

ピルムが長い間使われていくうちに、投げたピルムを敵に武器として利用されないようにするために二つの点で特別な変更がされました。最初の変更はガイウス・マリウスの時

ピルム

代のもので、頭部と柄を固定する鋲を木製のリベットに替えたのです。敵の盾に当ると、その衝撃でリベットが壊れて使いものにならなくなるようにしたのです。

次の変更はユリウス・カエサルの時代のもので、頭部の中央部分の材質を柔らかいものに替えてやや細めにし、故意に弱い部分をこしらえてすぐに曲がってしまうようにしました。

＊一　リウィウス（Titus Livius　紀元前五九〜西暦一七）　ローマの歴史家として知られ、全百四十二巻からなる『ローマ建国史』を著作しました。しかし、現存するものは、そのうち一〜十巻、二十一〜四十五巻までの三十五巻で、サモニウム戦争、ポエニ戦争、マケドニア戦争を扱う部分のみしか残っていません。

ボーラ (Bola, Boleadora)

威力 打撃力★★ 体力 ★★ 練度 ★★★ 価格 ★ 知名度 ★★★

外見

ロープの先にそれぞれ重りをくくりつけ、その反対側の端を結びつけて作られています。手で投げる飛翔武器でありながら、相手を捕獲するために用いられる武器であるという特長をもっています。

エスキモーの用いるボーラは、おもに野鳥を捕る目的で用いられます。セイウチの牙もしくは骨の重りを四つ、または六つもしくは十個用いて作られます。その重りの形状もさまざまで、玉子型・球形、なかには動物の形に彫られたものもありますが、大きさはだいたい二・五センチメートルから五センチメートルくらいです。その重りを七十センチメートルくらいの細綱の端にそれぞれ結びつけ、別の端をまとめて結びつけて持ち手とします。重さはだいたい〇・八キログラム前後です。

南アメリカのボーラは、そのおよそ倍の大きさです。細綱もしくは革ヒモの両端に、革で包んだ石の玉を結びつけて作られます。ときには、革で包まずに石の玉に溝を彫り、その溝で細綱を縛って固定する方法もとられました。細綱の端に小さめの石の玉をつけた二本目の細綱が、一本目の細綱の真ん中に結びつけられているのが普通です。二つの玉のボーラを「ソマイ（somai）」、三つの玉のボーラを「アチコ（achico）」といいます。

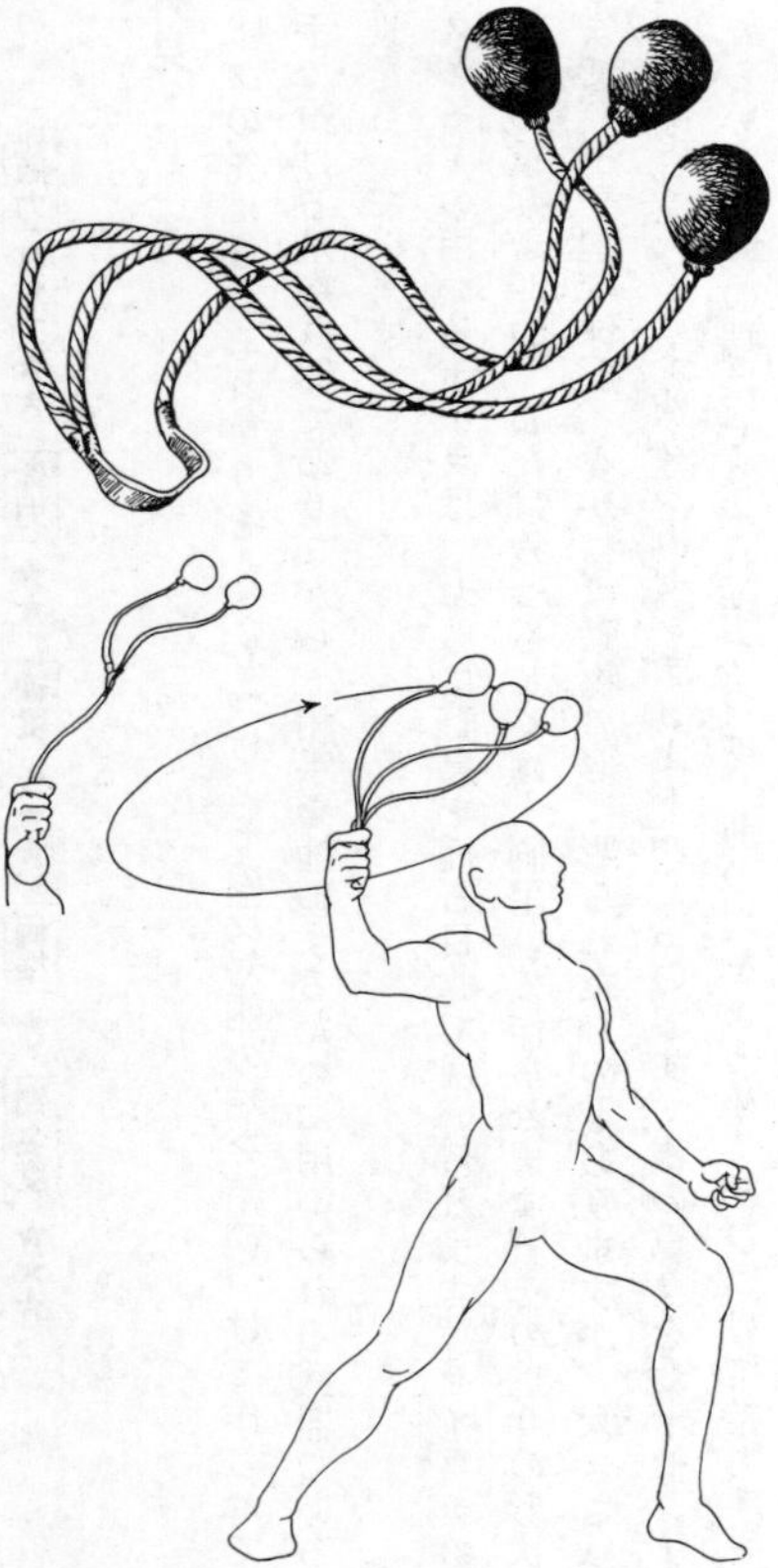

ボーラ

歴史と詳細

ボーラは、スペイン語のボール（ball）を語源とする飛翔武器です。ただし、この種の武器は先史時代のアジアが起源であるといわれていますが、エスキモーや南アメリカ平原のネイティブアメリカンなど、世界のあちこちで広く使われています。

エスキモーのボーラは、片手に取っ手をもち、もう片方の手で重りのほうをもち、素早く引っ張って細綱を伸ばしてから、重りのほうを放して頭上で振り回し、勢いをつけてから投げます。三十〜四十メートルくらいの射程距離があります。

南アメリカのボーラは、小さい三つ目の玉の部分を持ってほかの二つの玉を頭上で振り回し、十分な速度をつけてから投げます。

投げられたボーラは、相手にぶつかって打撃を与えるか、もしくは敵または動物の足か大きな鳥にからみついて動きを止めます。

ブーメラン (Boomerang)

威力 打撃、切断★★（＋★★） 体力 ★★ 練度 ★★★★ 価格 ★？
知名度 ★★★★★

外見

木製の平たく細長い棒状の武器で、全体的に曲がっているか、または途中で折れ曲がっているかのような角度をつけてあります。さしわたしの長さは六十センチメートルくらいです。そして縁の部分は削られていて、打撃力を高めるようになっています。なかには、その先端部分が幅広くなっていて、くちばし状になっているものもあります。

ブーメランの特長は、回転しながら飛んでいくその破壊力で、そのどの部分に当たっても相手にダメージを与えることができるようになっています。

また、ブーメランのなかには、有名な「戻ってくる」タイプのブーメランがあります。投げたあと、何にも当たらない場合には投げた場所に戻ってくるので、外れたブーメランは回収にいかないですむのです。しかし、戦闘に用いられたブーメランのなかには、投げたあと戻ってくるタイプのものはありませんでした。

「戻ってくる」タイプのブーメランは、本体にプロペラ状のひねりがついていて、戻るための力を得ることができるようになっています。

歴史と詳細

棒を手でつかんで投げるという攻撃方法は、古くから世界中に見られましたが、その大部分はやがて尖った先端や刃をもった武器に取って代わられていきました。しかし、一部においては平たい板の縁を鋭く削った持ち手部分のある武器として生き残り、そのうちのひとつとしてオーストラリア大陸でこのブーメランが作られました。ブーメランは主に狩猟のために使われた武器で、鳥などを捕るために用いられたものです。

使用方法は、ブーメランの端を手に持って、水平に構えて前方に向けて手首を利かせて投げます。

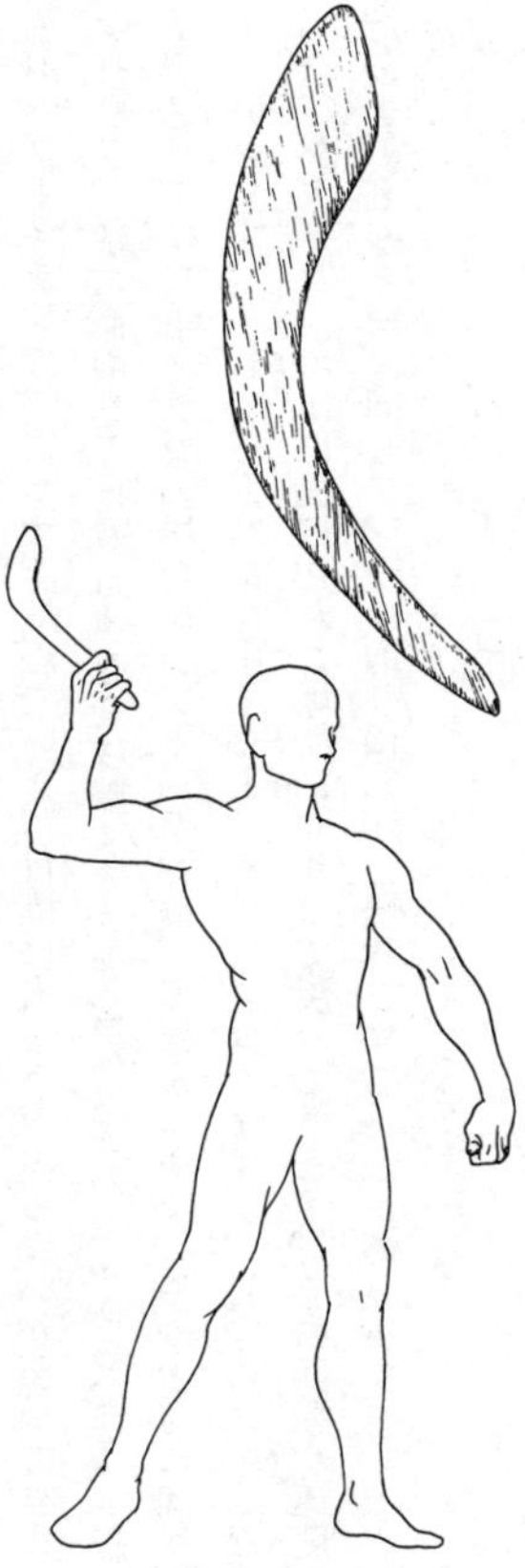

ブーメラン

戦闘用のブーメランは、まっすぐ飛んでいき、目標に当ろうが当るまいが戻ってきません。なぜなら、敵に命中しなければ自身を攻撃することになりかねないからです。「戻ってくる」タイプのブーメランの場合は、ブーメランは、ほぼまっすぐ、やや上方に向かって飛んでいきます。そして、目標に命中すると、そのまま落ちますが、目標に命中しなかった場合、ブーメランはほぼ投げられた場所に向かって戻ってきます。その回転や速度は投げたときのものとほぼ同じで、受け取り損ねると怪我をすることがあります。

チャクラム（Chakram）

威力　切断★（＋★★）　体力　★　練度　★★★　価格　★★　知名度　★★

外見

　チャクラムは平たい輪の形状をした金属でできた武器で、輪の外側はすべて刃になっています。輪の直径は十〜三十センチメートル程度です。重さは〇・一五〜〇・五キログラムです。

　チャクラムの特長は、「斬る」飛翔武器である点です。ほかの飛翔武器のほとんどは、「突き刺す」か「叩く」のを目的としているのに対して、チャクラムだけが標的を斬ることを意図して作られています。

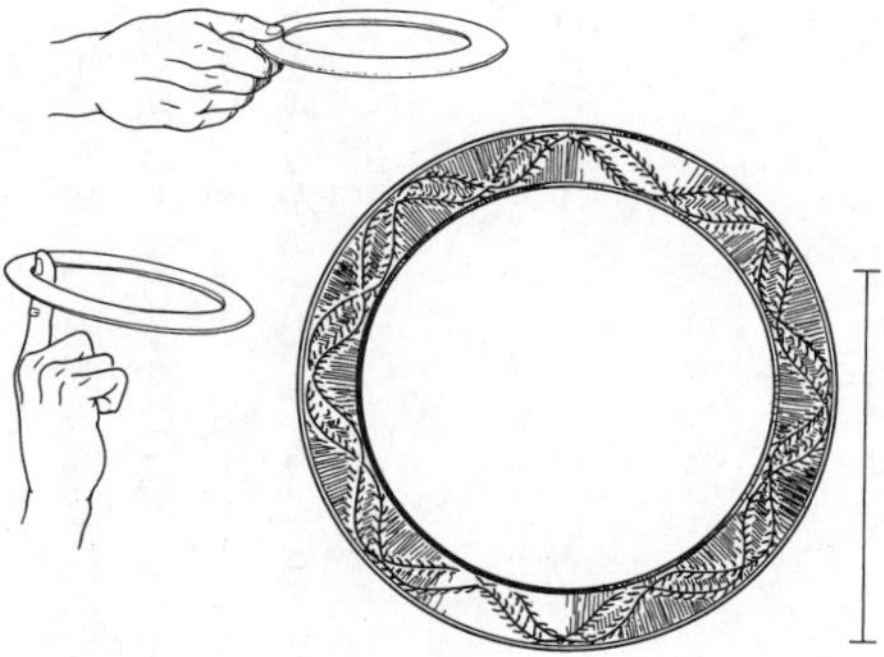

チャクラム

歴史と詳細

　インド北部地方のシーク教徒が使用したといわ

れています。

使用方法は、内側の部分に指を入れて回転させて、勢いをつけて投げるか、親指と人差指で挟んで投げます（フリスビーの要領です）。それによって外側の刃が回転し、触れたものを切断します。三十メートル離れたところから直径二センチメートルの竹の茎を切断する威力があったということです。

ダート (Dart)

威力 貫通力★
体力 ★
練度 ★★★
価格 ★
知名度 ★★★★

外見

ダートは先端に尖った部分のついた投擲武器です。軸の先端に尖った頭部が取りつけてあり、なかには弓につがえる矢のように矢羽根や安定翼のついたものもあります。ジャヴェリンよりも短く、軽くて持ち歩きに便利ですが、殺傷力・貫通力は劣ります。その全長は大きくとも三十センチメートル程度で、重量も〇・三キログラムを超えることはないでしょう。

ダート

歴史と詳細

ダートは、旧石器時代から武器として使用されていました。そのころのダートは、木製の軸に石や骨でできた頭部を取りつけただけのものでした。古代から中世にかけて、木の葉形や矢のような頭部をもったダートや、軸のこじりに矢羽根がついたダートが作られるようになりました。

東ローマの兵隊は、それまでローマ軍が愛用したピルムをすて、このダートを投擲武器として盾などの裏に取りつけておき、敵に向かって投げつけました。これがもっとも大規模にダートを使った例といえるでしょう。その後もダートは使われつづけ、十五～十七世紀にかけてのヨーロッパや中東では、狩りや水上・陸上の戦闘に使用し、かさばらないという利点を生かした場面に登場しました。

ダートの使用方法は、手に持ち、標的に向けて頭部が突き刺さるように投げるのです。ダートの形状によって持ち方・投げ方はさまざまですが、ダーツ・ゲームを思い浮かべていただけば結構です。

付録

特殊な武器

ブランディストック(Brandistock)

威力 刺突★★★ 切断★★ 体力 ★★ 練度 ★★ 価格 ★★★
知名度 ★★★

外見

ブランディストックは、太い中空の杖の中に、五十センチメートル～一メートルの長い刃の部分が入っている武器です。刃の出てくる部分は、刃のすべてがでてきて外れてしまわないように、刃の根本がつっかえるようになっています。なおかつでてきた刃の部分が引っ込まないように、ピンなどで固定するようになっています。また、なかには長い刃の脇に二本の短い刃がついているものもあり、これを「フェザー・スタッフ (Feather Staff)」と呼びました。

ブランディストックは、あとにでてくる「ソード・ステッキ」とちがって、抜かないで使用できる隠し武器で、長い柄をもっている点が特長です。全長は剣身を引っ込めてあれば一～一・二メートル、伸ばしていれば一・五～二・二メートルとなり、重量は一～二キログラム程度です。

歴史と詳細

無害なものや攻撃に使わないものの中に仕込んだ武器、というアイディアは相当古いもので、ローマ時代にまでさかのぼるといわれています。もとになったアイディアは演劇に用いた短剣で、先の丸まった刃の部分で何かを刺すと、柄の中空の部分に刃が引っ込み、短剣を突き刺したかのような印象を与えるための小道具だったといわれています。

ブランディストックは使用するときに柄の部分を持って、穴の空いた先端部分を外に向けて勢いよく振り下ろします（または振り回します）。すると柄の中に入っている刃の部分が振りだされ、止め金で止められると武器として使用可能になります。この動作がブラ

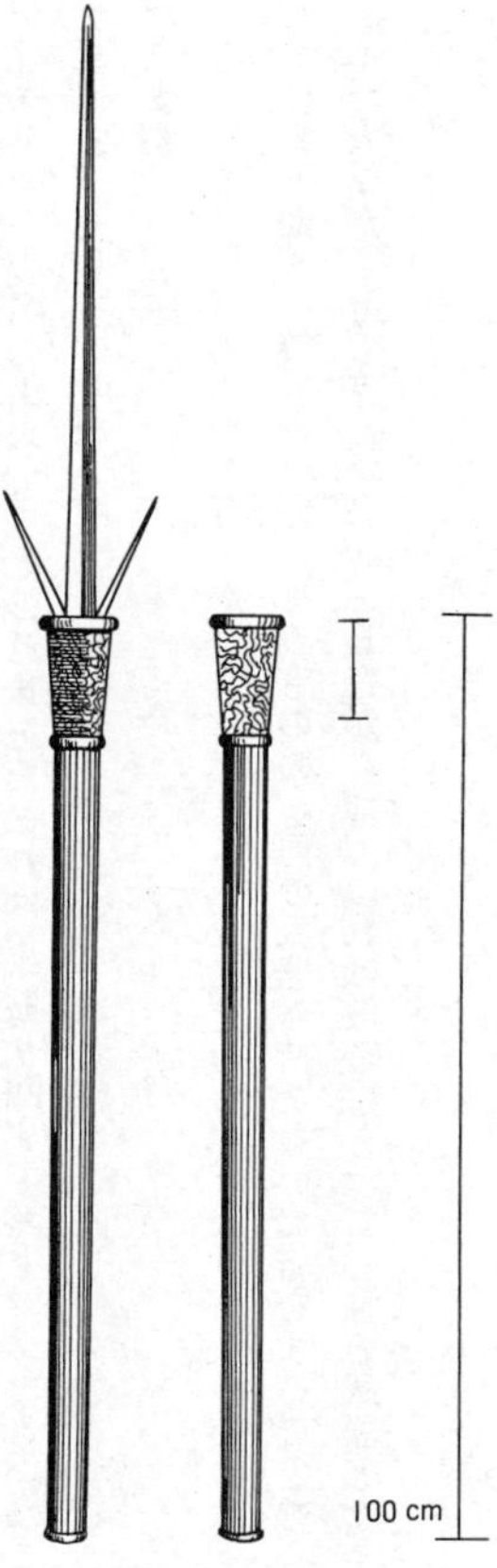

ブランディストック

ンディストックの名の由来で、その意味をたどれば、「振り回すエストック」ということになります。そして柄の短い槍もしくはレイピア（第一章参照）と同じ使い方をすることになります。

ルネサンス以降、巡礼や旅行者がブランディストックを持ち歩くようになったのは、武装していると他人に警戒されてしまうものの、何の武器も持たないで旅をすることを心細く思った人々が、その支えを必要としたからで、これは彼らにとって心強い武器となったのです。

ファキールズ・ホーンズとマドゥ
(Fakir's horns & Madu)

威力 刺突★★★　体力 ★★　練度 ★★★★　価格 ★?　知名度 ★★

外見

ファキールズ・ホーンズは、二本の黒山羊の角の先端部分を互いちがいの方向に向けた状態で組み合わせた武器で、角の先端部分には鉄のスパイクが取りつけてあるものもあります。

マドゥは、ファキールズ・ホーンズに関連のある武器で、相手からの攻撃を受けるための鉄もしくは革でできた小さな盾に、二本の黒山羊の角の先端部分を互いちがいの方向に向けた状態で取りつけた武器です。これに

ファキールズ・ホーンズとマドゥ

も角の先端部分に鉄のスパイクが取りつけてあるものもあります。
全長は一～一・六メートル、重量は一・五～二・八キログラムあります。

❖歴史と詳細

ファキールズ・ホーンズはインド製の非常に珍しい武器で、ファキール（托鉢僧）が使用したのでこの名がついています。ファキールは、普通の武器を持ち歩くことを認められていなかったのです。

マドゥは同じくインド製の武器で、ファキールズ・ホーンズの発展したものとされています。

ファキールズ・ホーンズは突いて使う武器です。しかも、持ち手の上下に先端部分があるため、上下前後左右のいずれの方向に振っても相手を攻撃することができます。また、持ち手の外側部分が手を防護する形になっています。

マドゥはファキールズ・ホーンズと同じような攻撃方法を取れるほか、盾として相手の攻撃を受けることができます。

ソード・ステッキ (Sword Stick)

威力 刺突★★　体力 ★★　練度 ★★★　価格 ★★（＋★★）　知名度 ★★★★

外見

杖（ステッキ）の中に剣もしくは短剣が仕込まれているものです。杖やその中に仕込まれている刃の形状や大きさは、それぞれのソード・ステッキによって千差万別です。通常、ステッキとして使用している間に鞘が外れないように柄と鞘の継ぎ目に止め金がありますこの武器のバリエーションとして、乗馬用の鞭に仕込んだものもあります。全長は七十センチメートル程度、重量は一キログラム足らずでした。

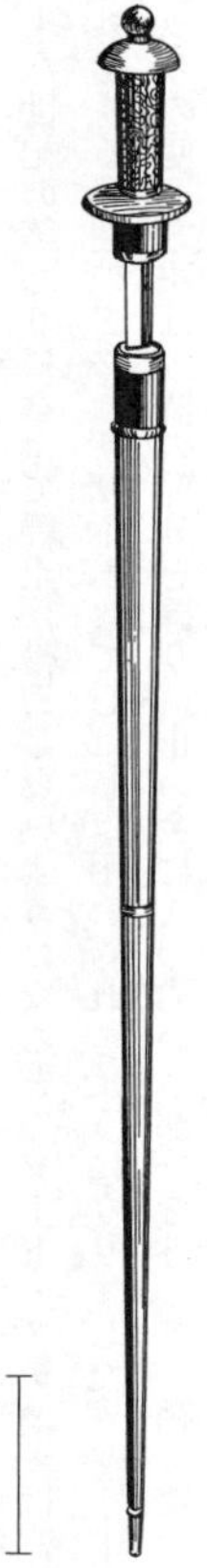

ソード・ステッキ

❖詳細と歴史

十八世紀の終わりになって紳士が帯刀しないようになると、ソード・ステッキは盛装して外出する男性のアクセサリーとしてしばしば用いられるようになりました。ソード・ステッキの使用方法は、柄の部分を握り、止め金になっている部分を外して、鞘になっているステッキ部分から刃を引きだせばよいのです。あとは普通のソードと同じ使い方をすることができます。

一見無害に見えるステッキの中に武器が仕込まれているという点で、ソード・ステッキは「隠し武器」としての特長をもっています。と同時に、武器以外のものとしても普段から使用できるという側面もあります。

バグ・ナーク (Bagh-nakh)

威力 切断★　体力 ★　練度 ★★★　価格 ★?　知名度 ★★★

外見

手のひらの中に収まる程度の金属製の棒の横に、先の鋭い曲がった爪のような突起が四つ（または五つ）留められていて、棒のはしには親指を入れるための輪がついています。バグ・ナークは小さい上に、手の中に握り込んでしまえば武器を持っているとはわからないという、いわゆる隠し武器です。

全長は十センチメートル、重量は〇・〇五キログラム程度です。

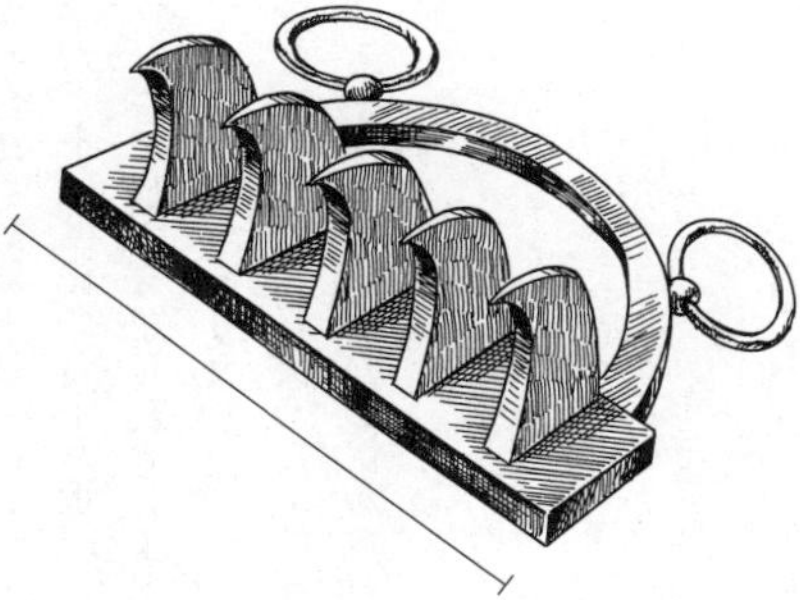

バグ・ナーク

歴史と詳細

インドおよび中東において使われた武器です

が、合法な武器とは見なされず、盗賊や暗殺者のような犯罪者が使用したといわれていますが、十七世紀から十八世紀にかけてインドで勢力を振るったマラータ族の暗殺団が用いたものとしても知られています。金属製とガラス製のものがあり、〝爪〟には毒が塗られていることもありました。バグ・ナークの使用方法は、輪になった部分に親指を入れて、指と指の隙間から尖った爪の部分を突きだして握り、その爪の部分で相手を刺し、もしくはえぐります。その形状からバグ・ナーク（虎の爪）という名前がつきました。

武器索引

■ア■

アームズ・オブ・ザ・ヒルト(arms of the hilt)……15
アキナケス剣(akinakes)……35
アチコ(achico)……434
アックス(ax)……366
アックス・ブレード(ax blade)……367
アックス・ヘッド(ax head)……367
アッヅ(adze)……366
アッパーリブ(upper limb)……408
あぶみ足かけ方法……422
アメントゥーム(amentum)……269
アルキュ・バリスタ……400
アロー(arrow)……412
アンゴ(angon)……386
アンテニー・ダガー(Antennae Dagger)……210～212
イアード・ダガー(Eared Dagger)……227・228
石突(いしづき)……268・367
イチイ……417
イベリアン・グラディウス……132
ヴィーキング・ソード……51・55
ウィングド・スピアー(Winged spear)……270
ウインドラス(windlass)を使う方法……422
ヴェルダン(verduun)……121
ヴォウジェ(Vouge)……271・283・284
ウォーキング・ソード(walking sword)……125
ウォー・ハンマー(War Hammer)……331～335
末弭(うらはず)……408
エクスカリバー(Excalibur)……35・105
エグゼキューショナーズ・ソード(Executioner's Sword)……95～99
エジプトの刀剣……29
S字型鍔……72
S字型刀剣……100
エストク(estoc)……121
エスパダ・ロペラ(Espada Ropera)……108
エスポントン(esponton)……305
エトルリア式刀剣……13
エペ(Epee)……117～119
エペ・ラピエレ(Epee Rapiere)……107
大鎌……296
押付……408
斧頭……367
斧槍……279

■カ■

ガード(Guard)……10
貝鍔……77

カウンター・ガード (counter guard) …… 15
掛け金 …… 421
カタール (Katar, Kutar) …… 235～237
カタール・セット …… 237
カッツバルゲル (Katzbalger) …… 67・71～76
カッティング・エッジ (cutting edge) …… 13
カットラス (Cutlass) …… 103・165～167
カップ・ガード (Cup Guard) …… 117・249
鎌剣 …… 143
殻竿状武器 …… 325
ガラス (Galatina) …… 105
カラベラ (Karabela) …… 174・175
カンタン (quintain) …… 352
貫通穴方式 …… 368
ギザーム (gisarme) …… 378
疑似刃 (フォールス・エッジ false edge) …… 156
切先 …… 13
キドニー・ダガー (Kidney Dagger) …… 202・213～215
弓床 …… 421
9ポンド砲 …… 403
強化弓 …… 410
キヨン (quillons) …… 16・202・249
キヨン・ブロック (quillon block) …… 16
キリジ (kilij) …… 172
クーゼ (couse, kuse) …… 287
クォーラル (quarrel) …… 421
クォピス (khopesh) …… 30
ククリ (Kukri) …… 243～245
孔雀の尾 (peacock's tail) …… 234
クラウ・モー (claimh mor) …… 89
グラディウス (Gladius) …… 34・130～138・142・285
クラブ (Club) …… 312
クリス (Kris) …… 238～242
クリス・ナーガ (kris naga) …… 241
グリップ (Grip) …… 10・16・407
クルッパ (klubba) …… 314
クルッベ (clubbe) …… 314
クルンバ (klumba) …… 314
グレイヴ (Glaive) …… 272・285～287・298
クレイモアー (Claymore) …… 88・89
クレインクイン (cranequin) を使う方法 …… 422
クレセント・アックス (crescent ax) …… 390
クロスボウ (Crossbow) …… 399・419～423
クロスボウの弦の引き方 …… 422
軍用重剣 (heavy military sword) …… 67
剣 …… 15
弦 (bow strings) …… 408・421
弦受け …… 421
剣身 (けんみ) …… 10・189
剣身最強部 …… 12

剣身中間部……12
剣身の鍛造法……135
合成弓……409
ゴーデンダック(goedendag:こんにちは)……328
護拳……15・340
コピス(Kopis)……139・147〜151・201・244
コプト(kopto)……147
護指輪……15
コラ(Kola)……181・182
コリシュマルド(colichemarde)……121
コルセスカ(Corsesca)……271・306〜308
コルネ(corune)……313
コルブラント(collbrande)……105
コロネル(coronel)……341
ゴントレット(gauntlet)……361
棍棒(クラブ:Club)……312〜315
コンポジット・ボウ(composite bow)……409・417

■サ■

サーベル(Saber)……39・154〜159・165・170・203
サイズ(大鎌:scyth)……296
サイト(sight)……408
サイド・リング(side ring)……16・248
サイポス(xiphos)……259
サクス(Sax)……35・102・150・158・201・254〜257
刺叉(さすまた)……296
サップ(Sap)……314
サム・リング(thumb ring)……77
サリッサ(sarisa)……269・281・302
サルマティア式の刀剣類……194
ジーク・フリード……403
シカ(Sica)……258〜260
刺端……268
シックル(sickle)……288
しなり(刃先の)……12
シミター(scimitar)……170
シミテラ(simiterra)……170
シメテレー(cimeterre)……170
ジャヴェリン(Javelin)……272・396・427〜429
シャフト(shaft)……268
シャムシール(Shamshir)……170〜173
車輪式引き金銃……296
車輪または円形をしたポメル……55
ジャルダ(Gialda)……345
ジャンビーヤ(Jambiya)……232〜234
シュヴァイツァーサーベル(schweizersabel)……156
十字型剣……37
ショヴスリ(コウモリ:chauve-souris)……307
ショート・スピアー(Short Spear)……276
ショート・ソード(Short Sword)……59〜65・217・223

ショート・ボウ (Short Bow) …… 414〜418
ショテル (Shotel) …… 152・153
ショルダー (shoulder) …… 12
シンクレアー・サーベル …… 158
スウェプト・ヒルト (Swept-Hilt) …… 14
スキアヴォーナ (schiavona) …… 67・68
直身太身型 …… 370
直身細身型 …… 370
スクラマサクス (Scramsax) …… 35・103・104・201・254〜257・279
スティレット (Stiletto, Stylet) …… 261・262
ストーン・アンド・バレット・クロスボウ (stone and bullet crossbow) …… 421
スパタ (Spatha) …… 141・142
スピアー (Spear) …… 264・276〜278・280・298
スピアースローワー (spearthrower) …… 396・429

スポントゥーン (spontoon) …… 272・300・305
スモールソード (Smallsword) …… 39・124〜126・203・248
スリング (Sling) …… 32・397・424〜426
背 …… 408
セイバー (sabre) …… 155
セービング (serving) …… 409
責金 …… 16・367
セルティス (Celtis) …… 393・394
セルフ・ボウ (self bow) …… 409
槍的 …… 352
添え紐、添え金 …… 421
ソースン・パタ (Sosun Pattah) …… 244
ソード・ステッキ (Sword Stick) …… 444・449・450
ソード・ブレイカー (sword-breaker) …… 248
ソケット (socket：口金) …… 268・368
側環 …… 16

袖がらみ …… 296
ソマイ (somai) …… 434

■タ■

ダーク (Dirk) …… 225・226
ダート (Dart) …… 441・442
大使 …… 392
台尻 …… 421
タイズ (ties) …… 421
タウン・ソード (town sword) …… 125
ダカ (DACA) …… 192
ダガ (daga) …… 193
ダガー (dagger) …… 192
ダカエネシス (DACAENSIS) …… 192
ダグ (dague) …… 192
ダグア (dagua) …… 192
ダグエ (dague) …… 193
タック (Tuck) …… 120〜123
縦溝装飾 …… 340
たびら広 …… 69

ダマスクス剣……26
タルワー(Talwar)……176〜178
単弓……409
タング(tang)……12
短剣(dagger)……188
だんびら……66・69
チャクラム(Chakram)……439・440
中間湾曲型……370
長刃剣……51
チョッパー(choper)……196
チョッパー・トゥール……197
チョッピング・トゥール(chopping tool)……196
チンクエデア(Cinquedea)……222〜224
ツヴァイハンダー(Zweihander)……83
柄(つか)……10・188・268・340・367
柄頭(つかがしら)……10・15・63
柄舌……268
突棒(つくぼう)……296
鎚矛……316
鍔(つば)……10・16
ティラー(tiller)……421
テグハ(tegha)……177
テサック(tessak)……167
手下……408
刀剣(ソード:sword)……10
ドゥサック(dusack)……167
刀身……10・15
投石……396
トゥ・ハンド・ソード(Two Hand Sword)……38・83〜87
トゥハンド・フェンシング・ソード(Two-hand Fencing Sword)……127〜129
トーナメント(Tournament)……333・351〜363
突端……268
トマホーク(Tomahawk)……388・389
止めネジ……15
トモハーケン(tamahakan)……389
トライデント(Trident)……291〜293
鳥打……408
トリガー(trigger)……421
ドレス・ソード(Dress Sword)……107

■ナ■

ナイフ(Knife)……229〜231
茎(なかご:中子)……12
薙刀(なぎなた)……287
投げ槍……32
ナックル・ガード(knuckle guard)……15・77
ナックル・ボウ(knuckle bow)……156・158
波形模様……234
握り……10・16・340
握りの長さ……61
握り紐……340
ニレ……417

ノッカー(konchar)……122
ノッキング・ポイント(nocking point)……409

■ハ■

バーズ・ヘッド(Biad's-head)……140
ハーフ・パイク(half pike)……272・305
バイオネット(Bayonet)……203・219〜221・272・304
パイク(Pike)……271・281・301〜305・329
バグ・ナーク(Bagh-nakh)……451・452
刃先……13・367
パスガノン(Phasganon)……258〜260
ハスタ(hasuta)……269
バスタード・ソード(Bastard Sword)……78〜82・112・149・156・168
バゼラード(Baselard, Basilard)……216〜218
パタ(Pata)……179・180
バックソード(Baksword)……160〜164
バット(butt)……268・367・421
刃根元……16
幅広斧……379
刃区(はまち)……12
はめ込み方式……369
パモール(pamor)……240
パラーズ(palasz)……161
パラッシュ(Pallasch)……160〜164
パリーイング・ダガー(Parrying Dagger)……110・188・237・246〜249・251
バリスタ(ballista)……399
パルチザン(Partisan)……270・298〜300
バルディッシュ(Berdysh)……378・390〜392
ハルパー(Harpe)……143〜147
ハルベルト(Halbert)……271・272・279〜282・298〜302
パロッス(pallos)……161
ハンガー(Hanger)……165〜167
ハンジャー(khanjar)……166
パンジャブ様式……176
ハンダ(Khanda)……183〜185
パンツァーステッチャー(panzerstecher)……123
ハンティング・セット……230
ハンティング・ソード(Hunting Sword)……168・169
ハンティング・ナイフ(Hunting Knife)……229〜231・255
ハンド・アックス(hand ax)……375
ハンド・アンド・ア・ハーフ・ソード(Hand-and-a-half Sword)……78
バンプレート(vamplate)……340
樋(ひ)……12・36
ピースキーパー……403
ピーン(peen)……268
引金……421
ビペンニス(Bipennis)……393・394

ピラ (pila) …… 431
ビル (Bill) …… 271・288〜290
ヒルト (Hilt) …… 10・188
ビルボ (bilbo) …… 121
ビルホック (billhook) …… 288
ピルム (Pilum) …… 270・430〜432
ファキールズ・ホーンズ (Fakir's horns) …… 447・448
ファルカタ (Falcata) …… 139・140・201
ファルクス (Falx) …… 100・101
フィランギ (Firangi, Phirangi, Farangi) …… 183〜185
ブーメラン (Boomerang) …… 436〜438
フェザー・スタッフ (Feather Staff) …… 444
フェリュール (ferrule) …… 16・367
フォーク (Fork) …… 291・294〜297
フォールション (Falchion) …… 102〜106・158
フォールチャン (Falchion) …… 102〜106
フォールディング・スピアー (folding spear) …… 271
フォルト (forte) …… 12
フォワブル (foible) …… 12
ブッェディガン (Buzdygan) …… 321
フットマンズ・フレイル (footman's flail) …… 325
フラー (fuller) …… 12
ブラウン・ベス・マスケット銃 …… 220
ブラジルナッツ形 …… 63
ブラック・ジャック (black Jack) …… 314
フラムベルク (Flamberg) …… 91・93
ブラワ (Bulawa) …… 321
フランキスカ (Francisca, Francisc, Francisque, Francesque) …… 378・385〜387・403
ブランディストック (Brandistock) …… 444〜446
フランベルジェ (Flamberge) …… 90〜94
フリウリ・スピアー (Friuli spear) …… 308
フルーティング (Fluting) …… 340
フルーレ (Fleuret) …… 113〜116
ブレイド (blade) …… 10・15・188
フレイル (Flail) …… 296・325〜330
フレンチ・ヴォウジェ (French Vouge) …… 284
ブロード・ソード (Broad sword) …… 66〜71・76・159・167・170
ベク・ド・コルバン (Bec-de-Corbin) …… 334
ベク・ド・フォコン (Bec-de-Faucon) …… 334
ボアー・スピアー (bore spear) …… 271

ボア・スピアー・ソード (boar spear sword) …… 169
ボアソード (boarsword) …… 169
ボアディング・アックス (boardig ax) …… 389
ポイント (point) …… 13
ボウ (Bow) …… 407・421
ボウィー・ナイフ (Bowie Knife) …… 231
棒状鍔 …… 16
ボウ・ストリング (bow string) …… 421
包丁 …… 150
ホースズ・ヘッド (horse's-head) …… 140
ホースマンズ・ハンマー (Horseman's Hammer) …… 331〜335
ホースマンズ・フレイル (horseman's flail) …… 325
ボーディング・パイク (boalding pike) …… 305
ボーラ (Bola, Boleadora) …… 433〜435
ポール (pole) …… 268・367
ポールアーム (pole arm) …… 264
北欧の青銅製刀剣 …… 31
鉾槍 …… 279
穂先 …… 340
補助護拳 …… 15
ボタン (button) …… 15
ポニャード・ダガー (Poniard Dagger) …… 250・251
ポメル (Pommel) …… 10・15
ボルト (bolt) …… 421
ボロック・ナイフ (Ballock Knife) …… 202・213〜215・226

■マ■

マカエラ (Machaera) …… 139・147〜151・201・243
マスケット銃 …… 281・403
マドゥ (Madu) …… 447
マン・ゴーシュ (main gauche) …… 39・110・246・251
三日月斧 …… 390
ミドル・セクション (middle section) …… 12
ミリタリーフォーク (military Fork) …… 294
棟 …… 102
棟区(むねまち) …… 12
メイス (Mace) …… 316〜321
メイル・ピアスィング・ソード (Mail-piercing sword) …… 121
メイル・ブレイカー (mail breaker：鎧通し) …… 253
目型(eye)の斧 …… 376
メソポタミアの一体成形型刀剣 …… 11
メソポタミアの刀剣 …… 29
本弭(もとはず) …… 408
モルゲンステルン (Morgenstern) …… 316・322〜324

■ ヤ ■

矢摺 …… 408
ヤタガン(Yatagan) …… 244
弭(ゆづか) …… 407
弭下 …… 408
弓 …… 407・420
弓腹 …… 408

■ ラ ■

ラウンデル(ロンデル)・ダガー
(roundel dagger, rondel dagger) …… 202・252・253
ラグ(lugs) …… 268
ラッグス(lugs) …… 421
ラプッド・ボウ(wrapped bow) …… 410
ランゲット(langet) …… 268・390
ランシア(lancea) …… 91・269・342
ランス(Lance：騎槍) …… 270・338〜350
ランス(儀式用) …… 344
ランス(19世紀の) …… 348
ランス(十字型の穂先をした) …… 342
ランスの穂先 …… 341
ランス(ポーランド製) …… 346
ランス・レスト(lance rest) …… 350
ランデベヴェ
(langdebeve) …… 270・299
リカッソ(ricasso) …… 16
両刃状斧頭 …… 372
リング・ダガー(Ring Dagger)
…… 210〜212
ルツェルン・ハンマー
(Lucerne Hammer) …… 334
レイテルパラッシュ
(reiterpallasch) …… 66
レイピア(Rapier)
…… 39・67・107〜112・203・248
れき器 …… 196
レバーを使う方法 …… 422
ロアー・リブ(lower limb) …… 408
ロープとプーリー(滑車)を
使う方法 …… 422
ロパロン(ropalon) …… 313
ロムパイア(Rhomphaia or Rumpia)
…… 100・101
ロング・スピアー(long spear) …… 276
ロング・ソード(Long Sword)
…… 34・50〜58
ロング・ボウ(Long Bow)
…… 401・414〜418
ロンコ(ronco) …… 289
ロンコーネ(roncone) …… 289

■ ワ ■

ワルーン・ソード
(Walloon Sword) …… 67・76・77

用語索引

■サ■

■タ■

■ナ■

■ハ■

参考文献

●古代メソポタミア

The Art of Warfare in Biblical Lands/1963
Weidenfeld and Nicolson　Yigael Yadin

Armies of the Ancient Nera East 3,000 BC to 539 BC/1984　WRG　Nigel Stillman, Nigel Tallis

●ギリシア・ローマ

ユダヤ戦記（1～3）／一九七五　フラウィウス・ヨセフス　新見宏訳

Early Greek armour and weapons/1964
Edinburgh University　A.M.Snodgrass

Arms and armour of the Greeks/1967　T&H
A.M.Snodgrass

E.M.I.-Serie, De Bello-02, Gli Eserciti Etruschi/1987
E.M.I.　Ivo Fossati

The Elephant in the Greek and Roman world/
1967　T&H　H.H.Scullard

The Roman soldier/1981　Cornell University Press
G.R.Watson

●中世暗黒時代

アーサー王／一九八四　東京書籍　リチャード・バーバー著　高宮利行訳

八行連詩アーサーの死（完訳）／一九八五　ドルフィンプレス　清水あや

アーサーの死（完訳）／一九八六　ドルフィンプレス　清水あや

『ベーオウルフ』研究／一九八八　成美堂　長谷川寛

ベーオウルフ　附フィンスブルク争乱断章／一九六六　吾妻書房　長埜盛訳

ベオウルフ（改訳版）／一九八四　篠崎書林　大場啓蔵訳

ガウェインとアーサー王伝説／一九八八　秀文インターナショナル　池上忠弘

トリスタン伝説／一九八〇　中央公論社　佐藤輝夫

ローランの歌と平家物語（前後）／一九七三　中央

公論社　佐藤輝夫
歴史十巻（1、2）／一九七五　東海大学出版局
トゥールのグレゴリウス　兼岩正夫訳
西欧中世軍制史論／一九八八　原書房　森義信
Fionn mac Cumhaill Images of the gaelic hero/
1987　G&M　Daithi Oh Ogain
The Legend of Roland in the middle ages 1,2/
1971　Phaidon　Rita Lejeune Jacques
Stiennon
The British/1985　Avenel books　M.I.Ebbutt
Irish Myth, Legend, Folklore/1986　Avenel Books
W.B.Yeats, Lady Gregory
Ancient Greek, Roman and Byzantine Costume
and Decoration/1977　Morrison & Gibb LTD
Mary G.Houston

●中世ルネサンスまで
十字軍の歴史／一九八九　河出書房新社　スティーブン・ランシマン　和田広訳
十字軍の男たち／一九八九　白水社　レジーヌ・ペロヌー　福本秀子訳
中世への旅・騎士と城／一九八二　白水社　ハインリヒ・プレティヒャ　関楠生訳
中世への旅・都市と庶民／一九八二　白水社　ハインリヒ・プレティヒャ　関楠生訳
中世への旅・農民戦争と傭兵／一九八二　白水社
ハインリヒ・プレティヒャ　関楠生訳
中世ヨーロッパ生活誌1、2／一九八五　白水社
オットー・ボルスト　永野藤夫、井本正二、青木誠之共訳
中世イタリア商人の世界／一九八二　平凡社　清水廣一郎
新版イギリス・ヨーマンの研究／一九七六　御茶の水書房　戸谷敏之
Medieval military dress 1066-1500/1983
Blandford　Christopher Rothero
The History of Chivalry Vol.1-2/1825　A.&R.
Charles Mills

War, Justice and public order/1988　C.P.Oxford
Richard W.Kaeuper

A History of the Crusades/1978　Peregrine Book
Steven Runciman

●近世

Duelling Stories of the Sixteenth Century/1906
A.H.Bullen　George H.Powell

●日本関係

日本刀講座（1～19）／一九三五　雄山閣

日本刀講座別巻（1、2）／一九三五　雄山閣

日本上代の武器／一九四一　弘文堂書房　末永雅雄

日本武道辞典／一九八二　柏書房　笹間良彦

日本刀剣全史／一九七二　歴史図書社　川口のぼる

図録日本の武具甲冑事典／一九八〇　柏書房　笹間良彦

趣味の甲冑／一九六七　雄山閣　笹間良彦

日本甲冑大鑑／一九八七　五月書房　笹間良彦

古事類苑（普及版）：武技、兵事部／一九七六　吉川弘文館

図説剣道事典／一九七〇　講談社　持田盛二監修
中野八十二、坪井三郎著

●通史、一般

石器時代の世界／一九八七　教育社　藤本強

図説科学・技術の歴史／一九八五　朝倉書店　平田寛

西洋事物起原（Ⅰ～Ⅲ）／一九八〇　ダイヤモンド社　ヨハン・ベックマン　特許庁内技術史研究会訳

英文学風物誌／一九五〇　研究社　中川芳太郎

プリニウスの博物誌（Ⅰ～Ⅲ）／一九八六　雄山閣
プリニウス　中野定雄訳

世界戦争史（1～10）／一九八四　原書房　伊東政之助

世界兵法史（西洋篇）／一九四二　大東出版社　佐藤堅司

回教史／一九四二　善隣社　アミール・アリ　塚本

五郎、武井武夫訳
Altdorfer and fantastic realism/1985 JMG
Jacqueline & Maurice Guillaud
The Ancient Engineers/1974 Ballantine Books
L.Sprague de Camp
Smith's Bible dictionary/1985 Jove Book
William Smith

●その他、関係書物

戦争の起源／一九八八 河出書房新社 アーサー・フェリル 鈴木主税、石原正毅
騎行・車行の歴史／一九八〇 法政大学出版局 加茂儀一
剣の神・剣の英雄／一九八一 法政大学出版局 大林太良、吉田敦彦
騎馬民族国家／一九八六 平凡社 江上波夫
武器／一九八二 マール社 ダイヤグラム・グループ編 田島優、北村孝一共訳
Weapons Through the Ages/1984 Peerage Books William Reid
Buch der Waffen/1976 ECON William Reid
Art, Arms and Armour Vol.1/1979 Acquafresga editrice Robert Held
The Gun and its development/1986 A&AP W.W.Greener
Weapons & Armor/1978 Dover Harold H.Hart
Weapons & Equipment of the Napoleonic Wars/1979 Blandford Press Ltd Philip Haythornthwaite
The Barbarians/1985 Blandford Press Tim Newark
Medieval Warlords/1986 Blandford Press Tim Newark
Celtic Warriors/1987 Blandford Press Tim Newark
The Sword and the centuries/1973 Tuttle Alfred Hutton

東京書籍：カラーイラスト世界の生活史
1. 人間の遠い祖先達
2. ナイルの恵
3. 古代ギリシアの市民達
4. ローマ帝国をきずいた人々
5. ガリアの民族
6. ヴァイキング
20. 古代文明の知恵
22. 古代と中世のヨーロッパ社会
23. 民族大移動から中世へ
25. ギリシア軍の歴史
26. ローマ軍の歴史
27. イスラムの世界

岩波文庫
イーリアス　ホメーロス著
オデュセイアー　ホメーロス著
歴史　ヘロドトス著
戦史　トゥキュディス著
ガリア戦記　カエサル著
ゲルマニア　タキトゥス著
年代記　タキトゥス著
アイヴァンホー　スコット著
マクベス　シェイクスピア著

Pengin Classics
The Quest of the Holy Grail/1962
The Mabinogion/1976
The Death of King Arthur/1971
King Arthur's Death/1988
Sir Gawain Green Knight/1974
The Song of Roland/1982

Loeb Classical Library：
The ILIAD(1,2)/1966/Homer
The ODYSSEY(1,2)/1966/Homer
The Histories(1-6)/1954/Polybius
Natural History(1-10)/1956/Pliny

Livy(1-14)/1960/Livy

Aeneas Tacticus, Asclepiodotus, Onasander/1948

Osprey Men-At-Arms Series

14.The English Civil War Armies
46.The Roman Army from Caesar to Trajan
46.The Roman Army(Revised Edition)
50.Medieval European Armies
58.The Landsknechts
69.The Greek and Persian War 500-323B.C.
75.Armies of the Crusades
85.Saxon, Viking and Norman
89.Byzantine Armies 886-1118
93.The Roman Army from Hadrian to Constantine
94.The Swiss 1300-1500
99.Medival Heraldry
101.The Conquistadores
105.The Mongols
109.Ancient Armies of the Middle East
110.New Model Army 1645-1660
111.The Armies of Crecy and Poitiers
113.The Armies of Agincourt
118.Jacobite Rebellions
121.Armies of the Carthaginian War 265-146B.C.
125.The Armies of Islam 7th-11th Centuries
129.Rome's Enemies:Germanics and Dacians
136.Italian Medieval Armies 1300-1500
140.Armies of the Ottoman Turks 1300-1774
144.Armies of Medieval Burgundy 1364-1477
145.The War of the Roses
148.The Army of Alexander the Great
150.The Age of Charlemagne
151.The Scottish and Welsh Wars 1250-1400
154.Arthur & Anglo-Saxon Wars
155.The Knight of Christ
158.Rome's Enemies(2):Gallic and British Celts
166.German Medieval Armies 1300-1500
171.Saladin and the Saracens

175.Rome's Enemies(3):Parthians and Sassanid Persians
180.Rome's Enemies(4):Spanish Armies 218B.C.-19B.C.
184.Polish Armies 1569-1696(1)
188.Polish Armies 1569-1696(2)
191.Henry VIII's Army
195.Hangary and the fall of Eastern Europe 1000-1568
200.El Cid & Reconquista 1050-1492
203.Louis XIV's Army
210.The Venetian Empire 1200-1670

Osprey Elite Series

3.The Vikings
7.The Ancient Greeks
9.The Normans
15.The Armada Campaign 1588
17.Knight at Tournament
19.The Crusades

Herose and Warriors/Firebird Book

Cuchulainn:Hound of Ulster/1988/Bob Stewart
Boadicea:Warrior Queen of the Celts/1988/John Matthews
Fionn Mac Cumhail:Champion of Ireland/1988/John Matthews
Macbeth:Scotland's Warrior King/1988/Bob Stewart
Charlemagne:Founder of the Holy Roman Empire/1988/Bob Stewart
El Cid:Champion of Spain/1988/John Matthews
Richard Lionheart:The Crusader King/1988/John Matthews
Barbarossa:Scourge of Europe/1988/Bob Stewart
King David:Warlord of Israel/1989/Mark Healy
Joshua:Conqueror of Canaan/1989/Mark Healy
Judas Maccabeus:Rebel of Israel/1989/Mark Healy

あとがき

『幻の戦士たち』を書き終えて、今度は武器の本で、と執筆をはじめ、一年という期間を費やしてしまいました。これは、ひとえに遅筆な私のいたらなさと、ただ、関係者の方々に謝辞を述べるしかありません。今後は、このTruth In Fantasyシリーズで、私の名が登場することは、当分ありませんが、武器につづいて〝鎧〟の本か、はたまた別の機会で、お目にかかることがあるかも知れませんので、そのときまではしばしのお別れということになります。

ところで、私が西欧の武器なんぞに興味を持ちはじめたのは、ちょっとした出来事をきっかけにしています。それは、ある日、ふとしたことから目にした横文字（英語）の中にあった単語だったのです。これが、中世で使われた武器の名称と知ったのがとある英語の大辞典です。辞典には、簡単な形状の挿絵が描かれていたのですが、その形状の独創性は、次に私の中で、それをどうやって使ったのかという疑問に変わりました。これが、私と武器とのかかわりのはじまりであり、その興味心が、とうとうこんな本を書くことにもなったのです。

そんな、素人の著者ですから、読者の方々には、ちょっとこれはおかしい？と思われる箇所があるかも知れません。そこのところは若気（！）のいたりということでお許しください。また、その点を、封書などで御教授願えればありがたくお受けし、今後の教訓としたいと思っております。

巻末ではありますが、本書を書く上で私のいたらなさからいろいろと仕事を手伝っていただいた、佐藤俊之様、醍醐喜美様には心から感謝の言葉を述べたいと思います。さらに、いつもながら、編集の弦巻由美子様と、イラストレーターの横山宏様、田中光様、深田雅人様にもあわせてお礼を述べたいと思います。

そして、私事ではありますが、いままで長い間、勤めあげた会社をこの度退社し、その折りに迷惑をかけた方々にお詫びと、感謝を込めて本書を捧げたいと思います。本当に長い間ありがとうございました。またどこかでお会いできる機会があるかも知れませんが、そのときまで、しばしのお別れということで。

—See you again—

市川　定春

この作品は、一九八九年十二月に単行本として新紀元社より刊行されました。

文庫版あとがき

まず最初に、文庫版の『武勲の刃』の編集を担当していただいた、藤原健二氏に感謝の言葉を述べたい。そして、当然、この本に携わった方々すべてにも。

この本は八十年代末に書かれた。当時、日本ではロール・プレイング・ゲーム（RPG）が流行し、ドラクエのソフトを買うために行列ができたことがニュースにもなった。本書には、そうしたRPGのブームもあって、それを意識した部分もあるかと思う。現在ではこうした本はRPGのみならず、歴史ファンにとっても定番となっていると思う。しかし、当時は、日本語でお目にかかれることはあまりない部類の本だった。今ならネットで検索すれば直ぐに情報を見つけだすことも可能であるが、当時はまず、参考文献を探し出すことが大変だったと記憶している。まずは、足しげく神保町の本屋に通い、海外の専門書店に手紙を書いて取り寄せるなどして、この手の本を書くために必要な資料を手に入れるしかなかった。おかげさまで、私の書庫は膨れ上がり（それは今でも少しずつ増え続けているが）、『武器と防具・西洋編』や『武器事典』、『武器甲冑図鑑』などを執筆する土台にもなった。しかし、そうした本の中でも、私が最初に手がけた、この『武勲の刃』は、登場する武器こそ少ないかも知れないが、武器自体の起源に焦点を当てた唯一の本であり、自分にとっては入門書のような位置づけであると思っている。それは、この機会を得て読み返し、再確認したことであり、そうした意味で本書を楽しんでいただければ幸いである。

二十一世紀入って、久しく武器関係の本は記していないが、機会があれば、初心に還って新しい形の『武勲の刃』をと……思いもする。

最後に、本書の題名はル＝グウィンの小説『ゲド戦記』に端を発しているということを追記しておく。ただし、題名の読みを「いさおしのやいば」では無く「ぶくんのやいば」としたのは、広く一般に知られている読みにしたほうが、本書を探そうとする読者の目線から考えれば良いであろうという当時の判断によるものである。

今にして思えば、そうした細かな判断が、二十数年経った今でも読み継がれ、後に続くシリーズを支えていったのではないかと、今更ながらに、関係者に頭が下がる思いである。

平成二十四年三月吉日　　市川定春

Truth In Fantasy
武勲《ぶくん》の刃《やいば》

2012年5月5日　初版発行

著者　市川定春と怪兵隊
編集　新紀元社編集部／堀良江

発行者　藤原健二
発行所　株式会社新紀元社
〒160-0022
東京都新宿区新宿1-9-2-3F
TEL：03-5312-4481　FAX：03-5312-4482
http://www.shinkigensha.co.jp/
郵便振替　00110-4-27618

カバーイラスト　丹野忍
本文イラスト　田中光／深田雅人
デザイン・DTP　株式会社明昌堂
印刷・製本　大日本印刷株式会社

ISBN978-4-7753-1006-9